农产品安全生产技术丛书

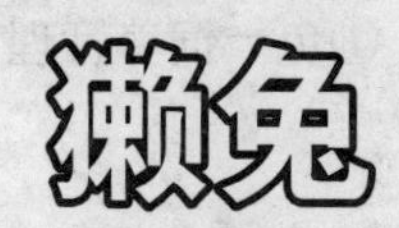

安全生产技术指南

熊家军　编著

中国农业出版社

图书在版编目（CIP）数据

獭兔安全生产技术指南 /熊家军编著．—北京：中国农业出版社，2012.7

（农产品安全生产技术丛书）

ISBN 978－7－109－16799－5

Ⅰ．①獭… Ⅱ．①熊… Ⅲ．①兔－饲养管理－指南 Ⅳ．①S829.1－62

中国版本图书馆 CIP 数据核字（2012）第 096014 号

中国农业出版社出版

（北京市朝阳区农展馆北路 2 号）

（邮政编码 100125）

责任编辑 肖 邦

中国农业出版社印刷厂印刷 新华书店北京发行所发行

2012 年 7 月第 1 版 2012 年 7 月北京第 1 次印刷

开本：850mm×1168mm 1/32 印张：8.75

字数：215 千字 印数：1～4 000 册

定价：18.00 元

本书有关用药的声明

兽医科学是一门不断发展的学问。用药安全注意事项必须遵守，但随着最新研究及临床经验的发展，知识也不断更新，治疗方法及用药也必须或有必要做相应的调整。建议读者在使用每一种药物之前，参阅厂家提供的产品说明以确认推荐的药物用量、用药方法、用药的时间及禁忌等。医生有责任根据经验和对患病动物的了解决定用药量及选择最佳治疗方案。出版社和作者对任何在治疗中所发生的，对患病动物和/或财产所造成的损害不承担任何责任。

中国农业出版社

前 言

獭兔生产以毛皮为主，兼作肉用，用獭兔皮制成的裘皮制品因其轻柔、美观、保暖、轻便的特点而深受人们喜爱；与肉兔一样，獭兔肉具有“三高三低”（高蛋白、高消化率、高赖氨酸，低脂肪、低热量、低胆固醇）的特征，肉质细嫩、营养丰富，是理想的健康肉食品之一。獭兔是食草动物，饲料来源丰富、饲养技术容易掌握、饲养投资少、经济效益高，已成为广大农村调整产业结构和农民脱贫致富的好项目。

我国獭兔饲养虽然有 80 余年的历史，但真正进行商品生产，产品走向国际市场还是近些年的事。獭兔皮加工业的兴起，改变了我国以往以原皮出口为主的格局。通过加工不仅增值增效，而且完成了产业链条中重要的一环，使獭兔产业化雏形初现。我国近年年出栏獭兔约 2 000 万只，已成为世界重要的獭兔皮生产国，是世界上獭兔养殖数量最多、皮张加工最多、产品出口最多的国家。

但随着獭兔饲养业的快速发展，我国獭兔饲养业各个环节存在的问题日益突出。制约我国獭兔饲养业健康发展的主要因素有獭兔品种质量差、饲养管理粗放、疾病发生严重、过多使用药物和抗生素，取皮和深加工的大型企业少、产品档次低、生产大起大落等。要促进我国獭兔饲养业更加快速、健康地发展，并向高产、优质、高效转化，必须大力普及和推广獭兔的科学、健康饲养技术。

本书以我国目前獭兔养殖现状为背景，以健康饲养为基本出发点，考虑广大饲养者的技术需要，吸收了獭兔健康饲养技术的一些新成果，并融入了一些作者的养兔经验。内容包括獭兔的生物学特性、育种与繁殖生产、营养与饲料、兔场建设、健康饲养管理、毛皮加工技术和疾病防控技术。力求做到内容丰富、技术实用、可操作性强。可供基层畜牧兽医人员和养兔从业人员参考。

本书在编写过程中得到了许多同仁的关心和支持，在书中引用了一些专家学者的研究成果和相关书刊资料，在此一并表示感谢。由于编者的水平有限，书中不足之处在所难免，诚请同行及广大读者予以批评指正。

编　者

2012年5月

目 录

□□□□□□□□□□□□□□□□□

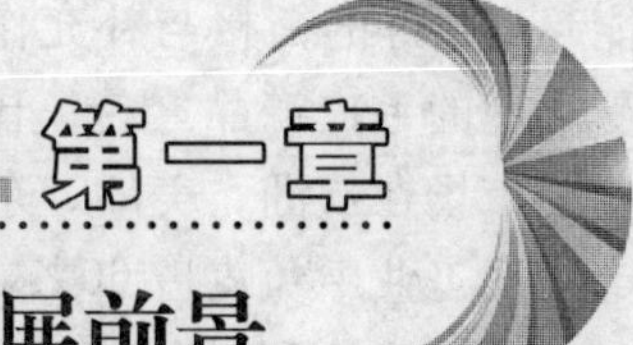

第一章

獭兔的生产概况及发展前景

一、獭兔的生产概况

（一）国外獭兔生产概况

1. 生产现状 目前国外饲养獭兔较多的国家有法国、美国、德国、新西兰和澳大利亚等，年平均出栏獭兔在100万只以上。例如，作为养殖獭兔最早和最多的法国，年存养獭兔在200万只以上，獭兔生产以獭兔皮为主，年产獭兔皮1亿张左右。美国自1929年从欧洲、新西兰等地引种饲养开始，20世纪70年代曾掀起饲养獭兔的高潮，目前已成为世界上獭兔饲养数量较多、质量较好的国家之一，年拥有獭兔100万只以上，各种类型的獭兔场约1 500多个；其中，商业性兔场有200多个，以种兔和生皮出口为主。此外，近年来不少国家，如韩国、加拿大、墨西哥、秘鲁等也相继从美国引种饲养獭兔。从国外养殖獭兔的情况看，农户饲养仍占主导地位，每户规模为基础母兔20～50只，其主要饲料多为谷物、糠麸、青饲料和干草等；集约化饲养方式的兔场较少，但技术水平较高，已普遍使用的技术已经配套，如种兔选育、颗粒饲料养兔、仔兔中期断奶（35～40日龄）、自动饮水、疫病综合防治等。

2. 市场状况 据联合国粮农组织调查，在64个发展中国家里，70%的国家认为家兔将成为今后的主要食物来源和抗寒毛皮制品的仓库。同时，由于廉价的羊皮生产量有限且以皮革原料皮为主，而貂皮、银狐皮等高档毛皮皮量少而贵，故中档的獭兔皮能起到很好的衔接与补充作用。因此，獭兔裘皮制品将成为最受欢迎的毛皮产品之一。国内外对优质獭兔皮的需要量很大，主要市场在欧洲、美洲、东南亚及我国香港、澳门等地。欧洲毛皮加工业中兔皮占60%，原料皮需要量很大。法国獭兔皮有60%出口到比利时、巴西、美国、西班牙、英国、日本和韩国等地。美国既是獭兔皮的进口国，也是出口国，随国内消费情况而定，其出口国主要是韩国。我国香港是兔裘皮大衣的制造地，所制造的兔裘皮销售到世界各地，近年来也生产皮褥子及其他产品。

（二）国内獭兔生产概况

我国早在20世纪20年代就曾引进獭兔，50—60年代曾出现过獭兔饲养的热潮。当时从苏联引进了大批獭兔品种，相继推广到北京、河北、山东、河南、吉林等多地饲养，后因饲养管理和育种技术问题而使獭兔生产受挫。70年代獭兔生产又进入热潮，80年代再次出现獭兔饲养热潮，从1979—1986年先后由农业部、中国土产畜产进出口总公司等单位或个人引进美国獭兔4 000多只，并普及推广到全国各地，其中浙江和四川成为獭兔饲养大省。例如，四川省獭兔的年存养量达到50万只，但因争相引种、倒种，忽视皮张生产及国内外市场开拓，而最终导致失败。20世纪90年代以来，浙江外贸部门首先将獭兔皮推向国际市场，继之北京、吉林、山东、四川等省、直辖市也开展了此项出口业务，将我国獭兔业推向了新阶段。特别是近年来，獭兔皮市场走俏，价格由前些年的每张10多元上升到每张40～50元，獭兔生产受到政府部门及个人投资者的重视，又出现新一轮饲养热潮，并呈现出规模饲养的趋势。据统计，目前全国獭兔存栏量为150万～180万只，以华北、华东、东北及四川等地饲养量较大，但多为分散饲养的粗放生产方式。

二、无公害安全生产獭兔的意义

（一）无公害獭兔产品的含义

所谓无公害獭兔产品，是指獭兔生产的产地、獭兔产品的整个生产过程和产品质量符合国家有关标准和规范的要求，经认证合格获得认证证书并允许使用无公害农产品标志的未经加工或者被加工的肉、毛皮及其副产品。其主要特征是：①皮毛、兔肉及副产品中不含任何有毒有害物质，对人体健康无不良影响；②所生产的产品品质优良；③产品具备本身天然的风味特征和营养特点；④产品生产过程中对环境无污染。

（二）无公害獭兔产品的生产条件与标准

1. 生产条件

（1）*饲养环境无污染*　我国最新颁布的《无公害农产品管理办法》中明确规定，无公害农产品产地应当符合下列要求：①产地环境符合无公害农产品产地环境的标准要求。即要求生产环境无工业三废污染，无畜禽病原体和无生活垃圾污染。②区域范围明确。即产地区域范围内的气候、生态环境等符合所养畜禽良好生长发育的需要，是养殖该种畜禽的适宜区。③具备一定的生产规模。即要求畜禽养殖具有形成一定批量产品的生产规模，以有利于建立产品统一的标准和方便样品的抽取和检测。

（2）*使用绿色无公害的饲料和饲料添加剂*　饲料及饲料添加剂是无公害獭兔及其产品生产的最关键因素。要想获得无公害的獭兔产品，首先要选用无公害的绿色饲料和添加剂。

绿色无公害饲料，广义上是指用天然植物和动物原料加工而成的无污染、营养全面且均衡、适口性好、有利于保证獭兔健壮生长发育并生产出优质肉、毛皮产品的饲料，而绿色饲料和添加剂，则是指无污染、无残留、抗疾病、促生长的天然添加剂。无公害绿色饲料和添加剂具有以下几个特征：①能明显提高獭兔的生产性能；②在獭兔产品中无残留，对人类健康无潜在危害；③对獭兔肉的自然风味和品质无不良影响；④对环境无污染，主要是指饲料和饲料添加剂的代谢排出物中不含有对环境有害的物质。

（3）防疫药剂的安全无公害　近几年的科学研究发现，防疫药剂也是影响獭兔产品安全性的重要因素。因为从根本上说，在解决饲料、饲草问题后，獭兔疫病，尤其是群发性疫病防治的成败，往往是决定养殖业成败的关键之举。研究发现，细菌、病毒等病原微生物的感染，饲养管理措施不当，营养缺乏，寄生虫的侵袭等因素，都可能导致獭兔群发性疫病的发生。但在这些致病因素中，其中最值得重视的致病因素是病原微生物的感染，因为它不仅是导致獭兔群发性疫病发生和流行的最主要的因素，也是影响獭兔产品安全的重要因素。

由于大多数獭兔在发病后，采取治疗措施都难以取得令人满意的效果，因而目前主要采用接种相应的疫苗或菌苗来免疫预防。实践证明，要真正做好獭兔疫病防治，除需要选用优质可靠的防治药剂外，还必须有一个合理有效的免疫程序。

安全无公害的防疫药剂主要有以下特征：对獭兔疫病预防效果良好；对獭兔生长发育无不良影响；药剂分解代谢快，在獭兔产品中无残留；药剂在獭兔体内分解代谢后的排出物对环境无污染。

科学合理的防疫程序，重点要做好以下几方面的工作。

①注意防疫程序　执行合理的防疫程序是防疫获得成功的基础。由于獭兔的年龄、母源抗体、疫苗类型以及当地疫病流行情况不尽相同。因此，应按照畜牧兽医部门依据当地疫病流行特点而制订的防疫程序进行防疫，以确保獭兔能获得良好的免疫力，从而达到防疫灭病的目的。

②注意疫苗质量　选用优质疫苗是防疫取得良好效果的前

提。选用时应仔细检查疫苗名称、生产厂家、批号、有效期、贮藏条件等是否相符，经销单位是否有经营资格。对已失效、无批号、物理性状异常或者来源不清的疫苗要坚决废弃，严禁使用。自家疫苗的使用也要严格按科学的程序进行。

③注意使用方法　正确的使用方法是防疫取得成功的关键。在使用前应详细核对疫苗与所预防的疫病是否相符，使用的器械是否经过清洗和消毒，是否严格按要求使用指定的稀释液和按规定的方法进行操作，稀释后的疫苗是否在规定的时间内用完，接种疫苗的剂量和部位是否准确无误等。并要注意在防疫期间限制抗生素的使用，以确保防疫的效果。

④注意健康状况　只有在动物机体处于健康的前提下接种疫苗，才能产生好的效果。因此，防疫接种时獭兔必须健康，否则不能进行防疫接种。

⑤注意应激反应　獭兔接种疫苗后一般要经过7～12天才能产生免疫力，在此期间若发生剧烈的应激反应会影响獭兔的免疫力。因此，要尽量减少和防止应激反应的发生。

⑥注意早期感染　早期感染是导致防疫失败的罪魁祸首。要切实做好日常的环境卫生和消毒工作，特别是在接种疫苗前后要严防病菌的入侵和早期感染。

（4）严格遵守科学的技术操作规程和管理　我国最新颁布的《无公害农产品管理办法》中明确规定，无公害农产品的生产管理应当符合下列条件：①生产过程符合无公害农产品生产技术的标准要求；②有相应的专业技术和管理人员；③有完善的质量控制措施，并有完整的生产和销售记录档案。

与传统獭兔产品生产相比较，无公害獭兔产品在生产过程中更应注重抓好獭兔疾病的防疫，食品中农药或兽药残留的控制，细菌耐药性的监控，加工和贮存过程中有害物质和有害微生物的检查，环境污染物的检查和转基因食品的安全性评价等。

2. 与无公害安全獭兔及其产品生产有关的标准

（1）有关的国家标准　有关的国家标准主要有畜禽病害肉尸及其产品无害化处理规程（GB 16548—1996），畜禽养殖业污染物排放标准（GB 18596—2001），饲料卫生标准（GB 13078—2001），畜禽产地检疫规范（GB 16549—1996），种畜禽调运检疫技术规范（GB 16567—1996），农产品安全质量无公害畜禽肉产地环境要求（GB/T 18407.3—2001），牛肉、羊肉、兔肉卫生标准（GB 2708—1994），畜类屠宰加工通用技术条件（GB/T 17237—1998），鲜、冻兔肉（GB/T 17329—2008），兔屠宰检疫规程等。

（2）有关的行业标准　有关的行业标准主要有无公害食品·畜禽产品加工用水水质（NY 5028—2008），无公害食品·畜禽饮用水水质（NY 5027—2008），无公害食品·兔肉（NY 5129—2002），无公害食品·肉兔饲养兽药使用准则（NY 5130—2002），无公害食品·肉兔饲养兽医防疫准则（NY 5131—2002），无公害食品·畜禽饲料和饲料添加剂使用准则（NY 5032—2006），无公害食品·肉兔饲养管理准则（NY 5133—2002），畜禽场环境质量标准（NY/T 388—1999），绿色食品·兽药使用准则（NY/T 472—2006），绿色食品·畜禽饲料及饲料添加剂使用准则（NY/T 471—2010）等。

（3）有关的条例法规　有关的条例法规主要有《种畜禽管理条例》、《动物防疫条件审查办法》、《畜禽标识和养殖档案管理办法》、《禁止在饲料和动物饮用水中使用的药物品种目录》、《食品动物禁用的兽药及其他化合物清单》、《允许使用的饲料添加剂品种目录》、《饲料药物添加剂使用规范》、《农业转基因生物安全管理条例》、《中华人民共和国兽药典》、《中华人民共和国兽用生物制品质量标准》、《兽药管理条例》、《兽药质量标准》、《进口兽药质量标准》、《中华人民共和国动物防疫法》等。

3. 无公害獭兔饲养饲料和饲料添加剂使用准则　饲料中使用的营养性饲料添加剂和一般性饲料添加剂应具有该品种应有的

色、臭、味和组织形态特征，无异臭味。应是中华人民共和国农业部第318号公告公布的《允许使用的饲料添加剂品种目录》所规定的品种和取得试生产产品批准文号的新饲料添加剂品种。饲料中使用的饲料添加剂产品应是具有农业部颁发的饲料添加剂生产许可证的正规企业生产的、具有产品批准文号的产品。饲料添加剂的使用应遵照饲料标签所规定的用法和用量。

4. 无公害獭兔饲养兽药使用准则 獭兔饲养场的饲养环境应符合畜禽场环境质量标准（NY/T 388—1999）的规定。獭兔饲养者应供给獭兔充足的营养，所用饲料、饲料添加剂和饮用水应符合《饲料和饲料添加剂管理条例》、无公害食品·畜禽饲料和饲料添加剂使用准则（NY 5032—2006）和无公害食品·畜禽饮用水水质（NY 5027—2008）的规定。应按照无公害食品·肉兔饲养管理准则（NY/T 5133—2002）规定加强饲养管理，采取各种措施以减少应激，增强动物自身的免疫力。应严格按照《中华人民共和国动物防疫法》和无公害食品·肉兔饲养兽医防疫准则（NY 5131—2002）的规定进行预防，建立严格的生物安全体系，防止獭兔发病和死亡，及时淘汰病兔，最大限度地减少化学药品和抗生素的使用。

必须使用兽药进行獭兔疾病的预防和治疗时，应在兽医指导下进行，并经诊断确诊疾病和致病菌的种类后，再选择对症药品，避免滥用药物。所用兽药应符合《中华人民共和国兽药典》、《中华人民共和国兽药规范》、《兽药质量标准》、《进口兽药质量标准》和《兽用生物制品质量标准》的相关规定。所用兽药应产自具有《兽药生产许可证》和产品批准文号的生产企业，来自具有《兽药经营许可证》和《进口兽药许可证》的供应商。所用兽药的标签应符合《兽药管理条例》的规定。

（1）优先使用疫苗预防獭兔疾病，所用疫苗应符合《中华人民共和国兽用生物制品质量标准》的规定。

（2）允许使用消毒防腐剂对饲养环境、兔舍和器具进行消毒，应符合无公害食品·肉兔饲养管理准则（NY/T 5133—2002）的规定。

（3）允许使用符合《中华人民共和国兽药典》二部和《中华人民共和国兽药规范》二部中收载的适用于獭兔疾病预防和治疗的中药材和中药成方制剂。

（4）允许使用符合《中华人民共和国兽药典》、《中华人民共和国兽药规范》、《兽药质量标准》和《进口兽药质量标准》规定的钙、磷、硒、钾等补充药，酸碱平衡药，体液补充药，电解质补充药，营养药，血容量补充药，抗贫血药，维生素类药，吸附药，泻药，润滑剂，酸化剂，局部止血药，收敛药和助消化药。

（5）允许使用国家畜牧兽医行政管理部门批准的微生态制剂。

（6）允许使用《允许使用的饲料添加剂品种目录》中的所列药物，应严格遵守规定的作用与用途、用法与用量及休药期。

（7）建立并妥善保存獭兔的免疫程序、患病与治疗记录，包括患病獭兔的序号或其他标志、发病时间及症状，所用疫苗的品种、剂量和生产厂家，治疗用药的名称（商品名及有效成分）、治疗经过、治疗时间、疗程及停药时间等。

（8）禁止使用未经国家畜牧兽医行政管理部门批准的兽药或已经淘汰的兽药。

（9）禁止使用《食品动物禁用的兽药及其他化合物清单》中的药物及其他化合物。

三、我国獭兔生产存在的问题及对策

（一）存在的问题

近几年来，经过广大獭兔饲养人员及其加工人员的努力，我国獭兔生产虽已取得了有目共睹的成绩，但在我国獭兔生产快速发展的过程中，同时也存在诸多问题，最突出表现的是种兔质量和獭兔皮张质量不佳的问题。其中主要表现如下几个方面。

1. 科技含量低，种兔退化严重 虽然我国獭兔饲养总数量比较多，但规模化饲养方式普及率低；饲养及其加工设备设施现代化、自动化程度低；饲养品种、品系生产性能和良种化程度低；饲养管理技术水平低；先进的獭兔繁殖技术应用率低；饲养环境控制机械化、标准化程度低；疫病防治程序化、无公害化技术水平低。特别是小规模的家庭养兔仍以较原始粗放的饲养方式为主，栏舍阴暗潮湿，饲料单一。

种獭兔在饲养过程中品种退化严重的主要原因归结为重引种轻培育、重繁殖轻饲养和科学养兔技术普及不够。具体表现在獭兔毛色混杂和体形较小。据报道，国内不少种兔场的种兔毛色普遍不纯，如黑色獭兔带有白色杂毛或变成胡麻色，红色獭兔变成土黄色，蓝色獭兔变成灰色，海狸色獭兔的腹部乳白色扩展到体侧部位；獭兔体重仅为2.5～3千克，母兔年均育成幼兔10只左右。

2. 商品兔皮量少，质量差 据估测，目前全国商品兔仅占饲养量的66%，出口的原皮量仅占生产量的75%。现有商品獭兔皮的质量从整体上好于20世纪80年代初，但不同省份差异较大。在几个主产区测定的甲、乙级皮比例：江苏为78.7%、黑龙江为65.7%、四川仅为9.3%，与美国引进的原种獭兔比较差异更大。獭兔皮质量问题主要表现在：绒毛粗，尤其是臀部和腹侧；部分皮密度仅为10 000根/厘米^2，低于标准要求的15 000～18 000根/厘米^2；整张皮被毛平齐度差，如有鸡啄状、背侧部毛长短不一致等；板质粗硬厚重或较薄，似牛皮纸；皮张皱缩干硬，边缘内卷等。造成皮质差的主要原因归结为种兔退化、饲养粗放、老弱病残兔取皮和宰杀剥皮技术差等。

3. 经营管理混乱 我国獭兔经营与开发的主要形式是群众自繁自养或倒种繁殖饲养，其饲养管理条件粗放，缺乏科学的育种技术，加之经营思想不端正，以至于种兔近亲交配比较严重，品种退化，生产和市场非常混乱。如不少地方出现倒种公司和以卖种赢利的个体户，有的以高价回收为诱饵，却不执行回收合同等，造成獭兔生产误入“倒种怪圈”。在某些地区，虽然做了一些跨地区联合开发、产销一体化开发等模式的探索与实践，但因市场开拓不力，产销环节配合不紧密，组织松散而责权利不清等原因导致经营效果差而最终倒闭。

4. 综合开发滞后，产品单一 目前，我国的獭兔产品仍以初级产品形式销售为主，花色品种少，对市场的适应能力和引导能力差。大量的兔副产品包括兔肉尚未充分开发，明显影响獭兔业的增值增效。獭兔兔业要发展，要增效，必须搞深加工。今后，獭兔生产方向是利用高新技术，进行獭兔脾脏、肉兔全方位的深加工，特别是兔副产品的深加工，这是中国兔业发展的重点、难点和瓶颈，也是未来兔业投资的热点之一。

（二）发展我国獭兔养殖应采取的对策

1. 遵循市场规律，把握市场行情 从国内毛皮动物养殖来看，国内整个毛皮动物市场大致经历了1989、1991、1998、2003、2007年的几次大低迷期，从2008—2009年的上半年开始慢慢恢复，2010年10月开始转暖。獭兔属于毛皮动物市场上的重要组成部分，在市场上，獭兔皮的价格变化周期是3～5年，2010年达到历史最高时期，这也符合整个皮毛行业的周期变化。投资獭兔养殖必须认清这个规律，最少坚持养殖5年以上，在投资养殖獭兔以前就应该清楚地认识到风险，有价格的高峰期就有价格的低谷期，能否坚持是能否成功的决定因素。

2. 提倡规模化饲养，提高科技管理水平 目前，就我国养兔现状而言，发展獭兔生产的规模要适宜，农户一般以饲养种兔30～50只为宜，专业性小型养兔场规模以饲养种兔100～300只为宜，中型养兔场以500～800只为宜，大型养兔场以1 000～2 000只为宜。饲养规模过小，经济效益不高；饲养规模过大，如果资金、人力、物力条件达不到要求，饲养管理水平粗放，獭兔良好的生产潜力就不能充分发挥，不仅效益低，而且容易诱发多种疫病，造成经济损失。

提高养殖者的科技水平是确保獭兔养殖业健康发展的重要保障。在许多发展区域性规模饲养獭兔的地区，无论是政府部门还是龙头企业，都逐渐把建立技术服务体系作为重要的基础设施来建设，并取得较好的成效。从趋势上看，将要推广普及的技术主要有颗粒饲料及饲料添加剂系列化生产技术、笼养笼育饲养工艺、间歇性频密繁殖技术、适时适龄宰杀取皮、皮肉兼用兔的培育方法及应用、疫病综合防治技术等。

3. 普及科学养兔知识，防止品种退化　要提高獭兔的生产水平，必须普及科学养兔知识，采用科学手段和先进技术，尤其是獭兔良种选育、杂交组合、饲料搭配、饲养管理和疫病防治等科技知识，实行标准化、科学化饲养，以达到优质、高产、高效的目的。

4. 开展产品综合开发利用，提高经济效益　加工销售是獭兔产业化发展和适应市场需要的前提，对獭兔生产有至关重要的作用。近年来，以销促产、以销定产已成为发展獭兔生产的基本原则，也给地方相关产业的发展带来机遇，某些地区出现了产销两旺的良好势头。

獭兔的主要产品有兔皮、兔肉、兔粪和内脏。为了巩固和发展我国养兔业，有关部门应注意獭兔产品的综合开发利用，以适应市场经济的需要。獭兔除用于满足国内外毛皮交易市场的需要之外，必须立足于国内市场的开发和综合加工利用。对兔肉、兔粪和兔的内脏要进行深度加工，综合利用，以实现增值增效。

第二章

獭兔的生物学特性

第一节　獭兔的起源及生产特点

一、獭兔的分类地位

在动物分类学上，獭兔属于动物界（Animal）脊索动物门（Chordata）脊索动物亚门（Vertebrata）哺乳纲（Mammalia）兔形目（Lagomorpha）兔科（Leporidae）兔亚科（Leporinae）穴兔属（*Oryctolagus*）穴兔种（*Oryctolagus cuniculus* L.）家兔变种（*Oryctolagus cuniculus* var. *domestieus* Lymelin）（图 2-1）。

图 2-1　獭　兔

二、獭兔的起源

獭兔的学名叫力克斯兔（Rex），是一种珍贵的皮用兔。被引入我国后，由于其毛皮与水獭相似，故在中国称之为“獭兔”。力克斯兔绒毛平整直立，具有绢丝光泽，手感柔软，故又称为“天鹅绒兔”。

獭兔原产于法国科伦地区，1919 年法国一个名叫 D. 凯隆

(Desire Caillon)的牧场主在自家的一窝普通灰兔中发现一只长着短棉毛状被毛的幼兔，随着棉毛状被毛的褪换，露出短而整齐的、色彩鲜艳的栗棕色被毛。与此同时，在另一窝中又有一只相反性别长有栗棕色被毛的仔兔出生，这就是力克斯兔的祖先。后来一个名叫吉利（F. Gillet）的神父买下全部的突变种，经过几代的精心选育，扩群繁殖，逐渐形成了这一品系，并命名为力克斯兔。

1924年，力克斯兔首次在巴黎国际家兔展览会上展出，引起了极大的轰动。世界各国相继引入，导入其他兔的血液，逐渐培育出各种流行色型，其中以英国培育的色型最多，被公认的28个色型。美国培育出了被公认的14种色型，即白色、乳白色、黑色、红色、蓝色、青紫蓝色、巧克力色、紫丁香色、山猫色、海狸色、海豹色、黑貂色、碎花色和加利福尼亚兔色。

我国獭兔饲养是在1920年前后由传教士带入的，1936年后从日本少量输入，1950年从苏联大批引进，自20世纪70年代从美国引进了多批力克斯兔，1997年北京某公司从德国引进了一批德系獭兔，1998年山东从法国引进了一批法系獭兔。近十年来，我国陆续又有很多地方从不同的国家引进了很多獭兔品种，在全国各地进行饲养。

三、獭兔的生产特点

1. 繁殖力高，适于规模饲养 獭兔属于多胎动物，具有性成熟早、妊娠期短、胎产仔数高、哺乳期短、四季可以繁殖等高繁殖力的特点。在优良的饲养管理条件下，一般年产4～6胎，每胎产仔6～8只。每只母兔年可以提供断奶仔兔40～50只。商品獭兔生长发育快，一般在5月龄体重达到2.5千克左右即可屠宰取皮，故生产周期短。实践证明，獭兔既可以小群饲养，也可以规模饲养。从其繁殖力和生产周期短的特点来看，獭兔是最适合发展规模养殖的畜种之一。

2. 獭兔是食草动物，不与人争粮 獭兔是食草畜种，食草可占到其全价日粮的 40%～50%，每只成年兔全天的耗料量仅为 150 克左右。同时，獭兔所需的青粗饲料来源广泛，如农区或丘陵地带零星草地、干草或作物秸秆、蔬菜等均可以作为獭兔饲料。因此，对于粮食紧缺而饲料粮不足的发展中国家，饲养獭兔是缓冲人畜争粮，发展节粮型畜牧业的最佳选择之一。

3. 皮肉兼用，市场前景广阔 獭兔为皮肉兼用品种，贵在毛皮，也可兼用其肉，有双重的经济效益。以皮而言，因其被毛短、细、密、平、美、牢，毛皮轻柔美观，符合当今人们衣着崇尚天然、讲究色型与轻薄的趋势，故制裘价值高，市场前景好。据多方估测，目前世界獭兔皮市场年需要原皮达 300 万～1 000 万张，缺口相当大，并且原皮经过鞣制之后增值效益高。以兔肉而言，獭兔肉与其他家兔肉没有明显的区别，同样是营养丰富、鲜嫩多汁、容易消化吸收的保健食品。

第二节 獭兔的品种特征

獭兔是典型的皮肉兼用兔种，与其他生产类型的家兔相比，獭兔的毛皮特点、外形结构、产肉性能等，有其独特之处，主要表现在以下几个方面。

一、獭兔的毛皮特点

与其他类型的兔相比，獭兔的被毛可用“短、细、密、平、美、牢”六大特点进行概述。

1. 短 短是指毛纤维极短。肉用兔毛纤维长 3 厘米左右，长毛兔毛纤维长 10～17 厘米，而标准的獭兔毛纤维仅 1.3～2.2 厘米，最理想的毛纤维长为 1.6 厘米。其中公兔毛略长于母兔毛，但差异不显著。

2. 细 细是指毛纤维横断面直径小，戗毛（针毛）含量少。獭兔绒毛的细度平均为16～19微米，且绒毛含量高，为93%～96%；戗毛含量少，仅为4%～7%。生产实践证明，獭兔毛皮中戗毛含量除受遗传因素的影响外，主要是受外界环境和饲养管理条件的影响。如果忽视选育和饲养管理，会引起品种退化，戗毛含量增加。

3. 密 密是指在每平方厘米皮肤上毛纤维的根数。据测定，肉兔每平方厘米皮肤的毛纤维根数为11 000～15 000根，长毛兔为12 000～13 000根，而獭兔为16 000～38 000根。

4. 平 平是指毛纤维长短一致，整齐均匀，侧面看十分平整。獭兔由于戗毛含量少，绒毛含量非常多，所以表面看起来就十分平整柔滑。如果饲养过程中獭兔品种退化，戗毛含量增多，突出于毛皮表面，就会失去獭兔毛皮平顺的特点。

5. 美 现在人工选育的獭兔品系繁多，其毛皮颜色多，色调美观，毛色纯正，色泽光润，手感柔软，外观绚丽。

6. 牢 牢是指獭兔毛纤维着生于皮板上非常牢固，不易脱落，板质坚韧。

二、獭兔的外形结构

獭兔头小且偏长，颜面区约占头长的2/3。口大嘴尖，上唇中部有一纵裂，将上唇分为相等的左右两部分，门齿外露；口边长有较粗硬的触须。眼大且呈圆形（图2-2）。单眼的视野角度超过180度。獭兔毛色不同，眼球的颜色也呈现不同，这是不同色型獭兔的重要特征之一，如白色獭兔眼球呈粉红色，蓝色獭兔呈蓝色或蓝灰色，黑色獭兔呈黑褐色。獭兔耳中等长且可自由转动，随时收集外界的声音信息。獭兔的颈粗而短，轮廓明显可见。颈部有明显的皮肤隆起形成的皱褶，即肉髯。肉髯越大，则表明皮肤越松弛，其年龄越大。獭兔的躯干可分为胸、腹、背三个部分。胸腔较小，腹部较大，这与獭兔的食草性、繁殖力强和活动少有关。背腰弯曲而略呈弓形，臀部宽圆而发达，肌肉丰满，发育匀称。獭兔的前肢短，后肢长而发达，这与其跳跃式行走和卧伏的生活习性有关。前脚有 5 指，后脚仅 4 趾（第一趾退化），指（趾）端有锐爪。爪有各种颜色，是区别獭兔不同品系的依据之一，如白色獭兔的爪为白色或玉色，黑色獭兔的爪是暗色。獭兔站立和行走时，其指（趾）和部分脚掌均着地，故属趾跖行动物。

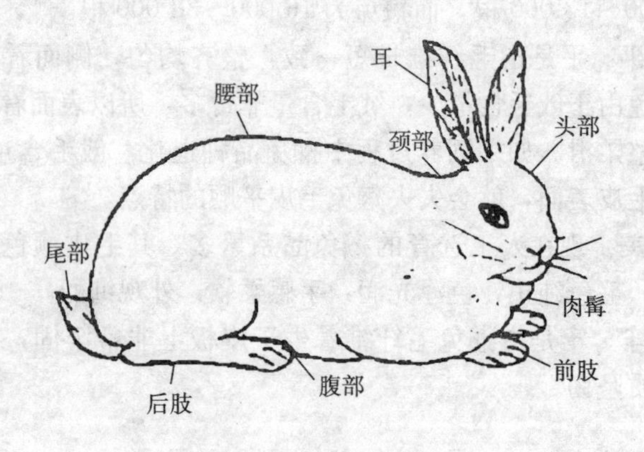

图 2-2　獭兔的外形结构

三、獭兔各品系的特点

世界各国的獭兔均来源于法国，由于不同国家引种后在培育方法、选育方向和培育条件上各有差异，使獭兔在保持被毛基本特征相同的前提下发生了一些变化，因此世界各国又培育成很多各具特色的类群。习惯上，我们将从不同国家引进的獭兔称为不同的品系，如从美国引进的称为美系獭兔、从德国引进的称为德系獭兔。下面将我国目前饲养的几个引进品系和国内培育品系加以介绍。

（一）美系獭兔

美系獭兔是目前国内饲养较多的一个品系。由于引进的年代和地区不同，特别是国内不同獭兔场饲养管理和选育手段的不同，造成美系獭兔个体差异较大。其基本特征如下：

头小嘴尖，眼大而圆，耳中等长且直立，转动灵活；颈部稍长，肉髯明显；胸部较窄，背腰略呈弓形；臀部发达，肌肉丰满。毛色类型较多，有海狸色、白色、黑色、青紫蓝色、加利福尼亚色、巧克力色、红色、蓝色、海豹色等 14 种色型。我国引进的獭兔以白色为主。据测定，成年体重平均为 3.6 千克、体长 39.6 厘米、胸围 37.2 厘米、耳长 10.4 厘米、耳宽 5.9 厘米、头长 10.4 厘米、头宽 11.5 厘米。繁殖力较高，年可繁殖 4～6 胎，胎均产仔 8.7 只。母兔泌乳力较强，母性好，仔兔 30 天断乳，个体重 400～550 克，5 月龄时达 2.5 千克以上。美系獭兔的被毛品质好，粗毛率低，被毛密度较大，5 月龄商品兔每平方厘米的被毛密度（背中部）在 1.3 万根左右，最高可达 1.8 万根以上。

与其他品系比较，美系獭兔的适应性好，抗病力强，容易饲养。但由于引进的年代和地区不同，饲养管理和选育水平有很大差异，致使群体参差不齐，平均体重较小，品种退化较严重，应引起足够的重视。

（二）德系獭兔

德系獭兔是 1997 年北京某公司从德国引进，投放在河北饲养。目前在北京、河北、四川、浙江等地均有饲养。

德系獭兔具有体形大、生长速度快和被毛密度大的特点。成年体重平均为 4.1 千克、体长 41.7 厘米、胸围 38.9 厘米、耳长 11.1 厘米、耳宽 6.4 厘米、头长 10.8 厘米、头宽 11.2 厘米。

体重与体长高于同条件下饲养的美系獭兔。

由于德系獭兔的引进时间较短，其适应性不如美系獭兔，繁殖率较低。但作为父本与美系獭兔杂交，优势明显。

（三）法系獭兔

法系獭兔于1998年从法国引进。体形较大，体长较长，胸宽深，背宽平，四肢粗壮。头圆颈粗，嘴巴平齐，无明显肉髯，耳朵短，耳壳厚，呈V形竖立，眉须弯曲。毛色有黑、白、蓝三个色型，被毛浓密平齐，分布均匀，粗毛比例小，毛纤维长1.6～1.8厘米。成年平均体重4.9千克、体长54厘米、胸围41厘米、耳长11.5厘米、耳宽6.2厘米。生长发育快，100日龄体重可达2.5千克，150日龄平均达到3.8千克。繁殖力强，母兔初配年龄为5月龄，公兔为6月龄，每胎平均产仔7～8只，多者达14只，母兔的母性良好，护仔能力强，泌乳量大。法系獭兔5～5.5月龄出栏，体重可达3.8～4.2千克，皮张面积1 333厘米^{2}以上，被毛质量好，95%以上能达到一级皮标准。

在毛长、头长、头宽、体长、胸围、耳长、背毛密度、臀毛密度、脚毛密度和体重指标中，美系獭兔仅脚毛密度性状优于法系和德系，其余10个性状表现较差；法系獭兔的背毛密度和臀毛密度两个重要性状表现最好；德系獭兔的毛长、头长、头宽、体长、胸围、耳长、耳宽、脚毛密度和体重性状表现最优。在受胎率、窝平均产仔数、窝平均产活仔数、仔兔成活率、仔兔平均初生体重、断奶成活率指标中，美系獭兔分别为86.76%、8.08、7.73、95.71%、44.73、89.55%；法系分别为76.67%、7.70、7.21、94.92%、44.21、88.33%；德系獭兔分别为73.33%、7.32、6.36、87.34%、49.55、78.57%。美系獭兔的窝平均产仔数、窝平均产活仔数、仔兔成活率和断奶成活率均显著高于法系和德系獭兔，仔兔初生体重以德系最高，与其他两系比较差异显著。三品系受胎率差异不显著。

（四）四川白獭兔

四川白獭兔是四川草原研究所于2002年育成的，是繁殖性能强、毛皮品质好、早期生长快、遗传性能稳定的新品系。该品系獭兔全身白色，色泽光亮，被毛丰厚，无旋毛。眼睛呈粉红色。体格匀称、结实，肌肉丰满，臀部发达。头形中等，公兔头较母兔的大，双耳直立，脚掌毛厚。成年体重3.5～4.5千克，体长和胸围分别为44.5厘米和30厘米左右，被毛密度23 000根/厘米^2，细度16.80毫米，毛丛长度16～18毫米，属中型兔。8周龄体重（1.27±0.10）千克。22周龄体重（3.04±0.26）千克，体长（43.39±2.24）厘米，胸围（26.57±1.29）厘米。6～8周龄日增重（29.85±3.619）克，8～13周龄日增重（24.71±1.10）克，13～22周龄日增重（16.10±1.19）克，22～26周龄日增重（9.57±1.4）克。

4～5月龄性成熟，6～7月龄体成熟，初配月龄母兔为6月龄，公兔为7月龄。种兔利用年限为2.5～3年。窝产仔数（7.29±0.89）只、产活仔数（7.10±0.85）只、受孕率（81.80±5.84）%、初生窝重（385.98±41.74）克。3周龄窝重（2 061.40±210.82）克，6周龄窝重（4 493.48±520.70）克。断奶成活率（94.03±10.10）%，22周龄生皮面积（1 132.83±89.45）厘米^2、密度（22 935±2 737）根/厘米^2、细度(16.78±0.94）毫米、毛长（17.46±1.09）毫米、皮肤厚度（1.69±0.27）毫米、抗张强度（13.74±4.13）牛/毫米^2、撕裂强度（33±6.75）牛/毫米^2、负荷伸长率（34±3.52)%、收缩温度(87.3±12.67)℃，22周龄半净膛屠宰率（58.86±5.42)%、全净膛屠宰率（56.39±4.07)%、净肉率（76.24±4.07)%、肉骨比（3.21±0.99）。

在农村饲养条件下，四川白獭兔平均胎产仔7.3只，泌乳力达1 658克，仔兔断奶成活率89.3%，13周龄体重1.79千克，毛皮合格率84.6%，具有较好的适应性和良好的生产性能。利用该品系公兔改良其他品种獭兔，仔兔断奶成活率可提高3.6%，成年体重可增加14%，毛皮合格率可提高18%。改良效果显著，适合广大农村养殖，具有广阔的应用前景。

（五）Vc-Ⅰ、Ⅱ系獭兔

Vc-Ⅰ、Ⅱ系獭兔是中国人民解放军军需大学以日本大耳白兔为母本、加利福尼亚獭兔为父本进行杂交选育而成的，形成具有繁殖性能高、生长速度快、体形大、生产性能稳定的新品系。Ⅰ系獭兔平均窝产仔数、平均初生窝重、平均断乳个体重、断乳成活率分别为7.32只、351.23克、861.3克、94.5%；Ⅱ系獭兔为6.95只、368.15克、894.14克、95.13%。Ⅰ系獭兔5月龄平均体重、体长、胸围分别为2 885.24克、47.98厘米、26.15厘米；Ⅱ系为3 087.59克、50.41厘米、27.47厘米，性成熟为3.5月龄。

四、獭兔的色型标准

獭兔的色型是区别不同獭兔品系的重要标志，也是选种时必须考虑的一个重要因素，同时还是鉴定獭兔毛色和商品价值的主要标准。目前獭兔色型大体上可分为四大类，即深色、野鼠色、本色、碎花色。目前公认的有28余种。下面简要介绍以下几种。

1. 白色獭兔　白色獭兔全身被毛洁白，没有任何污点或杂色毛，是一种较珍贵的毛色类型，在毛皮市场上很受欢迎。其眼睛呈粉红色，爪为白色或玉色。凡獭兔被毛带黄色、锈色或带有其他杂毛者，都属于缺陷。

2. 黑色獭兔　黑色獭兔全身被毛纯黑，不带其他颜色。眼睛呈黑褐色，爪为暗色。凡被毛带褐色、棕色、锈色、白色斑点或杂毛者，均属缺陷。

3. 红色獭兔　红色獭兔全身被毛呈深红色，一般背部颜色深于体侧部，腹部毛色较浅，其中理想的毛色为暗红色。眼睛呈褐色或棕色，爪为暗色。凡腹部毛色过浅或有锈色、杂色与带白斑纹者，均属缺陷。

4. 蓝色獭兔　蓝色獭兔全身布满纯蓝色的被毛，每根毛从基部到毛尖部都是蓝色，不出现白毛尖，不褪色，没有铁锈色，粗毛也是蓝色。眼睛呈蓝色或暗蓝灰色，爪为暗色。凡有褪色或陈旧毛色，以及粗毛为白色者，均属缺陷。

5. 青紫蓝色獭兔　青紫蓝色獭兔一般生长发育良好，其毛皮质地与色型尤其像毛丝鼠的皮毛。该兔肉用型能也较好，体形大，肉质良好。该兔的毛基部为石蓝色，其色带比中部宽，毛中间部为珍珠灰色，毛尖部为黑色。被毛有丝光，颈、腹部毛比体躯毛色均略浅些；体躯两侧的毛一致，腹下部毛为白色或浅蓝色，眼周围毛色为珍珠灰色。眼睛呈棕色、蓝色或灰色，爪为暗色。凡被毛带锈色、淡黄色、白色或胡椒色，毛尖部毛色过深或四肢带斑纹者，均属缺陷。

6. 加利福尼亚色獭兔　加利福尼亚色獭兔全身被毛除鼻端、两耳、四肢下部及尾为黑色外，其余部位均为白色，即一般所称的“八点黑”。其黑白界限明显，色泽协调而布局匀称，毛绒厚密而柔软。眼睛呈粉红色，爪为暗色。凡在鼻端、两耳、四肢及尾部无典型黑色毛或在黑色毛中掺有白色斑点或杂色者，均属缺陷。

7. 海狸色獭兔　海狸色獭兔是獭兔的原种色型，已有60多年的历史，遗传性能比较稳定。该獭兔全身被毛为红棕色，背部毛色较深，体侧部颜色较浅，腹部为淡黄色或白色，这也是标准毛色之一。毛纤维的基部为瓦蓝色，中段呈深橙或黑褐色，毛尖部略带黑色。眼睛呈棕色，爪为暗色。凡被毛呈灰色，毛尖过黑或带白色、胡椒色，前肢有杂色或斑纹者，均属缺陷。

8. 巧克力色獭兔　由于巧克力色獭兔兔毛的颜色很像古巴

雪茄烟的颜色，因此也叫哈瓦那獭兔。该品种兔背部被毛为巧克力样的栗色，两侧稍浅，腹下为白色，眼睛呈棕褐色。凡被毛带锈色或出现褐色与黑色现象，或被毛带有白斑，戗毛为白色者，均属缺陷。

9. 海豹色獭兔 海豹色獭兔全身被毛为黑色或深褐色，类似海豹的色泽。其体侧、胸腹部毛色较浅，毛尖部略呈灰白色；体躯主要部位的毛纤维色泽一致，从基部至毛尖均为墨黑色，从颈部至尾部为黯黑色。眼睛呈黯黑或棕黑色，爪为暗色。凡被毛呈锈色或褐色，毛纤维的基部至毛尖部颜色深浅不一或带有杂色者，均属缺陷。

10. 水獭色獭兔 水獭色獭兔全身被毛呈深棕色。颈、腹部为白色，较浅，略带深灰色，腹部毛色多呈浅棕色或带乳黄色。被毛绒密，富有光泽。眼睛为深棕色。爪为淡暗色。

11. 蛋白石色獭兔 蛋白石色獭兔全身被毛呈蛋白石色，毛尖部的颜色为浓蓝色，在体躯两侧特别明显，毛的中间部为金黄褐色并与毛基部的石盘蓝色相区别。腹下部的被毛基部为蓝色，中间部分为白色或黄褐色。眼睛呈蓝色或石盘蓝色。凡被毛呈锈色或混有白色、杂色斑点，毛尖部或底毛颜色过浅者，均属缺陷。

12. 紫丁香色獭兔 紫丁香色獭兔培育成功的时间较短，因此数量很少。该獭兔毛色背部为黑褐色，腹部、四肢呈栗褐色，颈、耳、足等部位为褐色或黑褐色，胸部与体两侧毛色相似，多呈紫褐色。眼睛呈深褐色，爪为暗色。凡被毛呈锈色或带有污点、白斑及其他杂色毛或带色条者，均属缺陷。

13. 黑貂色獭兔 黑貂色獭兔属于獭兔的润色变种，它的颜色属非彩色类型，所以可和其他颜色的獭兔相配。这种色型兔的被毛短而华丽，市场售价较高，若稍带绿色光泽则价值最高。一般公兔 7 月龄开始配种，母兔 4 月龄就可繁殖。由于这种颜色很不稳定，因此，在兔群中数量较少，关键是中等褐色不易掌握，如果变成浅褐色时，可导入加利福尼亚獭兔1次。总之，必须经常注意调整，才能不断生产出标准华贵的黑貂色獭兔。毛色特征：脊背为靛黑褐色，体侧为栗褐色，头、耳、四肢、尾均为黯黑色。眼为红宝石色。出现其他杂色者，均为不合格。

第三节 獭兔的生物学特性

由于獭兔是由家兔的变种培育而来，故和家兔的生物学特性在很大程度上都有相同之处。只有掌握獭兔的生物学特性，才能在生产实践中根据獭兔的生物学特性制订相应的饲养管理措施和疾病预防工作。

一、生活习性

1. 嗅觉灵敏，视觉迟钝 獭兔嗅觉十分灵敏，但视觉不发达，常用嗅觉识别饲料，采食前总是先用鼻子闻过再吃。通过嗅觉还可辨认出仔兔是不是自己所生。因此，管理上要注意防止仔兔染有其他气味，否则母兔拒绝哺乳，甚至咬死仔兔。寄养仔兔时，必须进行适当的处理，方可寄养。

2. 门齿终身生长，具啮齿行为 兔的第一对门齿是恒齿。出生时就有，永不脱换而且终生生长。平均上颌门齿每年生长10厘米左右，下颌门齿每年生长12.5厘米左右。由于其不断生长，獭兔必须借助采食和啃咬硬物，不断磨损，才能保持其上、下门齿的正常咬合。这种借助啃咬硬物磨牙的习性，称为啮齿行为。因此，在养兔生产中经常给獭兔提供磨牙的条件，如把配合饲料压制成具有一定硬度的颗粒饲料，或者在兔笼内投放一些树枝等。

3. 穴居性 穴居性是指兔具有打洞穴居、并且有在洞内产仔的本能行为，这是长期自然选择的结果。在笼养的条件下，需要给繁殖母兔准备一个产仔箱，令其在箱内产仔。

4. 独居性 獭兔具有喜独居的特点。在群养条件下，公、母兔之间或同性别之间，时有殴斗、撕咬现象，尤以公兔为甚。一旦咬伤皮肤，会降低毛皮质量。在生产中，对 3 月龄以上的公、母兔应及时进行分笼饲养。有些獭兔对人还具攻击性，饲养管理人员稍不留心，极易遭攻击，咬伤，应特别注意。

5. 獭兔的热应激性 由于獭兔被毛浓密，汗腺退化，有较强的耐寒而惧怕炎热的特性。獭兔最适宜的环境温度为 15～25℃，临界温度为 5℃和 30℃。因此，在日常管理上，对獭兔防暑比防寒更重要。夏季高温时一定要做好降温工作，在严寒的冬季当然也需注意保温，以防止受冻。

6. 夜行性 野生穴兔体格弱小，对敌害防御能力差，在进化过程中经过长期的自然选择，形成了昼伏夜行的习性。至今獭兔仍保留着这种习性，夜间十分活跃，采食、饮水频繁。据测定，獭兔夜间采食量占日采食量的 70%左右，饮水量占日饮水量的 60%左右。白天獭兔除采食、饮水活动外，大部分时间处于静卧闭目养神，甚至睡眠状态。根据獭兔这一习性，要合理安排饲养日程，晚上要喂给充足的饲料和饮水，尤其冬季夜长时更应如此。

7. 嗜睡性 在一定条件下，獭兔容易进入困倦或睡眠状态。獭兔白天多趴卧在笼具内，呈静卧睡眠状态。根据这一特性，白天除饲喂和作必要的管理工作外，尽量不要影响獭兔的休息和睡眠，平时在兔舍内应尽量保持安静，给獭兔创造一个较适宜的环境。

8. 易惊性 獭兔有胆小怕惊的特性，对外界环境非常敏感。一有异常响声会引起精神的高度紧张，或遇到陌生人接近或狗、猫等动物闯入，会表现出惊慌不安，在笼内乱蹦乱跳或用后足拍击踏板等现象。受到惊吓的妊娠母兔易发生流产、早产、停产、难产；哺乳母兔泌乳量下降，拒绝哺喂仔兔，甚至食仔或踏死仔兔；幼兔出现消化不良、腹泻、肚胀等。

9. 爱清洁、喜干燥 獭兔喜爱清洁干燥的生活环境。一般獭兔对疾病抵抗力较差，如果环境潮湿、污秽，容易滋生病原微生物，增加患病的机会。因此，獭兔形成了爱清洁、喜干燥的习性。如经常看到獭兔卧在干燥的地方，成年兔在固定位置排粪尿，常用舌头舔拭自己的被毛，以清除身上的污物等。修建兔场、兔舍和在日常饲养管理中，必须遵循干燥、清洁的原则，合理选择场址，科学设计兔舍和兔笼，定期清扫和消毒兔舍、笼具。这样既可减少疾病的发生，又能提高兔皮的质量。

10. 易发脚皮炎 獭兔好动，每天运动量大，足底与底板的摩擦增加，同时獭兔足毛虽密，但较肉兔短，不耐磨，容易将与地面接触的部分足毛磨光，伤及皮肤而发炎，易患脚皮炎。当笼底为金属网丝结构，固定竹条的钉子外露或环境湿热时，更易发病。发病兔采食量下降，毛皮质量变差，有的甚至消瘦致死。为此，饲养獭兔的笼底板最好用竹板制作，且应锉平竹节，固定竹板的钉子不能外露。若已采用金属网丝的，可在笼内放一块25厘米见方的木板，以便于獭兔休息躺卧，同时应保持兔笼干燥、清洁。此外，选种时应选择那些脚底绒毛丰厚者留作种用。

二、采食习性

獭兔属于单胃食草动物，以植物性饲料为主，对食物具有选择性，喜食植物性饲料，不喜食动物性饲料。生产中考虑营养需要和适口性，配合饲料时，动物性饲料不应超过5%，且要搅拌均匀。在植物性饲料中，家兔喜欢采食豆科、十字花科、菊科等多叶性植物，不喜欢采食禾本科、直叶脉的植物，如稻草。喜欢采食植物幼嫩部分，而且对长在地上植物的采食程度要比同类植物采割下来采食的程度、日增重都高得多。喜欢采食颗粒料，不喜欢采食粉料、湿粉料。在饲料配方相同的情况下，饲喂颗粒料的饲料消化率提高，生长速度快，消化道疾病发病率低，饲料浪费大大减少。喜欢采食含油脂较高的植物性饲料，其中油脂有芳香味能引诱兔采食，同时补充必需脂肪酸，有助于脂溶性维生素的补充和吸收。一般饲料中添加2%～5%的油脂，能改善日粮的适口性，提高采食量和增重速度。獭兔喜欢采食有甜味的饲料。味觉发达，特别是舌背上的味蕾对甜味比较敏感。喜食适口性好的甜味饲料，一般添加量为2%～3%。

三、消化特点

（一）消化器官的特点

獭兔是单胃食草性动物，而且采食饲草种类较多。獭兔的消化器官特别发达。上唇纵向裂开、门齿裸露，门齿6枚，上颌大门齿2枚，其后有1枚小门齿，下颌门齿2枚，上、下门齿呈凿形咬合，便于切断和磨碎食物，适宜采食矮草和啃食树叶、树枝和树皮；兔无犬齿，臼齿咀嚼面宽，且有横脊，适于研磨草料。兔胃占整个消化道容积的34%，小肠占11%，结肠占6%，盲肠占49%。大、小肠的长度之和是其体长的10倍。在各消化器官中，每克内容物中微生物的数量，盲肠有10^9个，结肠、直肠有10^9个，空肠有10^4～10^5个。獭兔的盲肠极为发达，其中含有大量微生物，起着瘤胃的消化作用。正因为其消化道结构与生理作用不同于其他食草性动物，所以奠定了獭兔具有独特的消化功能。

（二）特异的淋巴球囊

在獭兔回肠和盲肠的相接处，有一个膨大、中空、壁厚的圆形球囊，称为淋巴球囊或圆小囊，为兔所特有。其生理作用有三，即机械作用、吸收作用和分泌作用。回肠内的食糜进入淋巴球囊时，球囊借助发达的肌肉进行挤压，消化后的最终产物大量地被球囊壁的分支绒毛所吸收。同时，球囊还不断分泌出碱性液体，中和微生物进行生命活动时而产生的有机酸，从而保证了盲肠内有利于微生物繁殖的环境，有助于饲草中粗纤维的消化。

（三）对营养成分的利用充分

獭兔能有效利用饲料中的营养成分。兔能充分利用优质饲料中的蛋白质，如对苜蓿粉粗蛋白质的消化率约为75%，而马为74%，猪不超过50%；同时也能充分利用低质量、高纤维粗饲料中的蛋白质，如兔对全株玉米制成颗粒料中粗蛋白质的消化率约为80.2%，马为52%。兔对各种饲料中粗脂肪的消化率比马属动物高得多，而且兔可以利用脂肪含量高达20%的饲料。但是饲料中脂肪含量在10%以内时，其采食量随着脂肪含量的增加而提高；若超过10%时，其采食量随着脂肪含量的增加而下降，说明獭兔不宜饲喂含脂肪过高的饲料。獭兔对饲料能量的利用能力低于马，并与饲料中纤维含量有关，饲料中纤维含量越高，獭兔对饲料能量的利用能力越低。獭兔对粗纤维的利用能力有限。在苜蓿草粉中，兔对粗纤维的利用率相当于马的46.7%；在配合饲料中，相当于马的46.9%；在全株玉米颗粒料中，相当于马的52.6%。

（四）易患消化道疾病

獭兔特别容易发生消化系统疾病，尤其是腹泻病。仔、幼兔一旦发生腹泻，死亡率很高。造成腹泻的主要诱发因素有高碳水化合物、低纤维饲粮，断奶不当，腹部着凉，饲料过细，体内温度突然降低，饮食不卫生和饲料突变等。

1. 高碳水化合物、低纤维饲粮引起的腹泻 饲喂高碳水化合物（即高能量）、高蛋白、低纤维日粮时，它们通过小肠的速度加快，未经消化的碳水化合物（即淀粉）可迅速进入盲肠，盲肠中有大量的淀粉时，就会导致一些产气杆菌（如大肠杆菌、魏氏梭菌等）的大量繁殖和过度发酵，破坏盲肠内正常的微生物区系。而那些致病的产气杆菌同时产生毒素，被肠壁吸收，使肠壁受到破坏，肠黏膜的通透性增高，大量的毒素被吸收入血，造成全身性中毒，引起腹泻并导致死亡。

2. 断奶不当引起的腹泻 断奶不当引起的腹泻是因为仔兔从吃液体的乳汁完全转变到吃固体饲料的过程中，由于饲料的突然变换，引起了应激反应，改变了肠道内的生理平衡，一方面减少了胃内抗微生物因子的作用；另一方面断乳兔胃内盐酸的酸度达不到成年兔胃内的酸度水平，因此不能经常有效地杀死进入胃内的微生物（包括致病菌）。同时，断奶仔兔对有活力的病原微生物或细菌毒素比较敏感，特别容易发生胃肠道疾病，如腹泻。

3. 腹部着凉引起的腹泻 獭兔的腹壁肌肉比较薄，特别是仔兔脐周围的被毛稀少，腹壁肌肉更薄。当兔舍温度低，或獭兔卧在温度低的地面（如水泥地面），肠壁受到冷刺激时，其蠕动加快，小肠内尚未消化吸收的营养物质便进入盲肠，由于水分吸收减少，使盲肠内容物迅速变稀而影响盲肠内环境，消化不良的小肠内容物刺激大肠，使大肠的蠕动亢进而造成腹泻。仔兔对冷热刺激的适应性和调节能力又差，所以幼兔特别容易着凉导致腹泻。

腹部着凉引起腹泻极易造成继发感染，故要增加舍温，避免獭兔腹部着凉，同时对腹泻仔兔用抗生素加以治疗。

4. 饲料过细引起的腹泻 獭兔采食过细的饲料入胃后，形成坚密结实的食团，胃酸难以浸透食团，使胃内食团的 pH 长时间保持在较高的水平，有利于胃内微生物的繁殖，并允许胃内细菌进入小肠，细菌产生毒素，导致獭兔腹泻或死亡。

獭兔盲肠的生理特点是能主动选择性地吸收小颗粒，结肠能选择性地保留水分和细小颗粒，并通过逆蠕动又送回盲肠。颗粒分子太细，会使盲肠负荷加大，有利于诱发盲肠内细菌的暴发性生长，大量的发酵产物和细菌毒素损害盲肠和结肠的腱膜，导致肠的通透性异常，使血液中的水分和电解质进入肠壁，胃肠道功能发生紊乱，引起獭兔的胃肠炎和腹泻。因此，用粉料直接饲喂獭兔时，颗粒不宜太细，一般以能通过2.5目筛网即可。

5. 饲料突变及饮食不卫生引起的腹泻　饲料突然改变及饲料不卫生使肠胃不能适应，改变了消化道的内环境，破坏了正常的微生物区系，导致消化道紊乱，诱发大肠杆菌病、魏氏梭菌病等。因此，要特别注意饲料成分的相对稳定和卫生。

四、食粪特性

獭兔的食粪特性是指獭兔采食自己部分粪便（软粪）的本能行为。与其他动物的食粪癖不同，这是正常的生理现象，不是病理性行为。

通常兔在大肠能形成和排出两种粪：一种是硬粪，呈粒状、干燥、表面粗糙，量很大，依采食饲草种类不同而呈现深浅不一的褐色；另一种是软粪，呈念珠状、质地软、表面细腻光滑，量较少，通常是黑色的。成年兔每天排出的软粪量约50克，约占总粪量的10%。兔在采食后8～12小时就开始排泄软粪。软粪与硬粪在养分组成上是相同的，但含量不同（表2-1）。在正常情况下，兔在采食饲料后就开始有食粪行为。排出软粪后兔会立即将其吃掉（图2-3），稍加咀嚼便吞咽。生病或者无菌兔、摘除盲肠兔没有食粪行为。在不正常情况下，兔也有食硬粪的现象。

表2-1　兔排出软粪、硬粪的养分及其中所含微生物的比较

项　目	软　粪	硬　粪	项　目	软　粪	硬　粪
干物质（%）	38.6	52.7	赖氨酸（%）	1.24～1.22	0.66～0.42
粗蛋白质（%）	34	15.4	亮氨酸（%）	1.29～1.35	0.85～0.53
乙醚浸出物（%）	5.3	3.0	组氨酸（%）	0.47～0.51	0.29～0.19

（续）

项 目	软 粪	硬 粪	项 目	软 粪	硬 粪
灰分（%）	15.2	13.7	精氨酸（%）	0.82～0.91	0.39～0.27
粗纤维（%）	17.8	30	天门冬氨酸(%)	1.9～2.08	0.93～0.59
能量（兆焦）	19.0	18.2	苏氨酸（%）	0.83～0.85	0.44～0.27
钙（%）	0.61	1.01	丝氨酸（%）	0.73～0.72	0.44～0.28
磷（%）	1.40	0.88	谷氨酸（%）	2.47～2.34	1.42～0.90
硫（%）	0.49	0.32	脯氨酸（%）	0.71～0.69	0.66～0.46
钾（%）	1.49	0.56	甘氨酸（%）	0.96～1.02	0.57～0.40
钠（%）	0.54	0.12	丙氨酸（%）	0.99～1.06	0.54～0.34
维生素 B_1（毫克/克）	40.84	2.29	缬氨酸（%）	1.17～1.23	0.59～0.38
维生素 B_6（毫克/克）	84.02	11.67	异亮氨酸（%）	0.91～0.94	0.45～0.29
维生素 PP（毫克/克）	181.88	44.52	酪氨酸（%）	0.84～0.88	0.28～0.19
维生素 B_{12}（毫克/克）	27.33	0.89	苯丙氨酸（%）	0.98	0.52～0.36
泛酸胺（毫克/克）	46.53	17.96	蛋氨酸（%）	0.47	0.13
微生物（亿个、%）	96.5、81	27、56			

注：引自杨正，1999。

獭兔食粪行为具有很重要的生物学意义。

图 2-3 獭兔的食粪行为

獭兔通过食粪用以维持消化道内正常的微生物区系。兔在排泄粪便时也会将一些有益微生物排出体外，导致消化道内微生物区系发生变化，菌群减少，兔对纤维消化能力就会降低；食粪后软粪中的微生物重新回到消化道，恢复消化道内有益微生物的数量和质量，保持兔对纤维的消化能力不衰退。

兔通过食粪相当于延长了消化道或饲料通过消化道的时间，使得饲料被多次消化吸收，提高了饲料中各养分的消化率。通过食粪，1只兔1天可以多获得2克菌体蛋白（相当于需要量的10%）、83%的烟酸、100%的维生素 B_2、65%的泛酸、42%的维生素 B_{12}。在饲料中加入可食的染色微粒被兔食入后，獭兔在食粪的情况下，经过7.1小时开始排出，48.6小时可以排完；在禁止食粪的情况下，经过6.6小时开始排出，28小时可以排完。在食粪、禁止食粪条件下营养物质总消化率分别是64.6%和59.5%。

在正常情况下，禁止兔食粪，会对其产生一些不良影响。据测定，禁止食粪30天的兔，体重及其消化器官的容积、重量均减轻。正常条件下食粪时，兔采食颗粒饲料，兔体重为3.0千克，消化器官总重485克，其中营养物质的消化率为64.6%。禁止食粪以后，兔体重降为2.67千克，消化器官总重降至276克，其中营养物质的消化率为59.5%。禁止食粪时，獭兔血液中血红蛋白的含量由食粪时的10.7%下降到9.1%，红细胞数量由原488万个/毫米^{3}下降到438万个/毫米^3，血清中的氨基酸由7.51毫克/毫升下降到6.75毫克/毫升，红细胞沉降率24小时从42.8毫米上升到55.9毫米。

五、繁殖特性

1. 獭兔具有很强的繁殖力　獭兔性成熟早，妊娠期短，世代间隔短，一年四季均能繁殖，窝产仔多。仔兔5～6个月龄发情时即可参加配种，妊娠期30～31天，哺乳期28～42天，断奶后1～3天便可再次发情参加配种（图2-4）。在一般情况下1年可以繁殖4窝。在生产条件比较好的集约化生产条件下，每只繁殖母兔可年产6～7窝，每窝可以成活6～7只，1年内可以育成

40～50 只仔兔。

2. 獭兔属于刺激性排卵的动物 獭兔卵巢内发育成熟的卵泡，必须经过交配刺激后才能排出。一般排卵的时间多在交配后10～12 小时。若在发情期内不交配，母兔不排卵，成熟的卵泡就会衰老退化，10～16 天被吸收。在母兔发情时不给予交配，经给母兔注射人绒毛膜促性激素（HCG），也可以诱导排卵。

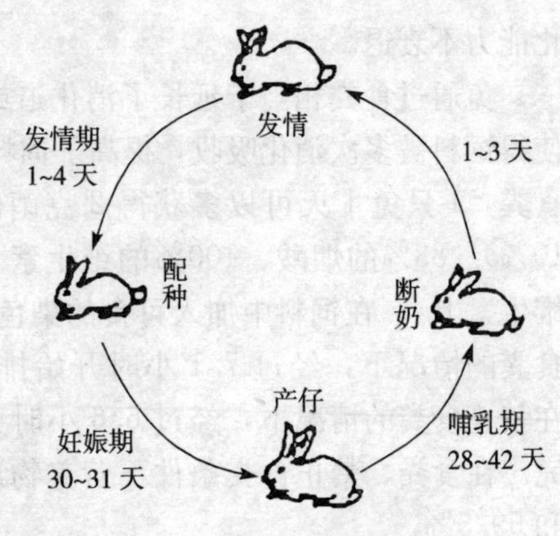

图 2-4 母兔的繁殖周期

3. 獭兔胚胎在附植前后的损失率较高 獭兔胚胎在附植前后的损失率为 29.7%，附植前的损失率为 11.4%，附植后的损失率为 18.3%。对附植后胚胎损失率影响最大的因素是肥胖。交配后 9 日龄胚胎的存活情况，肥胖者胚胎死亡率达 44%，中等体质者胚胎死亡率为 18%。从产仔数来看，肥胖体质者，窝均产仔 3～5 只；中等体质者，窝均产仔 6 只以上。母体过于肥胖时，由于体内沉积的大量脂肪压迫生殖器官，使卵巢、输卵管容积变小，胚胎不能很好地发育，降低了受胎率或使胎儿在早期死亡。另外，高温应激、惊群应激、过度消瘦、疾病等，也会影响胚胎的存活。当外界温度超过 30℃时，6 日龄胚胎的死亡率高达 24%～45%。

4. 獭兔假孕的比例高 母兔经诱导刺激排卵后并没有受孕，却有妊娠反应，母兔出现腹部增大、乳腺发育等妊娠症状，这种现象叫假孕。假孕的比例高是其生殖方面的重要特征之一。饲养管理不好的兔群其假孕的比率高达 30%。如果是正常妊娠，在妊娠的第 16 天后黄体得到胎盘分泌的激素而继续存在下去。而假孕时，由于母体没有胎盘，妊娠 16 天后黄体退化，母兔表现临产行为，衔草拔毛做窝甚至乳腺分泌少量乳汁。假孕持续期为16～18天。假孕过后立即配种极易受配。

5. 獭兔的性成熟与适配年龄　獭兔的性成熟期为3.5～4月龄，一般情况下，白色獭兔的性成熟时间略早于有色獭兔，母兔的性成熟早于公兔，饲养条件优良、营养状况好的早于营养状况差的，早春出生的仔兔早于晚秋或冬季出生的仔兔。在正常饲养管理条件下，初配应在5～6月龄、体重3千克左右进行。

六、体温调节的特点

獭兔属于恒温动物，正常体温一般是38.5～39.5℃，临界温度为5～30℃。如外界气温高于或低于临界温度，均会使生产性能下降。为保持獭兔最佳的生产性能，调节兔舍温度十分重要。

獭兔体温调节机能不健全，仔兔怕冷，成年兔怕热，容易中暑。獭兔被毛密度大，汗腺很少，仅分布于唇的周围和鼠蹊部。獭兔是依靠呼吸散热的动物，长期高温对獭兔的健康有害，特别容易发生中暑，因此在高温季节要注意防暑降温。实践证明，当外界温度达32℃以上时，獭兔的生长发育和繁殖率显著下降。如果獭兔长期生活在35℃或更高温度条件下，会引起死亡。相反，在防雨、防风的条件下，成年兔能够忍受0℃以下的温度，可见成年兔耐冷不耐热。

仔兔怕冷，其初生时全身无毛，体温调节机能很差，体温不恒定，出生后第10天，体温才趋于恒定，30天后被毛基本形成，对外界环境才有一定的适应能力。因此，生产实践中，仔兔须有较高的环境温度，以防被冻死。

不同生理阶段的獭兔对环境温度的要求不同，初生仔兔需要较高的温度，最适温度为30～32℃。成年兔的适宜温度为15～20℃。一般适合獭兔生长和繁殖的温度是15～25℃。

七、生长发育的规律

仔兔刚出生时，体表无毛，耳、眼闭塞，各系统发育都很差，尤其是体温调节功能和感觉功能更差。出生后3～4日龄绒毛长出；11～12天开眼，开始有视觉；16～18时出窝吃饲料。体重增加也很快，一般初生时为40～60克，生后1周体重可增加1倍以上，4周龄时其体重约为成年体重的12%，8周龄时体重约为成年体重的40%。8周龄后生长速度逐渐下降。

獭兔品系不同生长速度也不同，德系獭兔、法系獭兔的增重速度高于美系獭兔，白色獭兔高于有色獭兔。性别不同，其生长速度也有差异。公、母兔在8周龄前的增重差异不明显，8周龄后，母兔生长速度大于公兔，故成年母兔体重一般大于公兔体重。母兔的泌乳力和窝产仔数都会影响幼兔的早期生长发育。应加强泌乳母兔的饲养管理，合理调整哺乳仔兔数，以获得较高的断奶重，因为断奶重将影响獭兔一生的生长速度。

总之，獭兔生长的最大特点是性成熟前生长速度较快，饲料利用率最高；性成熟后，生长速度变慢，饲料利用率变低。因此，饲养商品獭兔时，要充分利用这一特性，早期给予营养丰富的饲料，加强管理，以发挥其最大的生产潜力，获得较大的皮张面积，最终取得较高的经济效益。

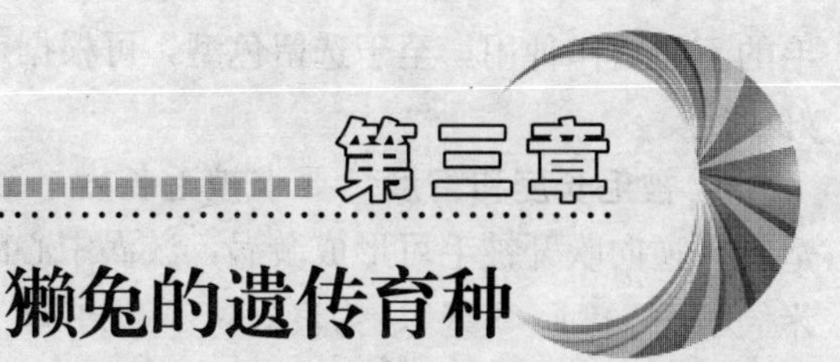

第三章 獭兔的遗传育种

第一节 獭兔的选种技术

选种就是选择优良的公、母兔留作种用，淘汰不合乎留种要求的个体，从而提高后代的平均生产水平。所以有一定规模的獭兔场，均可进行品种选育工作。

一、选种依据

獭兔选种，主要是根据以下几种标准进行。

1. 体重标准 要求成年母兔体重3.4～4.3千克，成年公兔体重3.6～4.8千克。体重大，毛皮的面积就大，商品价值高。

2. 头形标准 种兔头要求宽大，与体躯各部位比例相称。两耳厚薄适中，直立挺拔不下垂。眼睛明亮有神，无眼泪和眼屎，眼球颜色应与本品系的标准色型相一致。

3. 体质标准 体质健壮，各部位发育匀称，肌肉丰满，臀部发达，腰部发达，肩宽广，与体躯结合良好。窄肩、体躯瘦长、后腿呈X状、臀部瘦削、骨骼纤细等，均属严重缺陷。

4. 腿爪标准 四肢强壮有力，肌肉发达，前后肢的毛色与体躯主要部位的基本一致。趾爪的弯曲度随年龄的增长而变化，年龄越老则弯曲度越大。

5. 毛色标准 獭兔皮要求毛色纯正，色泽光亮，具有该品系特定的色型。毛色不纯的，有杂色、色斑、色块、色带等异色毛的不能留作种用。至于选留色型，可根据市场需要和人们的爱好决定。

6. 被毛长度和密度 要求被毛长度一致，被毛平齐，密度适宜（逆向吹开被毛可形成漩涡，漩涡中心的露皮面积小于4毫米^{2}为极好，4～8毫米^{2}为良好，不超过12毫米^{2}为合格，超过12毫米^{2}为不合格）。

二、选种方法

獭兔的选种方法很多。针对单一性状的选择有个体选择、家系选择、家系内选择、合并选择等，对于多个性状的选择有顺序选择、独立淘汰选择、综合选择等。

种母兔要求繁殖力高，要从窝产多的个体中选留母兔。如果连续7次拒配（每天配种1次），连续空怀2～3次，4胎产仔数少于4只的母兔应予以淘汰；泌乳力要高，母兔的泌乳力一般可用仔兔21日龄的窝重来衡量，21日龄窝重大，说明母兔泌乳力高；另外，初生仔兔要求大小均匀，产仔大小不匀，说明仔兔和母兔的健康状况不好，仔兔死亡率高，还会有发育不良的矮小兔。一般第一胎不选留种兔，应在第二胎以后所产仔兔中选留，且有效乳头必须在4对以上。

选择种公兔时要把健康、活泼、性欲旺盛、精液品质好、被毛品质优良、体形大的个体留作种用。懒惰，行动迟钝，性欲不旺，隐睾、单睾或睾丸一大一小的个体，都不能留作种用。另外，还要求无食仔、咬斗等恶癖。

三、选种阶段

第一次选择：一般在断奶时进行，主要以系谱和断奶体重作为选择依据。系谱选择的重点是注意系谱中优良祖先的数量。优良祖先数量愈多，则后代获得优良基因的机会就愈多；断奶体重则对以后的生长速度有较大的影响。此外，还要配合同窝其他仔兔生长发育的均匀度进行选择，将符合育种要求的列入育种群，不符合育种要求的列入生产群。

第二次选择：一般在3月龄时进行，从断奶至3月龄，獭兔的绝对生长速度或相对生长速度都很高。鉴定的重点应是3月龄体重、断奶至3月龄的日增重和被毛品质等，应该选留生长发育快、毛皮品质好、抗病力强、生殖系统无异常的个体留作种用。

第三次选择：一般在5～6月龄时进行，这是兔一生中毛质、毛色表现最标准的时期，又正值种兔初配和屠宰时期。所以，以生产性能和外形鉴定为主。根据生产指标、商品指标和体质外貌逐一筛选，合格者进入后备种兔群，不合格者予以淘汰。对公兔还必须进行性欲和精液品质的检查。

第四次选择：一般在1岁左右时进行，主要鉴定母兔的繁殖性能，对多次配种不孕的母兔应淘汰。母兔初产情况不能作为选种依据，但对繁殖性能过差的母兔应淘汰。母兔在第二胎仔兔断奶后，根据产仔数、泌乳力等进行综合评定，淘汰母性差、泌乳性能不理想、产仔数少的母兔和有恶癖、性欲差、精液品质不理想的公兔。

第五次选择：当种兔的后代已有生产记录时，可根据后代品质对种兔再作一次遗传性能的鉴定，以便进一步调整兔群，把真正优秀者转入核心群，优良者转入育种群，较差者转入生产群。

四、獭兔的引种技术

引种是獭兔生产中的一项重要技术工作。初养兔者需要引种，而养兔场（户）为了扩大规模、更换血统，或改良现有生产性能低、皮毛质量差的兔群也需要引种。掌握正确的引种技术，是发展獭兔生产的关键。

（一）引种前应考虑的因素

（1）对于初养兔者，必须事先考虑市场行情，如兔皮销路、价格等情况，同时考虑当地气候、饲料和自身条件，选购适宜的品系。

（2）养兔场（户）应考虑所引品系与现有品系相比有何优点。需要更换血缘时，应着重选择生长发育良好、毛皮质量好、体形大的个体（一般以公兔为主）。

（3）详细了解种源场（户）的情况，如饲养规模、种兔来源、生产水平、系谱是否清楚、记录是否完整、是否发生过疫情及种兔月龄、体重、性别比例、价格等。

大、中型种兔场设备好、人员素质高、经营管理较完善、种兔质量有保证、对外供种有信誉。从上述种兔场引种，一般比较可靠。

农户自办种兔场一般规模较小，近亲现象比较严重，种兔质量较差，且价格不定，购种时要特别注意。

集市上所卖的种兔来源复杂、质量差、可信度也差，应尽量避免在此购种。

（4）购进种兔前，除要进行兔笼、器具的消毒，饲草料及常用药品的准备外，还要对饲养人员进行必要的培训。

（二）种兔选购技术

（1）品系的选定　具体品系的选定应根据自身的技术水平、饲养条件而定。有经济能力且条件好的场（户），可以选择生产性能高的品系，如德系、法系獭兔。对于初养兔者，一般可先选易饲养的品系。

（2）所选品系应具有本品种系的特征　每个獭兔品系都有其明显的外貌特征，选购时应根据其头部特征、耳型、被毛质量、毛色、眼睛、爪色等情况加以鉴别。

（3）选择优良个体　即使同一品系其个体的生产性能、毛皮质量也有明显差别。应着重根据被毛的密度、长度、平整度、色型、体形大小进行个体选择。口吹毛被难见皮肤（表明密度大），手抓被毛感到结实，体重、体形较大者均可选择。

所选个体应无明显的外形缺陷，如门齿过长、"八"字腿、垂耳、小睾丸、隐睾或单睾、阴部畸形的均不宜选购。另外，所选母兔乳头数应不少于4对。

（4）引种年龄　老年兔的种用价值和生产价值较低，高价购买实在不合算。1千克以下的兔的适应性和抗病力都差，也不宜引种。

引种一般以3～4月龄的青年兔为宜。一定月龄要有相应体重，参考数据如下：美系、法系獭兔一般母兔1月龄应达400～600克，2月龄1 200克左右，3月龄1 800克左右，4月龄2 500克左右，5月龄2 800左右。同龄时公兔体重比母兔少20%左右。同时，还要根据牙齿、趾（爪）核实月龄，以防购买到大龄的小老兔。

（5）血缘关系　近亲繁殖是造成兔种退化、质量下降的主要原因，因此选购种兔时要注意所购公兔和母兔之间的亲缘关系要远，公兔应来自不同的血统。特别是引种数量少时，血缘更不能相近。另外，引种时要向供种单位索要种兔的系谱资料。

（6）重视健康检查　病兔不仅自身个体发育不好、生产性能差，严重时还会将病原传给兔群，造成全群蔓延的状态。所以，引种时决不能忽视健康检查。

（7）引种数量　对于初养兔者，开始引种数量不宜过多。有养兔经验者可适当多引种。

（8）引种季节　獭兔怕热，且应激反应严重。所以引种应选在气温适宜的春、秋两季，尤其是秋季。种兔运回后经一个冬季的饲养，对当地的饲养方式、气候条件已有所适应，到了来年春季即可繁殖，有利于提高引种后的经济效益和社会效益。切忌夏季引种。夏季必须引种时，应做好防暑工作。冬季气候寒冷，也以少引种为宜。

（三）种兔的运输

獭兔神经敏锐，应激反应明显。运输不当时，轻则掉膘，身体变弱，重则致病甚至死亡。因此，必须做好种兔的运输工作。

种兔在进行运输前，首先由兽医人员对其进行健康检查，并请供种单位或当地兽医部门开具检疫证明书。起运前要做好运输计划，做到心中有数。1 天左右的短途运输，可不喂料、不饮水。2～3 天的运输，可准备些干草和少量多汁饲料，并准备好饮水用具。5 天以上的运输，应备好途中所需的饲料、饮食用具、照明用具及防雨、防寒、防暑器具与消毒药品等。包装用具可选木箱、纸箱（短途）、竹笼、铁笼等，大小以底面积 0.3～0.5 米^2、高 25 厘米为宜。笼子应坚实牢固，便于搬运。包装箱应有通风孔，有漏粪尿和存粪尿的底层设备，内壁和底面要平整，无锐利物。起运前要将兔笼、车辆、饲具进行全面消毒，然后在笼内铺垫干草。同时，要了解供种单位的配合饲料及饲养制度，并携带足够所购兔食用 2 周以上的原饲料及中途所需饲料，以便逐渐变换。

运输途中要注意不宜给兔喂得过饱。要对兔勤检查、勤调理。春季防感冒，秋季要防肺部疾病。车辆起停及转弯时速度要慢，以防发生意外事故。幼兔以每笼 4～6 只为宜，青年兔、成年兔要单笼。獭兔到达目的地后，要将垫草、粪便进行焚烧或深埋，同时将笼具进行彻底消毒，以防疾病的发生和传播。

（四）新引入种兔的饲养管理

（1）新引回的种兔，要放入事先消毒好的笼舍内，笼舍应远离原兔群。隔离种兔的饲养人员不要与原兔场内的饲养人员往来，以免传播疾病。一般隔离1个月，证明健康无病时，才能混入原群。

(2) 刚到达目的地的獭兔不要急于饲喂，待休息一段时间后，再喂给少量易消化的饲料，如青草、胡萝卜、青干苜蓿等，同时喂给温盐水，切忌暴饮暴食。

(3) 饲养制度 饲料种类应尽量与原供种单位保持一致。如需要改变，应逐步进行。

(4) 由于受运输、环境改变等应激因素的影响，獭兔消化机能会有所下降。因此，每天的饲喂次数宜多不宜少，每次的饲喂量宜少不宜多，一般每次喂七八成饱。

(5) 每天早晚各检查一次兔的食欲、粪便、精神状态等，发现问题及时采取措施。新引进兔一般在引回1周后易暴发疾病（主要是消化道疾病）。对于消化不良的兔，可喂给大黄苏打片、酵母片或人工盐等健胃药；对粪珠小而硬的兔，可采用直肠灌注药液的方法来治疗。

总之，加强新引入兔的饲养管理，增强兔的机体抵抗力，是引种成败的关键。

第二节 獭兔的选配方法

选配原则根据制订的目标，综合考虑种兔的品质、血缘和年龄关系，进行选配。一般生产中尽量避免近交，可使种公兔的品质优于母兔，以利充分发挥优良公兔的作用。及时对交配结果进行总结，选择亲和力好的公、母兔配种。

一、同质选配

同质选配就是将性状相同或性能表现一致的优秀公、母兔进行交配，以期把这些性状在后代中得以保持和巩固，使优秀个体的数量不断增加，群体品质得到进一步提高。例如，为了提高体重和生长速度，就应选择生长速度快、体重大的公、母兔进行配种，使所选性状的遗传性能进一步稳定下来。在进行同质选配时，必须注意不能选择具有同样缺点的公、母兔进行配种，尤其是体质外形上的缺点，只能要求结构匀称、体质结实的公、母兔配种，否则会带来不良后果。

二、异质选配

异质选配就是具有不同优良性状或同一性状但优劣程度不一致的公、母兔进行交配，以期获得兼备双亲不同优点的后代或以优改劣，提高后代的生产性能。例如，用生长发育快的公兔配产仔数高的母兔，或用体形大的公兔配体形中等的母兔，以期获得长势快、产仔数高的后代或体形较大的后代。

三、年龄选配

根据獭兔交配双方的年龄进行的选配称为年龄选配。随着年龄的变化，种兔的生活力和生产性能都不一样，壮年时的生活力最强，生产性能最高。实践证明，壮年公、母兔交配所生后代的生活力和生产性能表现最好。在生产实践中，应尽量避免老年兔配老年兔、青年兔配青年兔和老年兔与青年兔的相互交配。应该壮年兔间相互交配，或用壮年公兔配老年母兔和青年母兔，青、老年公兔与壮年母兔相配。年龄过大的兔或未到初配年龄的兔应严禁配种繁殖。

四、亲缘选配

相互有亲缘关系的种兔之间的选配称为亲缘选配，如交配双方无亲缘关系，则称非亲缘选配。相互有亲缘关系的个体之间必定有共同祖先，共同祖先越近的亲交后代之间的亲缘关系也越近。一般把交配双方到共同祖先的世代数在6代以内的种兔交配，称为近亲交配，简称近交。近交只限于品种或品系培育时使用，一般生产场和专业户，应尽可能避免（尤其是全同胞、亲子之间或半同胞交配），防止近交衰退。

五、选配的实施原则

1. 有明确的选配目的 选配是为育种和生产服务的，育种和生产的目标必须明确，一切的选种选配工作都必须围绕它来进行。

2. 避免近交 种兔生产和商品兔生产应避免近交，一般要掌握5～7代无亲缘关系，尤其是父女、母子、兄妹之间不可交配。

3. 忌早配 年龄和体重没达到标准不参加配种。

4. 优配优 优秀母兔必须用优秀公兔交配，公兔的品质等级要高于母兔。

5. 有遗传缺陷不配 有遗传缺陷的种兔（如牛眼、八字腿、畸形齿、单睾等）不能参加配种。

6. 年龄悬殊不配 青年兔和老龄兔之间不宜配种。群体中应以壮年公兔为核心。

7. 注意公、母兔间的亲和力 选择那些亲和力好、所产后代优良的公、母兔交配。种兔配种所产后代不良，或产仔少、生活力弱、抗病力差等，不应再结合，下次配种应重新选配。

8. 有相同缺点或相反缺点的不配 有相同缺点或相反缺点的不配，否则将使缺点变得顽固，如毛稀应用毛密兔改良；性状有优有劣的公、母兔交配，可以达到获得兼有双亲不同优点的后代和以优改劣的目的。

第三节　獭兔的繁育方式

一、繁育体系

獭兔的繁育体系是指配套的繁育组织和制度。根据我国獭兔生产的现状和发展趋势，以及育种工作的性质和任务，繁育体系应包括三种类型的兔场。

（一）育种兔场（原种场）

育种兔场（原种场）的主要任务是负责对引进的种兔进行选育，提高现有品种的生产性能，培育新品种，繁殖和培育优良种兔供给繁殖兔场使用。育种场应由最优秀的纯种个体组成。场内全部种兔都应定期进行全面鉴定，有计划地进行选育提高。育种场要求设备齐全，条件优越，技术力量强，有较高的管理水平和技术水平，并有一套完整的技术措施和组织措施。育种场的规模宜小不宜大，具有一定数量的基础母兔，年产一定批量种兔即可。

（二）繁殖兔场

繁殖兔场的主要任务是从育种场引进种兔，扩大繁殖，以满足各单位或养兔户对种兔的需要。繁殖兔场应采取纯种繁育的方法繁殖纯种兔。繁殖兔场一般可建在饲养獭兔比较集中的市、县，规模可超过育种兔场，而且可选购数个品系进行饲养。该场饲养管理和经营方式必须符合种兔场的要求。也可根据兔群情况，建立起本场的繁育体系（核心群、生产群和淘汰群等）。

（三）商品兔场

商品兔场的任务是以最低的成本，生产出品质好、数量多的獭兔产品。根据獭兔生产的特点，应采用自繁自养的形式，大量繁育商品兔，不能随意杂交，以免毛色混杂，性状分离，兔产品质量降低。

二、繁育方法

獭兔的繁育方法，可大致分为纯种繁育、品系繁育和杂交繁育三种。

（一）纯种繁育

纯种繁育简称纯繁，就是指同一品种或品系内的公、母兔进行配种繁殖与选育，目的在于保存和提高与亲本相似的优良性状，淘汰、减少不良性状出现的频率。纯种繁育适用于地方良种的选育和提高、保种及引入品种的繁育。

近年来，我国已从美国、德国、法国引进不少具有不同特征、色型的獭兔良种，为了保持、提高这些外来良种的优良性能和扩大兔群数量，必须采用纯种繁育。通过纯繁，增强其适应性，保持其纯度，同时通过选种选配提高其质量，使其在生产和育种工作中发挥更大的作用。

在引入品种的选育中应采取集中饲养、慎重过渡、逐步推广等措施，以发挥引入品种的良种作用。

（二）品系繁育

所谓品系，就是来自相同祖先，一般性状良好，而某一项或几项性状表现突出、外貌相似的后代群。对獭兔而言，通常把每一种毛色的獭兔或不同国家的獭兔称为一个品系。可以根据不同毛色、皮毛质量、体形、生长发育、繁殖性能等特点进行选育，形成具有不同优良性状的小群，然后进行品系间杂交。这就可能在后代中综合不同小群的优良性状而提高獭兔品质。品系繁育的方法，目前常用的主要有系祖建系、近交建系和表型建系三种。

（三）杂交繁育

杂交繁育是通过不同品种或品系之间公、母兔的交配，来提高兔群品质的一种育种方法。这是一种全面改良兔群性状、遗传结构，迅速提高某些低产种群生产性能和创造新品种的繁育方法。目前，生产中常用的有如下几种。

1. 经济杂交 经济杂交是两个或三个品种（或品系）的公、母兔交配，目的是利用杂种优势，即后代的生产性能和繁殖力等都可能不同程度地高于双亲的平均值，以提高生产兔群的经济效益。在獭兔生产中，采用经济杂交时，要认真考虑杂交亲本的选择，杂交亲本必须是纯合个体。另外，还要根据毛色遗传规律，掌握毛色的显性基因与隐性基因的作用关系，切忌无目的和不按毛色遗传规律进行杂交，获得杂色毛。在经济杂交之前，一般应进行杂交组合试验。证明某组合是可行的，之后方可进行规模化杂交。

2. 育成杂交 育成杂交主要用于新品种（或新品系）的培育。世界上的獭兔品系几乎都是用这种方法育成的。根据杂交过程使用的品种数量，育成杂交又可分为简单育成杂交和复杂育成杂交。通过两个品种杂交以培育新品种的方法，为简单育成杂交。通过三个以上品种杂交培育新品种的方法为复杂育成杂交。育成杂交一般分三个阶段，即杂交创新阶段、横交固定阶段和扩群提高阶段。

3. 引入杂交 对个别地方不理想，有某些缺点需要改进时，选择理想的公兔和这个品种中被改良的母兔进行杂交改良，从杂交一代中选择最优秀的公兔与被改良的母兔进行交配，最优秀的母兔与被改良的公兔进行交配时，对它们的杂交后代再进行自繁。

第四章

獭兔的繁殖技术

繁殖是獭兔生产中的重要环节，直接关系到经济效益的好坏。因此，应了解獭兔的繁殖知识，掌握繁殖技术，以最终达到提高兔群繁殖力的目的。

第一节　獭兔的繁殖生理

一、性成熟与体成熟

幼兔生长发育到一定月龄，生殖器官中能够产生具有受精能力的性细胞，即公兔睾丸中能产生具有受精能力的精子和雄性激素，母兔卵巢中能产生成熟的卵子和雌性激素。这时兔具备了生殖能力，开始出现性活动，即为性成熟。

性成熟期因品系、性别、营养、季节、遗传因素等不同而各异。一般獭兔的性成熟期为公兔4～5月龄，母兔3～4月龄。通常德系、法系獭兔的性成熟时间晚于美系獭兔，白色獭兔略早于有色獭兔，母兔早于公兔，饲养条件优良、营养状况好的早于营养状况差的，早春出生的仔兔早于晚秋或冬季出生的仔兔。

公、母兔达到性成熟后，虽然已具备配种繁殖能力，但身体各部分器官仍处于继续生长发育阶段。若过早配种，不仅会影响公、母兔的自身生长发育，而且配种后母兔的受胎率低，产仔数少，所产仔兔身体瘦弱，母兔泌乳少，仔兔成活率也低。但也不宜过晚配种，过晚不仅会影响公、母兔的生殖机能和经济效益，而且第一胎分娩时难产发生的概率会升高。以獭兔达体成熟，即獭兔身体各部分器官已经基本生长发育完全时进行初配比较好。

在正常饲养管理条件下，不同类型獭兔性成熟年龄、初配年龄及体重可参考表4-1。

表4-1 獭兔性成熟、初配年龄及初配体重

类 型	性成熟月龄	初配月龄	初配体重（千克）
大 型	4.0～5.0	7～8	4.0以上
中 型	3.5～4.5	6～7	3.0以上
小 型	3.0～3.5	5～6	2.0以上

二、獭兔的利用年限

獭兔的繁殖潜力极大，但生产中种兔的利用有限。一般情况下，种公兔利用3～4年，母兔利用2～3年。但采用獭兔高强度频密繁殖的方法，母兔仅用1年。超过繁殖年限继续使用，会使配种后受胎率低，胚胎死亡率高，所产后代生活力差。

三、獭兔的发情与排卵

獭兔的繁殖没有明显的季节性，一年四季都能进行，但季节对发情配种却有影响。寒冬、酷暑（气温低于10℃或者超过30℃的季节）都会影响獭兔繁殖。

发情母兔没有经过诱导刺激，卵巢内成熟的卵子不能排出，也就不能形成黄体，不能抑制新的卵泡发育。母兔排卵发生在与公兔交配刺激后的10～12小时。在正常情况下，母兔的卵巢内经常有许多处于不同发育阶段的卵泡，在前一发育阶段的卵泡尚未完全退化时，后一发育阶段的卵泡又接着发育，而在前、后两批卵泡的交替发育中，体内的雌激素水平有高有低。因此，母兔

的发情征兆就有明显与不明显之分。但是，母兔不表现发情症状的时期，与自发排卵动物的休情期完全不同。因为没有发情征兆的母兔，卵巢内仍有处于发育过程中的卵泡存在。此时若进行强制性配种，母兔仍有受孕的可能。生产中可以利用这一特点，安排生产。

一般獭兔发情周期多为 8～15 天，持续期为 2～4 天，变动范围很大。

母兔发情时，主要表现兴奋不安，食欲减退，常用前肢扒箱或以后肢“顿足”，频频排尿，有时还有衔草做窝等现象。发情后性欲旺盛的母兔，还会爬跨其他母兔，甚至还主动靠近公兔，爬跨种公兔或向公兔身上撒尿。当公兔被追逐爬跨时，常作愿意接受交配的姿势。母兔发情时，阴部湿润，充血红肿，发情初期为粉红色，中期为大红色，后期为黑紫色。

四、獭兔的妊娠与分娩

獭兔的妊娠期为 30～31 天，变动范围在 29～34 天。妊娠期的长短因品种、年龄、营养、胚胎数量等情况不同而异。多数母兔在临产前 3～5 天开始衔草做窝。也有一些初产母兔不衔草、不做窝。母兔临产前 3～5 天乳房开始肿胀，并可挤出少量乳汁。外阴部肿胀充血，食欲减退，甚至绝食，在临产前数小时或 1～3 天，开始衔草絮窝并用嘴将胸前、腹部的毛衔到窝内絮好。母兔的拉毛与泌乳有直接关系，拉毛早则泌乳早，拉毛多则泌乳多。

母兔产仔多在夜间进行。产仔时母兔多呈犬坐姿势，一边产仔一边咬断脐带，吃掉胎衣，舔干仔兔身上的血迹和黏液。一般产仔需 20～30 分钟，但也有个别母兔在产出一批仔兔后间隔数小时再产下第二批仔兔，所需时间要长一些。

母兔分娩结束后，因失水较多，口渴难耐，会跳出产箱寻找饮水。如果此时喝不到水，有的母兔就会跳回产箱，啃食仔兔。

第二节　獭兔的繁殖技术

一、獭兔的配种技术

（一）发情鉴定

正确地鉴定母兔的发情状况，及时安排配种时间，是提高配种受胎率的关键。

母兔发情鉴定采取观表现、查外阴的办法。发情时，母兔采食量减少，性情活跃，在笼内跳动不安，有时用下巴摩擦笼具。发情盛期，母兔会爬跨自己的小兔或同笼的母兔。与公兔放在一起，会主动向公兔调情，追赶爬跨公兔，并将后躯抬高，尾巴上翘，接受公兔交配。此时母兔外阴有肿胀、湿润和充血现象。生产中根据母兔外阴黏膜颜色可判断其发情状态，以选择配种时间。发情初期，外阴黏膜粉红，中期深红，后期紫红。发情中期，母兔外阴黏膜呈大红色时配种受胎率最高。因此，“粉红早，黑紫迟，大红正当时”的顺口溜，正是反映了母兔发情配种的状况。

（二）獭兔的配种方法

一般獭兔的配种方法分为两种：一种是本交，就是公兔爬跨母兔后完成的交配；另外一种是人工授精。下面就分别介绍这两种配种方法。

1. 本交　本交即公兔爬跨母兔后完成的交配。本交分为两种情况：一种是自然交配，另外一种就是人工辅助交配。

（1）自然交配　獭兔的自然交配是一种很原始的配种方法，即是把公、母兔混养在一起，在母兔发情期间，任凭公、母兔自由交配（图 4-1）。这种方法的优点是配种及时，能防止漏配，节省人力。但缺点很多，主要表现为：①公兔整日追逐母兔交配，体力消耗过大；②公兔配种次数过多，精液品质低劣，受胎与产仔率低，公兔易衰老，配种只数少，利用年限短，不能充分发挥良种公兔的作用；③无法进行选种选配，极易造成近亲繁殖，品种退化，所产仔兔体质不佳，兔群品质下降；④公兔相互之间，容易斗殴咬伤，影响配种，严重者可能失去配种能力；⑤容易造成未到配种年龄、身体尚未发育成熟的公、母兔过早配种妊娠，不但影响其自身生长发育，而且胎儿也发育不良；⑥若老年公、母兔交配，则所生仔兔除会出现体质弱、抵抗力差外，还可造成胚胎死亡或早期流产，即使能正常分娩，所生仔兔的成活率也较低；⑦全体混养还容易传播疾病。

图 4-1　獭兔自然交配

（2）人工辅助交配法　这种交配法是獭兔养殖户、养殖场广泛采用的配种方法。即平时把公、母兔分开饲养，待母兔发情后经过发情鉴定需要配种时，将母兔放入公兔笼内进行配种，交配后及时把母兔放回原处。

与自然交配法相比，人工辅助交配有以下优点：①能有计划地进行选种、选配，避免近亲交配、乱配，以便保持和生产品质优良的獭兔后代；②可合理利用种公兔，延长公兔使用年限，不断提高獭兔的繁殖力；③有利于保持种兔的身体健康，避免疾病的传播。

凡经检查无病、发情良好、适宜配种的母兔，春、秋两季在上午 8～11 时，夏季在清晨或傍晚，而冬季在中午气温较高，公、母兔精神饱满之际（饲喂后）可进行配种。配种前先将公兔笼内的食盆、水盆等拿出，然后将母兔轻轻放入公兔笼内。此时双方先用嗅觉辨明对方的性别，然后公兔追逐并爬跨母兔。若母兔正在发情，则略跳数步即卧下等待公兔爬跨，待公兔做交配动作时，母兔即抬高臀部举尾迎合。公兔将阴茎插入母兔阴道后，公兔臀部屈弓迅速射精。公兔射精常伴随发出一声“咕咕”的尖叫，随后后肢蜷缩，臀部滑落，倒向一侧，至此交配完毕。数秒钟后，公兔爬起，再三顿足，表示已顺利射精。

如果母兔发情，但公兔追逐时，母兔逃避或匍匐在地，并用尾部夹紧外阴部，不接受交配，可采用强制配种的方法。即用左手抓住母兔耳朵和颈皮，右手抓住尾巴并向前上方提起，或从腹下抬高母兔后躯使外阴充分暴露，让公兔爬跨交配，交配也可成功（图 4-2）。

图 4-2　獭兔人工辅助交配

母兔接受交配后，要迅速抬高母兔后躯片刻或在母兔臀部拍一掌，以防精液倒流，并察看母兔外阴是否湿润或者残留少许精液。如果有，则表明交配成功，否则应继续交配，直到交配成功。最后将母兔放回原笼，并将配种日期、所用公兔耳号等及时登记在母兔配种卡上。

应用人工辅助交配应该注意的几个问题：

第一，注意公、母兔的比例　据实际观察，1 只健壮的成年公兔，在繁殖季节可为 8～10 只母兔配种，并能保持正常的性活动机能和配种效率。

第二，控制配种频率　1 只体质健壮、性欲强的公兔，在 1 天之内可交配 1～2 次，并在连续交配 2 天之后要休息 1 天。但若遇到母兔发情集中，也可适当增加配种次数或延长交配日数。但不能滥交，应加以控制，以免影响公兔健康和精液品质。

第三，注意掌握母兔的发情规律，及时配种　在养兔实践中，广大群众根据母兔发情规律、性欲和外阴部红、肿、湿的变化特点，总结出“粉红早，黑紫迟，大红正当时”的宝贵经验。即在母兔发情最旺盛、外阴部黏膜呈大红色时进行配种，便可获得较高的受胎率和产仔率。

第四，配种要在公兔笼中进行 母兔的发情配种，要在公兔笼中进行。若将公兔放在母兔笼中，公兔会因环境的改变容易影响性欲活动，甚至不爬跨母兔。若1只母兔用2只公兔分别交配时，要在第一只公兔交配后，把母兔送回原地。经过一段时间（10～15分钟），待异性气味消失后，再将该母兔送入第二只公兔笼中进行交配，以防第二只公兔嗅出母兔身上有其他公兔气味时，不但不能顺利配种，反而还可能把母兔咬伤。更不能用2只公兔同时给1只母兔配种，以防公兔之间因互相争夺母兔而咬架，影响种兔的健康。一般情况下，发情良好的母兔交配一次，即可获得较高的受胎率。

第五，遇到下列情况不予配种 獭兔不到交配月龄的不得配种。若交配过早，不但影响产仔的质量，而且还会影响青年母兔的发育和健康。3年以上的母兔应予淘汰，转作肉用兔。有病的母兔，特别是患上传染性疾病的母兔，应待病痊愈后再配种产仔，以防疾病传播，影响整个兔群，造成更大损失。有血缘关系的公、母兔不予交配，以防近亲繁殖，影响后代品质。

2. 人工授精 人工授精是獭兔繁殖改良工作中最经济和最科学的一种配种方法，即不用公、母兔直接交配，而是采取假阴道将公兔精液采出，经过精液品质评定和适当的稀释处理，借助输精器械将精液输入发情母兔生殖道内的一种配种方法。

采用人工授精技术，能充分发挥优良公兔的作用，迅速改进兔群品质；减少种公兔的饲养数量，降低饲养成本；提高母兔的受胎率和产仔数；避免疾病的传播；提高经济效益。有条件的养殖场（户）应尽量采用，但实施人工授精需要专门的技术人员和一些必要的仪器（如显微镜等）。若用激素（如HCG和LH）连续多次作排卵刺激，则母兔受胎率有下降的趋势甚至不能受胎。

獭兔人工授精的基本程序见图 4-3。

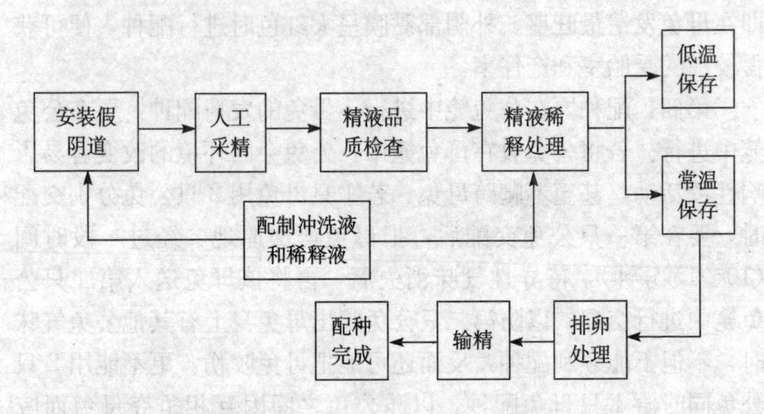

图 4-3 獭兔人工授精的基本程序

(1) 采精前的准备 公兔的采精普遍采用假阴道。假阴道主要由外壳、内胎和集精管三部分组成。下面介绍一种简易的獭兔采精用的假阴道。

方法一：注射器法制作假阴道

①制作材料 制作材料包括 50 毫升大注射器、2 毫升小注射器各 1 个（新旧均可），1.5 毫升灭菌 Eppendorf（EF）管，刻刀，大手术剪，橡皮筋，中号气球（长 10 厘米），胶塞（500 毫升注射用生理盐水瓶），酒精灯，铅笔，刻度尺。

②制作方法

第一步：将一次性 50 毫升注射器活塞及推杆一起取出，然后用大剪刀剪去两端，只剩下中间约 9 厘米的圆筒部分，使用刻刀在管桶的壁上钻一个小孔（在全长的 1/3 处较好），直径不要超过 6 毫米，然后用大剪刀的单侧刃小心扩孔，孔要圆，孔径 7 毫米。最后用剪刀将两端修剪平滑，再用酒精灯轻度烘烤直至两端平滑、略鼓，以去除棱角和毛刺，冷却待用。

第二步：取出 2 毫升注射器的橡胶活塞，其尖部向上，用小剪刀在锥形表面剪一小口（1～2 毫米），接着用剪刀的单刃刺入直至将其刺穿，使破损与橡胶活塞背面中央的孔相通。将锥面旋转 180°，在对侧也剪破表面并用剪刀刺透。然后将活塞装入第一步挖出的孔中（先调试，孔径逐次扩大直至活塞能够装入）。

第三步：取中号气球一个，剪去其顶端（破口长度约 1 厘米），然后装入大注射器内，将气球两端开口翻出并套在注射器的管桶外，尽量铺均匀以减少褶皱，然后用橡皮筋缠绕数圈直至勒紧。

第四步：取下大注射器的活塞，在中部挖孔直至 1.5 毫升 Eppendorf 管去盖以后的管体正好能塞紧到孔中。然后把带 Eppendorf 管的活塞接在上一步安装在大注射器的一端（任意一端都行）。至此，假阴道主体就安装好了。

第五步：试水。另取一支不带针头的注射器（新旧均可），从单向阀处注入自来水和气体，检测是否漏水。无漏水、漏气的可拆卸作进一步清洗，烘干备用。成品的整体效果见图 4-4。

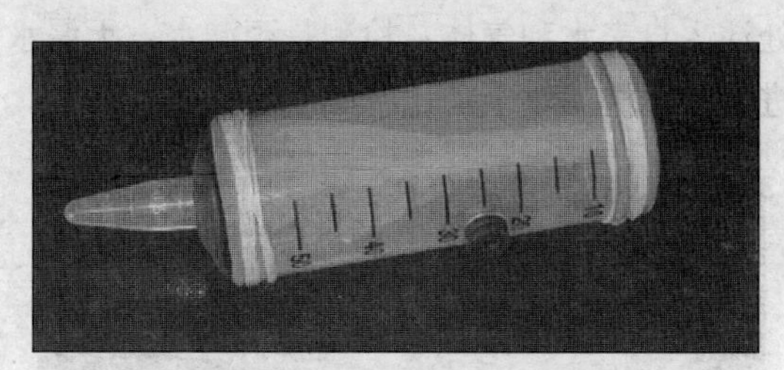

图 4-4　獭兔假阴道（利用注射器制作）

方法二：塑料管法制作獭兔假阴道

①制作材料　制作材料包括内径 5 厘米的塑料水管、2 毫升小注射器各 1 个（新旧均可），乳胶检查手套，2 毫升注射器，注射用盐水瓶的胶塞，1.5 毫升灭菌 Eppendorf 管，橡皮筋，刻刀，大手术剪，眼科剪，酒精灯，铅笔，刻度尺。

②制作方法

第一步：将塑料水管截取约 9 厘米，用大剪刀修整至断面光滑，再用酒精灯轻烤，使边缘平滑、略鼓起。用刻刀在管桶的壁上钻一个小孔（在全长的 1/3 处较好），直径不要超过 6 毫米，然后使用大剪刀的单侧刃小心扩孔，孔要圆，孔径 7 毫米。最后用剪刀修剪两端平滑，再用酒精灯轻度烘烤直至孔周围平滑、无棱角和毛刺，冷却待用。

第二步：取出 2 毫升注射器的橡胶活塞，改装成单向阀。步骤同上。

第三步：剪取乳胶检查手套中的其中 1 个手指，两端都剪破，然后装入塑料管内，内套尽量铺均匀，以少起褶皱，然后用橡皮筋缠绕数圈直至勒紧。

第四步：取一个胶塞，把中部的孔挖通，然后装入 1.5 毫升 Eppendorf 管（或冷冻管）的管体。然后把带 Eppendorf 管的橡胶塞接在采精器的大塑料管一端（任意一端都行）。至此，假阴道主体就安装好了。

第五步：试水。另取一支不带针头的注射器（新旧均可），从单向阀处注入自来水和气体，检测是否漏水，无漏水、漏气的可拆卸作进一步清洗，烘干备用（图 4-5）。

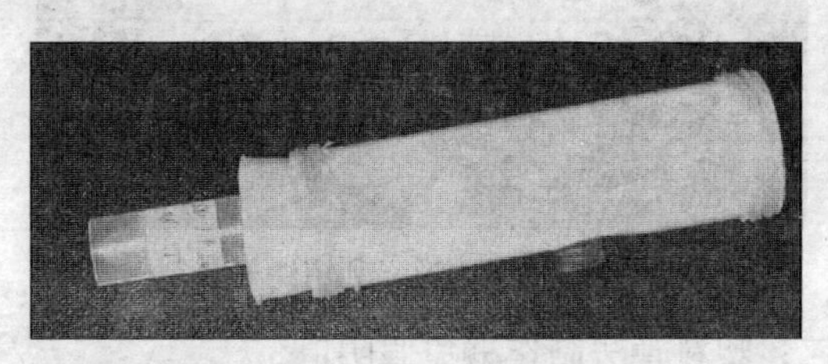

图 4-5　獭兔假阴道（利用塑料管法）

制作假阴道的注意事项：

①筒壁上应靠一头开孔，偏侧开孔有利于排水。2 种集精杯可自由互换，且要正好配套。

②扩孔的合适标准是 2 毫升注射器的橡胶活塞恰好能够旋转安装进入孔中，不是很费力，而且在使用另一个注射器（拔去针头的）向装好的橡胶活塞中央用力挤压以及注水、注气时，橡胶活塞不会掉进孔内。其上的第二道棱起（按手侧密封圈）是被孔

壁卡紧的，这才是最匹配的情况。孔一定不要挖得太大，否则太松会漏气。略小于20毫升注射器的橡胶活塞是最好的（图4-6）。

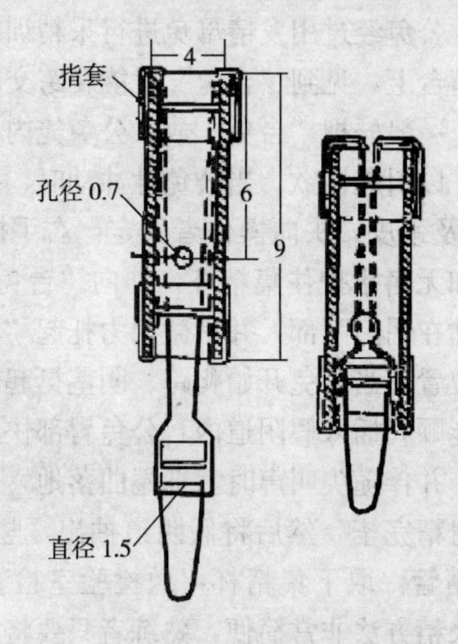

图4-6　假阴道结构（单位：厘米）

③扩孔以后对孔的最外边缘要轻轻扫边，除去明显的棱角，这样有利于快速装卸胶塞以及保护胶塞不易破损。但过多的扫边也不好，易造成胶塞在孔内有朝向桶内单向前进的倾向，受推挤几次后可能会掉进管桶内。

④用橡皮筋固定气球或手套前，边缘要铺平，出现褶皱或不均匀也可能导致气密性不好。

⑤如果发现前边的制作都很好，唯一就是扩出的孔径稍大（比如胶塞容易被挤入管桶内），这时可以尝试使用酒精灯加热管壁，管壁变软后用手指均匀压扁孔的周围（很烫，注意戴手套），也许可以避免大返工。如果还发现有压过头的地方可用剪刀再小修一下，如此反复一般就可以了。

⑥假阴道冲水、充气时可用一支5毫升的注射器，顶住单向阀的中央，轻推即可。如果气压太高，只需在采精过程中轻轻侧

向挤压采精管外壁上的活塞（略挤扁它），便可排出少量气体（但排气较快，需要经验）。

（2）采精　公兔经过用发情母兔进行采精训练之后，不论在公兔笼或者采精台上，见到“台兔”就能爬跨交配。所以，在日常采精操作时，一般先把“台兔”放入公兔笼内，让公兔与“台兔”调情片刻，以引起性欲。当公兔性冲动时，操作者左手抓住“台兔”的双耳及颈皮，头向操作者固定，右手握住安装好的假阴道，用小指和无名指护住集精杯，伸向“台兔”两后腿之间，使假阴道口紧贴在阴门下部，并稍微用力托起“台兔”臀部，随时调整方向和位置。当公兔开始爬跨、阴茎挺起时，只要方向和位置适宜，便能顺利插入假阴道内，公兔臀部快速抽动。当公兔突然向前一挺，并伴随尖叫声时，即蜷曲落地，倒在“台兔”一侧，此时表示射精完毕。然后将假阴道抽出，竖直，放气减压，使精液流入集精管，取下集精杯，送检验室检查，并顺手送回“台兔”。这种采精方法非常简便，熟练者只要将温度、压力、润滑度调节合适，几秒钟即可采得精液。

（3）精液品质检查　精液品质检查应在采精后立即进行。将集精杯放入30℃的恒温箱内，室温以18～25℃为宜。检查方法分肉眼检查和显微镜检查。肉眼检查就是直接观察精液的数量、色泽、浑浊度等。正常公兔的精液呈乳白色，不透明，有的略带黄色，其颜色深浅与浑浊度原则上与精子浓度成正比。每次射精量0.5～1.5毫升。另外，新鲜的精液一般无臭味，如果混入尿液时则会有腥味。

显微镜检查就是用乳头吸管吸取少许精液滴于载玻片上，轻轻盖好盖玻片，放在显微镜的载物台上，用100～150倍以上的显微镜进行观察，检查的主要指标有以下几个方面。

①精子的活力　精子的活力愈强，受胎率则愈高，产仔数也较多。所以鉴定精子活力的大小是评定公兔种用价值的重要指标。一般是根据其精子三种活动方式（直线运动、旋转运动和摇摆运

动）的所占比例来进行评定。在实际工作中，精子活力要达到0.6以上，才可用于输精。精子活力达0.6以上的评定标准是：直线运动的精子≥60%，摇摆、旋转和其他运动方式的精子≤40%。

②精子的密度 评定公兔精子的密度时，多采用两种方法，即估测法和记数法。估测法是直接观察显微镜视野中精子的稠密程度。稠密的精子布满整个视野；中等密度的精子在视野中精子之间有一定空隙；稀薄的精子在视野中呈零星分布（图4-7）。此法广为采用，但要求估测者有一定的经验。记数法是借助于生理学上常用的血细胞计数器计数，然后计算出每毫升精液所含精子的数量。

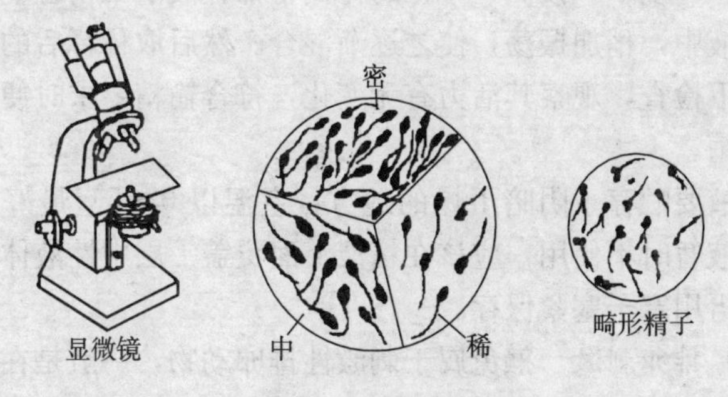

图4-7 精子的密度和畸形精子

③精子的畸形率 精子的畸形率即精液中畸形精子所占的比例。精子的畸形率对母兔的受胎率有直接影响。检查之前须经染色、固定，然后再在显微镜下观察。检查时先统计精子总数，再计算畸形精子数，最后把结果代入下列公式求出畸形率。

$$畸形率=\frac{畸形精子数}{精子总数}\times100\%$$

（4）精液的稀释 獭兔一次能射精0.5～1.5毫升，精液中精子浓度很大，每毫升精子中有2亿～10亿个精子。为了增强精子的生命力、延长精子的存活时间、便于保存和运输、更好地发挥优良种公兔的作用、增加配种只数，因此精液被采集后要立即稀释。把采得的精液经过特制的稀释液稀释之后再用于输精。一次采得的精液不仅能给许多母兔输精，更重要的是稀释液可供给精子养分和中和副性腺分泌物对精子的有害作用，并能缓冲精液的酸碱度，为精子创造适宜的外界环境，增强精子的生命力和延长存活时间。

常用的稀释液有7%的葡萄精溶液和11%的蔗糖溶液等。配制方法：分别取化学纯葡萄糖7克或者化学纯蔗糖11克，放进量杯中，将蒸馏水加到100毫升，轻轻搅拌，使其充分溶解，然后过滤到三角烧杯中，加盖密封。煮沸和蒸汽消毒10分钟，而后待温度降到30～35℃时，加入适量的抗生素类物质，在室温20～25℃环境中，按1∶3～5的比例将稀释液沿集精管壁缓缓地倒入精液中，稍加振荡，使之逐渐混合。然后取稀释后的精液在显微镜下检查，观察其活力有无变化，符合输精要求时便可开始用于输精。

精液要贮存于阴暗干燥的地方，室温以0～5℃最好。如果稀释精液暂时不使用，应该在精液上面覆盖一层中性液体，如石蜡油，再用塞子塞紧保存。

（5）排卵刺激　獭兔属于刺激性排卵动物，一般是在交配或性刺激10～12小时后开始排卵。所以，在给母兔输精之前应先作刺激排卵的处理，这样才能达到受精怀胎的目的。排卵刺激方法主要有以下几种。

①交配刺激排卵法　交配刺激排卵法是利用结扎输精管而使失去受精能力的公兔与准备受精的母兔交配，然后再予以输精。也可以在公兔腹下系一个围裙，使公兔爬跨母兔，但不致造成本交，达到刺激排卵的目的。

②激素促排　激素促排常用的有人绒毛膜促性腺激素（HCG），每只兔静注50国际单位，或促黄体素（LH）50国际单位。在注射后6小时内输精。

（6）输精　一般兔输精既可以用兔专用输精器，也可以借助羊的输精器（图 4－8）。一种方法是将母兔腹部向上，将输精管弯头向背部方向轻轻插入 6～7 厘米，然后慢慢注入精液。而后用手轻轻捏外阴部，以增加母兔快感，同时加速阴道的收缩，避免精液倒流。另一种方法是由一人把母兔保定，另一人提起兔尾，将输精器弯头向背部方向插入阴道 6～7 厘米，将精液慢慢注入。

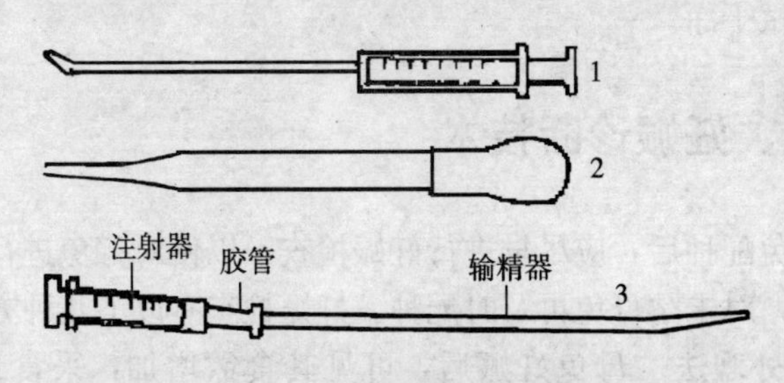

图 4－8　獭兔输精主要器具

1. 专用输精器　2. 滴管式输精器　3. 组合输精器

输精成功的关键是输精部位要准确。由于母兔膀胱开口于阴道 5～6 厘米深处的腹面，而且孔径较大。所以，在插输精管时，极易将其插入尿道口，而将精液输入膀胱。输精时要使输精器前端紧靠背部插入到 6～7 厘米的深处，待越过尿道口后，再将精液输入两子宫颈口附近，使其流入子宫。但也不宜插入过深，否则易造成母兔一侧子宫妊娠（图 4－9）。

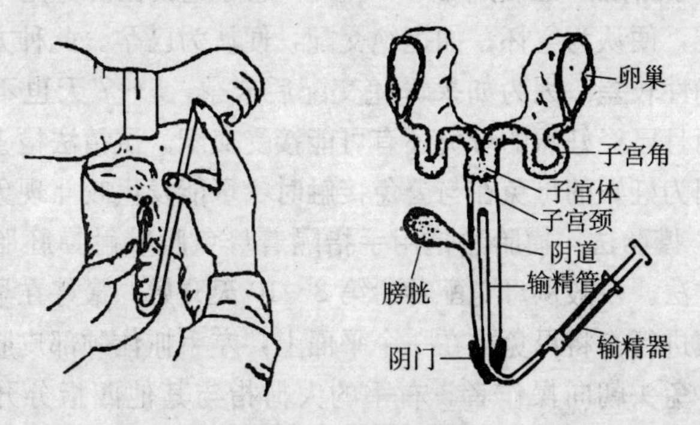

图 4－9　獭兔母兔的输精方法

一般情况下，母兔一次的输精量为0.3～0.5毫升，输入的活精子数理论上为1 000万～3 000万个。

另外，要注意严格消毒，无菌操作。输精管要在吸取精液之前，先用35～38℃的消毒液或稀释液冲洗2～3次，再吸入定量的精液输精。同时，母兔的外阴部要用0.9%盐水浸湿的纱布或棉花擦拭干净。

二、妊娠诊断技术

母兔配种后，应尽早进行妊娠检查，以便对獭兔进行分类饲养管理，对未孕母兔再及时配种。妊娠检查有以下几种方法。

1. 外观法　母兔妊娠后，可见其食欲增加，采食量增加。配种后15天左右，妊娠母兔体重明显增加，毛色光亮，腹围增大，下腹突出。

2. 称重法　在母兔配种之前和配种12天之后分别称重，看两次体重的差异。由于胎儿在前期增长很慢，胎儿及子宫增加的总重量不大，母兔采食多少所增减的重量远比母兔妊娠前期的实际增重大，因此称重法很难确定是否妊娠。而且，称重法较繁琐，应用价值较小。

3. 试情法　在配种后5～7天，把母兔放在公兔笼中，如接受交配，便认为空怀；如拒绝交配，便认为已孕。此种方法检查的准确性较差。因为如果母兔交配后未孕，5～7天也不一定发情，而且已经妊娠的母兔还有可能接受交配。试情法检查比较危险。因为妊娠的母兔在与公兔接触时，可能发生咬斗现象。

4. 摸胎法　摸胎法是用手指隔着母兔腹壁触摸胚胎检查妊娠的方法。一般从母兔配种后第8～10天开始，最好在早晨饲喂前空腹进行。将母兔放在一个平面上，左手抓住颈部皮肤，使之安静，兔头朝向操作者。右手的大拇指与其他四指分开呈八字形，手心向上，伸到母兔后腹部触摸。未孕的母兔后腹部柔软，妊娠母兔可触摸到似肉球样、可滑动的、花生米大小的胚泡（图 4－10）。摸胎应注意如下问题。

图 4－10　獭兔的摸胎诊断法

（1）8～10 天的胚泡大小和形状易与粪球混淆，应注意区分　粪球硬而粗糙，无弹性和无肉球样感觉。分散面较大，并与直肠宿粪相接，不随妊娠时间的长短而变化。

（2）妊娠时间不同，胚泡的大小、形态和位置不一样　妊娠 8～10 天，胚泡呈圆形，似花生米大小，弹性较强，在腹后中上部，位置较集中；13～15 天，胚泡仍是圆形，似小枣大小，弹性强，位于腹后中部；18～20 天，胚泡呈椭圆形，似小核桃大小，弹性变弱，位于腹中部；22～23 天，呈长条形，可触到胎儿较硬的头骨，位于腹中下部，范围扩大；28～30 天，胎儿的头体分明，长 6～7 厘米，充满整个腹腔。

（3）不同胎次，胚泡也不相同　一般初产兔胚泡稍小，位置靠后上；经产兔胚泡稍大，位置靠下；大型兔胚泡较大；中、小型兔胚泡小些，而且腹部较紧，不宜触摸，应特别注意。

（4）摸胎最好空腹进行　将兔放在一个平面上，平面不要光滑，也不应有锐物。应在兔安静状态下进行。如兔挣扎，立刻停止操作，待平静下来后再摸。一旦确定妊娠，便按妊娠兔管理。不宜轻易捕捉或摸胎。

三、人工催情

对于长期不发情的母兔或处于乏情期的母兔，应首先分析原因，有针对性地采取如下催情措施。

（1）激素催情　激素催情常用的有孕马血清促性腺激素（PMSG），大型獭兔80～100国际单位，中、小型獭兔每只50～80国际单位，一次肌内注射，一般次日后即可发情配种；卵泡刺激素（FSH）50国际单位，一次肌内注射；乙烯雌酚或三合激素0.75～1毫升，一次肌内注射，一般2～3天就可发情配种；促排卵激素（LRH-A）5微克，一次肌内注射可立即配种。

（2）药物催情　每只兔每日喂维生素E丸1～2个，连续3～5天；中药“催情散”，每天3～5克，连续2～3天；中药淫羊藿，每日5～10克，均有较好的催情效果。

（3）挑逗催情　将乏情母兔放到公兔笼内，任公兔追赶、啃舔和爬跨，1小时后取走，约4小时后检查，多数有发情表现；否则，再重复1～2次。

（4）按摩催情　用手指按摩母兔外阴，或用手掌快节律地轻拍其外阴部，同时抚摸其腰荐部。每次5～10分钟，4小时后检查，多数会有发情表现。

（5）外涂催情　以2%的医用碘酊或清凉油涂擦母兔外阴，可刺激母兔发情。

（6）外激素催情　将母兔放入公兔的隔壁笼内或将母兔放入饲养过公兔的笼内，公兔释放的特殊气味可刺激母兔发情。

（7）光照催情　在光照时间较短的秋、冬季，实现人工补光14～16小时，可促使母兔发情。

四、人工催产

母兔产仔不顺利即需要进行催产处理。如妊娠期已达到32天以上，还没有任何分娩的迹象；有的母兔由于产力不足，不能在正常时间内分娩结束；母兔怀的仔兔数少（1～3只），在30天或31天没有产仔，唯恐仔兔发育过大而造成难产。此时，有必要进行人工催产。因为妊娠期超过时间越长，母体胎盘会逐渐老化，不能供给胎儿足够的营养，可能导致胎儿窒息死亡。同时，死胎不能被排出体外，易发生腐烂，可能引起母兔发生中毒死亡。常用的人工催产方法有激素催产和诱导分娩两种。

（一）激素催产

如因胎位不正而造成母兔难产，不能轻易采用激素催产，应将胎位调整后再行激素处理。选用人工催产素（脑垂体后叶素）注射液，每只母兔肌内注射3～4国际单位，10分钟左右便可产仔。催产素可刺激子宫肌强直收缩，用量一定要得当。应根据母兔的体形、仔兔数的多少灵活掌握。一般母兔体形较大和仔兔数较少者可适当加大用量，体形较小和胎儿数较多者应减少用量。激素催产见效快，母兔的产程短，要注意人工护理。

（二）诱导分娩

诱导分娩是通过外力作用于母兔，诱导催产激素的释放和子宫及胎儿的运动，而顺利将胎儿娩出的过程。按程序诱导分娩分以下4步。

1. 拔毛　将妊娠母兔轻轻取出，置于干净而平坦的地面或操作台上，左手抓住母兔的耳朵及颈部皮肤，翻转母兔身体，将其腹部向上，用右手拇指和食指及中指，一小撮一小撮地拔掉乳头周围的毛。拔毛面积为每个乳头12～13厘米^2，即以乳头为圆心，以2厘米为半径画圆，拔掉圆内的毛即可。

2. 吮吸　选择1窝产仔兔数在5只以上（以8只左右为宜），产后5～10天的仔兔。仔兔应发育正常，无疾病，6小时之内没有吃奶。将这窝仔兔连同其巢箱一起取出，把待催产并拔好毛的母兔放入巢箱内，轻轻保定母兔，防止其跑出或踏蹬仔兔。让仔兔吃奶5分钟，然后将母兔取出。

3. 按摩　用干净的毛巾在温水里浸泡，拧干后以右手拿毛巾伸到母兔腹下，轻轻按摩0.5～1分钟，同时用手触感母兔腹壁的变化。

4. 护理 将母兔放入已经消毒和铺好垫草的产箱内，仔细观察它的表现。一般6～12分钟母兔即可分娩。由于母兔分娩的速度很快，来不及一一认真护理仔兔。因此，如果天气寒冷，护理人员可将仔兔口鼻处的黏液清理掉，用干毛巾擦干仔兔身上的羊水。分娩结束后，清理血液污染的垫草和被毛，换上干净的垫草，整理产箱，将拔下来的被毛盖在仔兔身上，将产箱放在较温暖的地方。另外，个别母兔有食仔恶癖，分娩结束后，应给其备足饮水，将其放回原笼，让其安静休息。

5. 诱导分娩应注意的问题

（1）诱导分娩必须查看配种记录和妊娠检查记录，并再次摸胎，以确定母兔的妊娠期。

（2）诱导分娩是母兔分娩的辅助手段，在迫不得已的情况下才可采取。因此，不可不分情况随意采用。因诱导分娩过程对母兔是一种应激，而且其第一次的初乳被其他仔兔所食，这样对其仔兔有一定的影响。

（3）诱导分娩见效快，有时仔兔还在吃奶或吃奶刚刚结束便分娩，有时在按摩时便开始产仔，而且产程比自然分娩的时间短，必须加强护理。

（4）诱导分娩是通过仔兔吮吸母兔乳汁和刺激乳头，反射性地引起脑垂体释放催产素而作用于子宫肌，使之紧张性增加，与胎儿相互作用而发生分娩。因此，仔兔吮吸刺激的强度是诱导分娩成功的先决条件。按摩时要注意卫生和按摩强度。

第三节　提高獭兔繁殖率的技术措施

一、影响獭兔繁殖力的因素

獭兔是一种繁殖力很高的小型食草动物，但由于种种因素的影响，往往使得其繁殖力不能充分发挥。獭兔繁殖力主要受以下因素的影响。

（一）环境因素

一切作用于家兔机体的外界因素，如温度、湿度、气流、太阳辐射、噪声、有害气体、致病微生物等，统称为环境因素。环境温度对家兔的繁殖性能有较为明显的影响。超过30℃即引起公兔食欲下降、性欲减低。如果持续高温，可使公兔睾丸中精子生成受阻，精液品质恶化，精子活力下降，密度降低，精子畸形率提高。高温可影响公兔性欲，高温过后能很快恢复，但精液品质的恢复则需要两个月左右的时间。因为精子从产生到成熟排出需要一个半月的时间。这就是立秋后天气虽然凉爽，母兔虽然发情，则不易受胎的主要原因。所以，立秋后必须对种兔进行半个月的营养补饲。低温寒冷对家兔繁殖也有一定影响。由于家兔要增加自身产热御寒，消耗较多的营养，低于5℃就会使家兔性欲减退，影响繁殖。

致病微生物往往伴随着温度和湿度对家兔的繁殖产生影响。因为家兔喜干厌湿、喜净厌污，潮湿污秽的环境，往往导致病原微生物的滋生，引起肠道病、球虫病、疥癣病的发生，影响家兔健康，从而影响家兔的繁殖。

强烈的噪音、突然的声响能引起家兔死胎或流产，甚至由于惊吓使母兔吞食、咬死仔兔或造成不孕。严寒的冬季，贼风的袭击易使家兔感冒和肺炎；炎热的夏季，太阳辐射易使家兔中暑，这些都是影响家兔繁殖的不良因素。

（二）营养因素

实践证明，高营养水平往往引起家兔过肥。过肥时，母兔卵巢结缔组织易沉积大量脂肪，影响卵细胞的发育，降低排卵率，造成不孕。营养水平过低或营养不全面，对家兔的繁殖力也有影响。因为家兔的繁殖性能在很大程度上受脑垂体机能的影响，营养不全面会直接影响公兔精液品质和母兔脑垂体的机能，分泌激素能力减弱，使卵细胞不能正常发育，造成母兔长期空怀不孕。

（三）生理缺陷和生殖系统疾病

种兔生理缺陷和患有生殖系统疾病是影响其繁殖力的重要因素之一。

1. 公兔常见的生殖系统疾病

（1）睾丸发育不全　两侧睾丸缺乏弹性、缩小、硬化，生殖上皮活性下降，都会影响精子的形成和品质。

（2）公兔的隐睾和单睾　因为隐睾或单睾不能使公兔产生精子，或者产生精子的能力较差，配种不能使母兔受胎或受胎率不高。

（3）其他疾病　其他疾病，如密螺旋体病或脚皮炎，生殖器被咬伤等引起的局部炎症或疼痛，都会影响公兔的性欲与正常配种。

2. 母兔生殖系统疾病

（1）卵巢或子宫发育不全均会明显影响卵泡的发育和成熟，继而影响母兔的发情与配种。

（2）卵巢囊肿可引起母兔内分泌功能失调，影响卵泡的成熟和排卵。

（3）母兔产后子宫内留有死胎及阴道狭窄，患有子宫炎、阴道狭窄、阴道炎、输卵管炎等都是影响母兔繁殖的因素。

（四）种兔使用不当

（1）母兔长期空怀或初配年龄过迟，往往产生卵巢机能减退，妊娠困难。

（2）种兔经过夏季的休闲期，长时间不交配时可能出现短暂的不育现象，此种情况经过 1～2 个月的配种就可消除。

(3) 公兔长期不配种或过夏后的公兔有很多死精子及畸形精子，首次配种后要注意至少复配2次。

(4) 种公兔使用频率过高而没有注意让其适当休息，会使公兔消耗过多的精力而造成早衰，降低母兔的受胎率和产仔率。

(五) 种兔年龄老化

种兔的年龄明显地影响其繁殖性能。随着年龄的增长，1～2岁的公、母兔繁殖性能提高，2岁以后，繁殖性能逐渐下降，3年后一般繁殖能力低下，不宜再留作种用。

二、提高獭兔繁殖力的措施

(一) 选好种兔和确定合适的公、母比

俗话说，“公兔好好一坡，母兔好好一窝”。因此，要严格选择符合种用标准的公、母兔。要求公兔体重3.5千克以上，7～8月龄以上，睾丸对称，雄性强；母兔体重3.5千克上下，6月龄以上，乳头数至少4对；品系特征明显，毛色纯正，无杂毛，被毛短、密、平整，毛长1.3～2.2厘米。要保持适当的公、母比例，一般商品兔场和农户，所养公兔和母兔的比例以1∶8～10为宜，种兔场纯种繁殖以1∶5～6为宜，采用人工授精的以1∶20为宜。

(二) 正确采用频密繁殖法

频密繁殖又称“配血窝”或“血配”。母兔膘情好可在产后10小时配种，一般母兔能连续“血配”4窝；若膘情不好，可在产后14天早上配种。这样可年繁殖8～10窝，平均产仔60只左右。在加强饲养管理的基础上，频密繁殖法对母兔和仔兔无不良影响，尤其对低产母兔，还可提高产仔数，避免了经一年培育的母兔因低产而被淘汰的损失。采用此法，虽可提高母兔的繁殖速

度，但由于其哺乳和妊娠同时进行，易对母兔造成伤害，致使母兔利用年限缩短，自然淘汰率高。因此，采用频密繁殖法生产商品兔时，一定要用优质饲料满足母兔和仔兔的营养需要。一般母兔每天补给全价混合精饲料 150 克；仔兔 17 天开食并上笼，每天补给 25 克颗粒料，24 小时喂一次奶，27 日龄一次性断奶。此外，对母兔要定期称重，发现母兔体重明显下降，膘情低于七成时，要立即停止“血配”。在生产中，应根据母兔的体质状况和饲养条件，交替采用频密繁殖法、半频密繁殖法（产后 7～14 天配种）和延期繁殖法（断奶后再配种）。每年每只母兔平均可多产仔 15 只左右。

（三）重复配种和双重配种

重复配种是指母兔在第一次配种后，相隔 10 小时再用同一只公兔交配 1 次。第一次交配的目的是刺激母兔排卵，第二次交配的目的是提高母兔的受胎率和产仔数。第一次交配后，把母兔抱出公兔笼，在母兔臀部拍打两三次后将其送回原笼，防止母兔努责导致精液外流。双重配种是指用两只无血缘关系的公兔分别与同一只母兔交配 1 次，中间相隔 10 分钟。第一次交配后，及时把母兔抱回原笼，待第一只公兔气味消失后，再与第二只公兔配种。否则，公兔易发生争斗而咬伤母兔，双重配种仅适用于商品兔生产。双重配种可明显提高母兔的受胎率和产仔数。

（四）做好乏情母兔的催情配种

对乏情母兔，要在改善饲养管理条件、根治生殖系统疾病和减少应激的基础上，实施诱导催情和人工强制交配的方法配种。

（五）选择最佳配种时机

在环境和营养条件有利的情况下，性成熟家兔的卵泡会连续不断地成熟。但成熟的卵子在母兔发情期间并不主动排出，存在着发情不一定排卵、排卵不一定发情的现象，只有在公兔交配刺激或用性激素处理后的 8～12 小时期间才排卵。因此，家兔必须采用间隔 8～12 小时重复交配的方法配种，才能有效地提高受胎率和产仔率。配种时机选在母兔发情中期较好。此时母兔阴部大红，肿胀约 2 倍，黏液多且阴部湿润。种公兔交配后应休息 3 天，使其保持较好的配种能力和精子活力。

（六）防止过早初配和近亲繁殖

獭兔一般是 3～4 月龄性成熟，6～9 月龄体成熟，初配年龄应确定在体成熟之后。而农村不少养殖户在獭兔 3～4 月龄时就让其自由交配，不仅影响家兔的正常发育，而且后代个体小，体质弱，母兔泌乳量少。仔兔的哺乳量不足，生长发育慢，发病多，死亡率高。目前，农村常在同一窝仔兔中选留种兔，用来扩大繁殖，或者对一群母兔及其后代长期用 1～2 只公兔配种繁殖。这种近亲繁殖的现象比较严重，造成后代个体小、生长慢、抗病力低、死亡率高，一代不如一代。因此，农村养兔必须采取饲养户之间互相串换公兔的方法，或者到种兔场购进种公兔。

（七）加强冬、春两季的饲养管理

冬季重点抓营养、光照、温度、运动、通风。备足饲料；光照不低于 14 小时，温度保持在 5～8℃；公兔每周运动 2～3 次，每次 1～2 小时，常年户外运动，以吸收新鲜空气；商品兔舍上午 9：00、下午 2：00 可开窗通风，防潮湿，否则不发情。冬季产箱内的草一定要充实，防止仔兔受凉。仔兔产箱受凉时，上笼的仔兔发病即死亡。夏季重点抓防暑。温度不能超过 30℃，如果温度过高，可用凉水浸透 2 块红砖，并用塑料布包上放在笼内，让兔自然趴上，可防暑，并配合地面洒水，加盖遮阴棚，加强通风。

（八）加强妊娠、哺乳期母兔的饲养管理

俗话说，“养兔先抓料，越抓越有效”。母兔的妊娠期是 31 天，在妊娠的第 1～12 天，妊娠母兔应该以青饲料为主，精饲料为辅；妊娠第 13～25 天是家兔胚胎发育旺盛期，应以含高蛋白、高脂肪和矿物质的精饲料为主，辅之以青绿多汁饲料，并给予充足的饮水，以保证仔兔出生后有充足的初乳，防止母兔因口渴而发生吃仔的现象，对哺乳母兔要饲喂全价饲料，并补充青绿饲料。

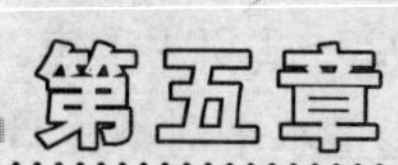

第五章 獭兔的营养需要及饲料配合

第一节 獭兔的营养

一、能量

獭兔的各种生命活动，都需要能量。能量主要来源于食入饲料中的碳水化合物、蛋白质和脂肪。

根据獭兔生理状态的不同特点，獭兔能量的需要可分为维持需要和生产需要，獭兔的生产需要可分为生长需要、妊娠需要、泌乳需要和产毛皮需要（图 5－1）。同其他动物一样，獭兔用于维持的能量损失与代谢体重、生理状态有关。獭兔的个体小，但其代谢旺盛，体表面积比大家畜要大，单位体重散热量高。因

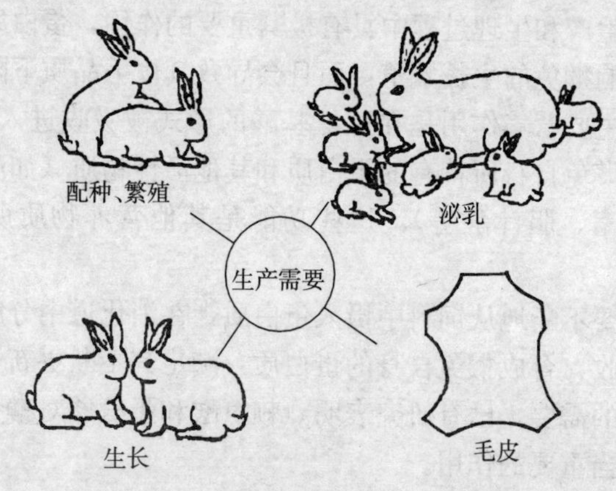

图 5－1 獭兔的生产需要

此，其基础代谢耗能较高。据测定，生长兔每千克代谢体重需要可消化能 920～1 004 千焦。

不同能量水平对獭兔日增重影响均达显著或极显著水平。能量水平对獭兔屠宰率和半净膛重影响不显著，但对屠体重、水分、脂肪含量差异、全净膛和眼肌面积的影响显著；能量水平对兔肉的物理性状影响很小，但对兔肉的化学成分影响很大，其中兔肉的脂肪含量有随着日粮能量水平升高而体内沉积量增大的趋势。日粮中能量的高低对獭兔的采食量有调节作用，高能量有利于提高饲料的利用率；同时，日粮的能量水平对獭兔的屠宰性能也有不同程度的影响。饲喂消化能为 10.98～11.17 兆焦/千克的饲料时，既有利于提高青年獭兔的生长速度和饲料利用率，也有利于改善獭兔的屠宰率。在蛋白质浓度适宜的条件下，能量的高低直接影响獭兔的生长速度。断奶至 2 月龄和 2～3 月龄生长獭兔日粮适宜的消化能水平的最佳值是 10.46 兆焦/千克。

二、蛋白质及氨基酸

蛋白质是一切生命的物质基础，是有机体的重要组成成分，在獭兔的生产和生理过程中具有极其重要的作用。蛋白质的缺乏不仅会影响獭兔的生长繁殖，而且会导致其皮毛品质下降。饲料蛋白质的主要营养作用是在以氨基酸的形式被吸收进入体内后，用以合成獭兔自身所特有的蛋白质和其他活性物质（如激素、嘌呤、血红素、胆汁酸等）。这些功能是其他营养物质所不能代替的。

獭兔要不断地从饲料中摄入蛋白质，在消化道中分解成氨基酸而被吸收，合成獭兔自身的蛋白质，满足其不断更新、生长发育和生产的需要。已有研究表明，赖氨酸和蛋氨酸对獭兔的皮毛质量有相当重要的作用。

饲料的化学组成、饲料种类、日粮粗蛋白质的含量和獭兔的年龄等都会影响蛋白质的消化率。獭兔饲料中限制性氨基酸赖氨酸、蛋氨酸和苏氨酸的消化率变化范围分别为67%～81%、72%～79%和67%～77%，而且总蛋白质消化率与单一的氨基酸消化率之间呈正相关。研究表明，常规饲料中赖氨酸、蛋氨酸和苏氨酸的消化率分别为74%、71%和63%，而獭兔对各种饲料粗蛋白质的消化率也不尽相同，苜蓿干草粉、大麦、黄玉米、小麦麸中粗蛋白的消化率分别为72%～83%、85%、84%和83%。

不同生长期的獭兔对蛋白质和氨基酸的营养需要量是不一致的。獭兔蛋白质需要量大致为：生长需要16%，维持需要13%，妊娠需要16%，泌乳需要18%。随着日粮中粗蛋白质水平的提高，獭兔的体重有明显的增加，獭兔3、4、5月龄的全净膛屠宰率和皮张面积有随之提高而提高的趋势。通过分析表明，在蛋白质水平为16.5%～18.2%时，獭兔有较高的增重。白云峰等（2004）选择同期分娩的泌乳母兔，通过给其饲喂不同蛋白质水平的日粮来研究其对母兔泌乳性能、生长獭兔体重和被毛密度的影响。结果表明，随着日粮蛋白质水平的提高，母兔的泌乳量增加，仔兔断乳后的成活率、断乳窝重和断乳体重提高；生长獭兔增重速度加快，被毛密度增加。因此，推测泌乳母兔和生长獭兔日粮的适宜蛋白水平为16%～17.5%，而日粮蛋白质为17.4%～19.36%时对生长獭兔的日增重无显著影响，可能与蛋白质消化吸收分解成氨基酸间的平衡有关。

当獭兔赖氨酸的日采食量达到0.686克时，增重效果最佳；采食量为0.689克时，饲料转化效率最高；以平均日采食量93.71克计算，饲粮赖氨酸水平应为0.73%，可达到最佳生长效果。日粮中添加赖氨酸的量应参照獭兔的饲养标准进行，添加量应为0.2%，即每千克日粮中添加2克赖氨酸，可提高增重和饲料转化率。

三、粗纤维

獭兔是食草动物，盲肠中有大量微生物，能很好地分解粗纤维，将其变成挥发性脂肪酸的形式而被吸收。与其他食草动物相比，獭兔对饲草中粗纤维的消化能力较低，但对干物质的消化率却较高。说明獭兔对干物质中的其他养分，如粗蛋白质、粗脂肪和淀粉等的消化率要高于其他食草动物。因此，粗纤维是獭兔的必需营养物质。日粮中添加适量的粗纤维，对保证獭兔正常的生长发育和预防肠道疾病有重要作用。其生理意义在于：①青饲料中粗纤维可为獭兔提供一定的营养；②可预防毛球病，将獭兔吞咽下的兔毛从胃里带至肠管从而被排出体外；③可维持獭兔正常的消化、吸收机能，预防胃肠道疾病。

粗纤维除作为獭兔的能量来源外，还是平衡日粮组成不可缺少的成分。它调节食糜稠度，有助于硬粪的形成，使消化代谢物能正常蠕动而被排泄。粗纤维含量过低会使獭兔消化机能紊乱，出现腹泻和肠炎，但纤维含量过高会降低饲料的消化率。对獭兔日粮粗纤维的推荐量：生长需要10%～20%、妊娠需要10%～20%、泌乳需要10%～12%、维持需要14%。

大量试验表明，当生长兔所需的粗纤维含量超过15%时，兔的生长率会下降。当粗纤维水平由12%增加到16%时，饲料转化率相应下降了31.7%。随着日粮中粗纤维含量的增加，干物质、有机物、能量、无氮浸出物和纤维素的表观消化率均会下降。粗纤维在10%～13%范围内每增加1%时，能量消化率下降1.50%～4.55%。在能量和粗蛋白质适宜的条件下，粗纤维含量在10%～14%时，随着粗纤维含量的增加，獭兔腹泻病的发生率和死亡率会降低。

日粮中木质素/纤维素的下降可导致兔的采食量、日增重显著下降，而死亡率和发病率则显著升高；当粗纤维含量适宜时，每天采食大约 6 克的木质素能保证家兔有较理想的生长性能和健康状况。

日粮纤维虽能够提供一定量的能量、增加动物的采食量，保持其正常的消化生理，但过多的粗纤维可影响动物对其他营养成分的消化、降低生产性能。因此，在饲喂过程中要保持一定的饲喂量，即适宜的日粮纤维水平。

四、脂肪

脂肪是组成兔体组织的重要成分，具有供能、贮能的作用，可以为獭兔提供必需脂肪酸，是脂溶性维生素及激素的溶剂。

饲料中加入 2%～5%脂肪，有助于提高其适口性，增加采食量，对獭兔生长有促进作用。饲料中脂肪不足会影响其适口性，导致獭兔发育不良、体态消瘦、脂溶性维生素缺乏、公兔精子发育不良、母兔受胎率下降；但饲料中脂肪过量则会导致獭兔腹泻甚至死亡。獭兔日粮中粗脂肪的需要量应为 2%～3.5%。有研究表明，日粮中添加一定数量的脂肪可以提高日粮蛋白质的消化率和改善饲料的转化率。

五、水

水是獭兔机体一切细胞和组织的必需构成成分，对獭兔生命活动和生产起着非常重要的作用。獭兔水的来源主要有饮水、饲料水和代谢水。獭兔缺水或被限制饮水，会显著降低采食量和日增重，且年龄越大表现越明显。獭兔长期饮水不足会使健康受到损害，生产力遭受严重影响。

獭兔体内水分损失 10%会导致代谢紊乱，脱水 20%以上就可致死。在充分饮水的条件下，幼兔平均日增重 30.6 克，每克增重消耗饲料 5.2 克；而限制饮水 75%时则平均日增重为 20.6

克，每克增重消耗饲料是 5.8 克。3～4 周龄的哺乳仔兔特别敏感。在 15～20℃下缺水，25 日龄或刚断奶的仔兔体重会减轻 20%。另外，缺水会影响营养物质的吸收。因此，保证獭兔充足的饮水，是获得高生产效果的必要条件。

影响獭兔饮水需要量的主要因素是獭兔年龄、生产阶段、日粮组成、环境温度和水位等。随着獭兔年龄的增长，需水量会逐渐减少，夜间饮水比早晨少。适应生长需要的高温季节应增加饮水量和次数，不得中断。炎热夏季缺水时间一长，獭兔易中暑死亡，母兔分娩后无水易出现食仔情况。幼兔处于生长发育阶段，饮水量大于成年兔。獭兔的饮水量一般为饲料干物质的 2 倍。獭兔日需水量：成长兔 0.25～0.28 升，妊娠后期母兔 0.5～0.55 升，哺乳兔 0.6 升。

六、微量元素

实际生产中关于獭兔的常量元素研究得较少，目前主要是研究獭兔对微量元素的营养需要。

（一）锌

锌是动物体必需的微量元素之一，是机体许多酶的组成成分，参与蛋白质、糖和脂类的代谢，且与动物的生殖、免疫和生长发育有关。獭兔缺锌表现为食欲下降，生长受阻，被毛粗乱、易折、无光泽。血清尿素氮与蛋白质代谢有密切关系，在日粮蛋白质含量稳定的情况下，血清尿素氮下降是蛋白质利用效率增加的结果；当日粮锌添加量为 80～120 毫克/千克时，血清尿素氮下降，有较好的生产性能，但以 80 毫克/千克时日增重最高。

（二）锰

锰是许多酶的激活剂，能影响碳水化合物、脂肪和氮的代谢。锰为獭兔骨骼形成、繁殖和胚胎的正常发育所必需。缺锰时可引起骨骼系统发育不良，弯腿，骨脆，骨的重量、密度及灰分含量等下降。当日粮中钙和磷过多时，可能会使锰的吸收降低。日粮中锰含量过多时，会抑制幼兔血红蛋白的形成，甚至产生其他有害作用。

日粮中添加锰对獭兔日增重、料重比的影响显著，而对獭兔皮张面积没有影响。日粮锰水平对獭兔血清 Mn-SOD 活性的影响不显著，对心组织 Mn-SOD 活性的影响显著，且随锰水平的提高心组织 Mn-SOD 的活性也增强。从日增重和料重比的结果来看，以 25 和 35 毫克/千克的添加量较为适宜。添加锰对獭兔的生长有一定的促进作用，这可能是锰参与三大营养物质的代谢，能促进蛋白质的合成和营养物质的吸收，因而表现为促进生长、降低饲料消耗、提高饲料转化率。

（三）铁

微量元素铁是动物营养中最重要的微量元素之一。足量的铁是机体生长发育与代谢不可缺少的基本条件，缺铁可导致营养性贫血，影响机体的免疫功能和生长发育。铁在动物体内大部分组成血红蛋白，一部分在肝和脾的铁蛋白中作为铁的贮备。分析表明，铁的最佳添加量为 30 毫克/千克。

七、维生素

作为一种微量营养成分，维生素 A 在维持动物正常生命活动和充分发挥其生产潜力方面具有重要的作用。增加维生素 A 可提高对传染病的抵抗力、促进生长、刺激食欲、有助于繁殖和泌乳。维生素 E 具有抗氧化的作用，保护红细胞免于溶血，促进垂体前叶分泌促性腺激素，维持动物的正常性周期，并增强卵巢机能，保证受精及胚胎发育的正常进行。

随着日粮维生素 A 水平的提高，獭兔日增重会逐渐升高；而采食量、料重比随着日粮维生素 A 水平的提高会逐渐下降，但差异不显著。另外，血清白蛋白含量随着日粮维生素 A 水平的提高而增加，但差异不显著；血清尿素氮随日粮维生素 A 水平的提高而下降。同时，建议生长期獭兔日粮中维生素 A 的添加量为每千克日粮 10 000 国际单位。在配种前 3 天到妊娠第 7 天在日粮中添加维生素 A 8 毫克/千克（4 000 国际单位/千克）、维生素 E 100 毫克/千克（50 国际单位/千克），试验组产活仔数提高了 20.23%，育成率提高了 6.58%，增重速度提高了 7.11%。

第二节　獭兔的常用饲料

獭兔饲料来源广泛，野草、野菜、农作物秸秆、树叶及蔬菜等均可以用来饲喂獭兔。但在实际獭兔生产过程中，特别是高产良种獭兔的规模生产，任何一类饲料都有营养上的片面性、局限性和特殊性，均须与其他多种饲料科学搭配，才能最大限度地发挥其生产潜力，获得最佳经济效益。

一、粗饲料

粗饲料是指天然水分含量在 45%以下、干物质中粗纤维含量在 18%以上的一类饲料，主要包括干草、秸秆、荚壳、干树叶及其他农副产品。其特点是，体积大、重量轻、养分浓度低，但蛋白质含量差异大、总能含量高、消化能低、维生素 D 含量丰富而其他维生素较少、含磷较少、粗纤维含量高，较难消化。常用的粗饲料有以下几类。

（一）青干草

青干草是由青绿饲料经日晒或人工干燥除去大量水分而制成

的。其营养价值受植物种类组成、刈割期和调制方法的影响。蛋白质品质较完善，胡萝卜素和维生素D含量丰富，是獭兔最基本、最主要的饲料。

（二）秸秆

秸秆是农作物子实收获以后所剩余的茎秆和残存的叶片，包括玉米秸、麦秸、稻草、高粱秸、谷草和豆秸等。这类饲料粗纤维含量高，可达30%～45%；其中，木质素比例大，一般为6.5%～12%，有效价值低，蛋白质含量低且品质差，钙、磷含量低且利用率也低，适口性差，营养价值低，消化率也低。

（三）荚壳类

荚壳类是农作物子实脱壳后的副产品，包括谷壳、稻壳、高粱壳、花生壳、豆荚等。除了稻壳和花生壳外，荚壳的营养成分都高于秸秆。豆荚的营养价值，尤其是粗蛋白质含量比其他荚壳高。禾谷类荚壳中，谷壳含蛋白质和无氮浸出物较多，粗纤维较低，营养价值仅次于豆荚。

二、能量饲料

能量饲料是指干物质中粗纤维含量在18%以下、粗蛋白质含量在20%以下、消化能含量在10.5兆焦/千克以上的饲料。这类饲料的基本特点是无氮浸出物含量丰富，可以被獭兔利用的能值高。含粗脂肪7.5%左右，且主要为不饱和脂肪酸。蛋白质中赖氨酸和蛋氨酸含量少。含钙不足，一般低于0.1%。含磷较多，可达0.3%～0.45%，但多为植酸盐，不易被消化吸收。缺乏胡萝卜素，但B族维生素比较丰富。这类饲料适口性好，消化利用率高，在獭兔饲养中占有极其重要的地位。常用的能量饲料有以下几类。

（一）玉米

因品种和干燥程度不同，玉米养分含量有一定差异，以可溶性无氮浸出物含量较高，其消化率可达90%以上，是禾本科子实中淀粉含量最高的饲料。粗蛋白质含量为7%～9%，在蛋白质的氨基酸组成中赖氨酸、蛋氨酸和色氨酸不足，蛋白质品质差。钙含量仅为0.02%，磷含量约0.3%。黄色玉米多含胡萝卜素，白色玉米则很少。各品种的玉米含维生素D都少，含硫胺素多，核黄素少，粉碎的玉米当含水分高于14%时易发霉酸败，产生真菌毒素，獭兔对此很敏感，在饲喂时应注意。

（二）高粱

去壳后高粱的营养成分与玉米相似，以含淀粉为主，粗纤维含量少，可消化养分高。粗蛋白质含量约8%，品质较差。含钙少，含磷多。胡萝卜素和维生素D含量少，B族维生素的含量与玉米相同，烟酸含量多。由于高粱中含有单宁，且高粱的颜色越深单宁含量越高，从而会降低适口性。所以，饲喂时应限量。在配合饲料中深色高粱不超过10%，浅色高粱不超过20%。若能除去或降低单宁可与玉米同量使用。

（三）大麦

大麦中粗蛋白质的含量高于玉米，约为12%，且蛋白质的营养价值比玉米稍高，氨基酸的组成与玉米相似。粗纤维含量为6.9%，无氮浸出物、脂肪含量比玉米少，故它的消化能含量较玉米低。钙和磷的含量比玉米稍多。胡萝卜素和维生素D含量不足。与其他谷物一样，含硫胺素多，核黄素少，烟酸含量非常多。

（四）米糠

米糠为稻谷的加工副产品，一般分为细糠、统糠和米糠饼。

细糠是去壳稻粒的加工副产品，由果皮、种皮、糊粉层及胚组成。细糠没有稻壳，营养价值高，与玉米相似，但由于含不饱和脂肪酸较多，易氧化酸败，不易保存。统糠是由稻谷直接加工而成，包括稻壳、种皮、果皮及少量碎米。统糠粗纤维含量高，营养价值较差。米糠饼为米糠经压榨提油后的副产品。米糠饼的脂肪和维生素降低，但基本保留其他营养成分，且适口性及消化率均有所改善。

（五）麦麸

麦麸包括小麦麸和大麦麸，由种皮、糊粉层及胚组成，其营养价值因面粉加工精粗不同而异。通常面粉加工得越精，麦麸营养价值得越高。麦麸的粗纤维含量较多，为8%～12%；脂肪含量较低，每千克的消化能较低，属低能饲料；粗蛋白质含量较高，可达12%～17%，质量也较好。含丰富的铁、锰、锌以及B族维生素、维生素E、尼克酸和胆碱。钙少磷多，比例悬殊（1∶8），且多为植酸磷。大麦麸能量和蛋白质含量略高于小麦麸。麦麸质地蓬松，适口性好，具有轻泻性和调节性。獭兔产后喂以适量的麦麸粥，可以调养消化道的机能。由于麦麸吸水性强，若大量干饲时易造成便秘，饲喂时应注意。

三、蛋白质饲料

蛋白质饲料是指干物质中粗纤维含量在18%以下、粗蛋白质含量在20%以上的饲料。包括植物性蛋白质饲料、动物性蛋白质饲料、单细胞蛋白质饲料及非蛋白氮饲料。常用的蛋白质饲料有以下几类。

（一）豆类子实

豆类子实有两类：一类是高脂肪、高蛋白质的油料子实，如大豆、花生等，一般不直接用作饲料；另一类是高碳水化合物、高蛋白的豆类，如豌豆、蚕豆等。豆类子实中粗蛋白质含量较谷实类丰富，一般为20%～40%，且赖氨酸和蛋氨酸的含量较高，品质好，优于其他植物性饲料。除大豆外，脂肪含量在2%左右，消化能偏高。矿物质与维生素含量与谷实类大致相似，维生素 B_1 和维生素 B_2 的含量稍高于谷实类，钙含量稍高一些，钙、磷比例不适宜。生的豆类子实含有一些不良物质，如大豆中含有胰蛋白酶抑制因子、尿素酶、产生甲状腺肿的物质、皂素与血凝素等。这些物质可降低豆类子实的适口性并影响獭兔对饲料中蛋白质的使用及正常的生产性能，使用时应经过适当的热处理。

（二）饼（粕）类

饼粕类是豆类子实及饲料作物子实制油后的副产品，压榨法制油后的副产品称为油饼。溶剂浸提法制油后的豆产品为油粕。常用的饼（粕）有大豆饼（粕）、棉子（仁）饼（粕）、花生饼（粕）、菜子饼（粕）、芝麻饼、葵花子（仁）饼等。

1. 大豆饼（粕） 大豆饼（粕）是我国目前最常用的蛋白质饲料。其消化能和代谢能高于其子实，氮的利用效率较高。粗蛋白质含量为42%～47%，蛋白质品质较好，赖氨酸含量高，且与精氨酸比例适宜。其蛋氨酸含量不足，低于菜子饼（粕）和葵花仁饼（粕），高于棉仁饼（粕）和花生饼（粕）。因此，在以大豆饼（粕）为主要蛋白饲料的配合饲料中要添加蛋氨酸。与其他饼（粕）相比，异亮氨酸含量高，且与亮氨酸比例适当，色氨酸、苏氨酸含量也较高。这些均可填补玉米的不足，因而以大豆饼（粕）与玉米为主搭配组成的饲料效果较好。大豆饼（粕）中含有生大豆中的不良物质，在制油过程中，如加热适当，可使其受到不同程度的破坏。如加热不足，得到的饼（粕）为生的时不能直接喂兔。如加热过度，不良物质受到破坏，营养物质特别是必需氨基酸的利用率也会降低。因此，在使用大豆饼（粕）时，要注意检测其生熟程度。一般可从颜色上判定。加热适当的应为黄褐色，有香味，加热不足或未加热的颜色较浅或灰白色，没有香味或有鱼腥味，加热过度的呈暗褐色。

2. 棉子饼（粕）　棉子饼（粕）是棉子制油后的副产品，其营养价值因加工方法的不同差异较大。棉子脱壳后制油形成的饼（粕）为棉仁饼（粕），粗蛋白质的含量为41%～44%，粗纤维含量低，能值与豆饼相近似。不去壳的棉子饼（粕）含蛋白质在22%左右，粗纤维含量高，为11%～20%。带有一部分棉子壳的为棉子（仁）饼（粕），蛋白质含量为34%～36%。棉仁饼的赖氨酸和蛋氨酸含量低，精氨酸含量较高，硒含量低。因此，在配合饲料中使用棉仁饼时应注意添加赖氨酸，最好与精氨酸含量低、蛋氨酸及硒含量较高的菜子饼配合使用，这样既可缓解赖氨酸、精氨酸的颉颃作用，又可减少赖氨酸、蛋氨酸及硒酸盐的添加量。棉子仁中含有大量色素、腺体，及对獭兔有害的棉酚。在制油过程中，棉酚大部分与氨基酸结合为结合棉酚，对獭兔无害，但氨基酸的利用率却随之降低。一部分游离棉酚存在于棉子仁和饼（粕）中，獭兔摄取过量游离棉酚或食用时间过长，即可导致中毒。饲养中应引起高度重视。

3. 花生饼（粕）　花生饼（粕）有甜香味，适口性好，营养价值仅次于豆饼，也是一种优质蛋白质饲料。去壳的花生饼（粕）能量含量较高，粗蛋白质含量为44%～49%，能值和蛋白质含量在饼（粕）中最高。带壳的花生饼（粕）粗纤维含量为20%左右，粗蛋白质和有效能值相对较低。花生饼的氨基酸组成不佳，赖氨酸和蛋氨酸含量较低，赖氨酸含量仅为大豆饼（粕）的52%，精氨酸含量特别高，在配合饲料中使用时应与含精氨酸少的菜子饼（粕）、血粉等混合使用。花生饼（粕）中含残油较多，在贮存过程中，特别是在潮湿不通风之处，容易酸败变苦，并产生黄曲霉毒素。獭兔中毒后精神不振，粪便带血，运动失调，与球虫病症状相似，肝、肾肥大。该毒素在兔肉中残留可使人患病。由于蒸煮或干热均不能破坏黄曲霉毒素，所以发霉的花生饼（粕）千万不能饲喂獭兔。

4. 菜子饼（粕） 菜子饼（粕）是油菜子制油后的副产品，有效价值较低，适口性较差，含粗蛋白质36%左右。蛋氨酸含量较高，在饼（粕）中名列第二，精氨酸含量在饼（粕）中最低。磷的利用率较高，硒含量是植物性饲料中最高的，锰含量也较丰富。菜子饼（粕）中含有较高的芥子苷，在体内水解可产生有害物质，造成獭兔中毒。因此，一定要限制饲喂没有经过去毒处理的菜子饼（粕），在配合饲料中含量不能超过7%。可采用坑埋法、水洗法、加热钝化酶法、氨碱处理等方法降低菜子饼（粕）的毒性，以增加饲喂量，提高利用率。

5. 芝麻饼 芝麻饼不含对獭兔不良影响的物质。含粗蛋白质40%左右。蛋氨酸含量高达0.8%以上，是所有植物性饲料中含量最高的。赖氨酸含量不足。精氨酸含量过高，有很浓的香味。

6. 葵花子仁饼（粕） 葵花子仁饼（粕）的营养价值决定于脱壳程度。脱壳的葵花仁饼（粕）含粗纤维低，粗蛋白质含量为28%～32%，赖氨酸不足，蛋氨酸含量高于花生饼、棉仁饼及大豆饼，铁、铜、锰含量及B族维生素含量较丰富。

（三）酒糟

酒糟的营养价值与酿酒的原料有关。就粮食酒而言，粮食中可溶性碳水化合物发酵成醇被提取后，留在酒糟中的其他营养物质，如粗蛋白质、粗脂肪、粗纤维与灰分等含量会相应提高，其消化率变化不大。各种酒糟干物质中，含粗蛋白质16%左右，消化能在6.0兆焦/千克以上，富含B族维生素，钙、磷不平衡。喂酒糟易引起便秘，因此，在配合饲料中以不超过40%为宜，并应搭配玉米、糠麸、饼类、骨粉、贝粉等，特别应多喂青饲料，以补充营养和防止便秘。

（四）鱼粉

鱼粉是由不宜供人食用的鱼类及渔业加工的副产品制作而成，是优质的动物性蛋白质饲料。含粗蛋白质55%～75%，含有全部必需氨基酸，生物学价值高。除此之外，还含有能促进养分利用的未知动物蛋白因子。鱼粉中的矿物质元素量多、质优，富含钙、磷、锰、铁及碘等。鱼粉中还含有丰富的维生素A、维生素E及B族维生素。

（五）肉粉

肉粉是由不能供人食用的废弃肉、内脏等，经高温、高压、灭菌、脱脂干燥制作而成。粗蛋白质的含量为50%～60%；富含赖氨酸、B族维生素、钙、磷等，蛋氨酸、色氨酸含量相对较少，消化率、生物学价值均高。

（六）肉骨粉

肉骨粉是由不适于食用的畜禽躯体、骨骼、胚胎等，经高温、高压、灭菌、脱脂干燥制作而成，含粗蛋白质35%～40%、脂肪8%～10%、矿物质10%～25%。与肉粉比较，肉骨粉的矿物质含量较高。

（七）血粉

血粉是由畜禽的血液制作而成的。血粉的品质因加艺不同而有所差异。经高温、压榨、干燥制成的血粉溶解性差，消化降低。直接将血液于真空蒸馏器干燥制成的血粉，溶解性好，消化率高。血粉中粗蛋白质含量很高，在80%以上，但品质不佳，缺乏蛋氨酸、异亮酸和甘氨酸，赖氨酸含量高达7%～8%。富含铁，但适口性差，消化率低，喂量不宜过多。

（八）羽毛粉

羽毛粉是家禽屠宰后的羽毛经高压水解后的产品，也称水解羽毛粉。羽毛粉含粗蛋白质在80%以上，必需氨基酸比较完全，含胱氨酸特别丰富，但赖氨酸、蛋氨酸和色氨酸含量较少。羽毛粉虽然粗蛋白质含量较高，但多为角质蛋白，消化利用率低，不宜多喂。如与血粉、骨粉配合使用，可平衡营养，提高效果。

（九）饲料酵母

饲料酵母属单细胞蛋白质饲料，常用啤酒酵母制作。饲料酵母的粗蛋白质含量为50%～55%，氨基酸组成全面，富含赖氨酸，蛋白质含量和质量都高于植物性蛋白质饲料，消化率和利用率也高。饲料酵母含有丰富的B族维生素，因此，在獭兔的配合饲料中使用饲料酵母可以补充蛋白质和维生素，并可提高整个日粮的营养水平。

四、青绿多汁饲料

（一）青绿多汁饲料的特点

青绿饲料富含叶绿素，而多汁饲料富含汁水。包括各种新鲜野草、野菜、天然牧草、栽培牧草、青饲作物、菜叶、水生饲料、幼嫩树叶、非淀粉质的块根、块茎、瓜果类等。

青绿饲料的营养特点是：含水分大，一般高达60%～90%；体积大，单位重量含养分少；营养价值低，消化能仅为1.25～2.51兆焦/千克，因而单纯以青绿饲料为日粮不能满足能量需要；粗蛋白质的含量较丰富，一般禾本科牧草及蔬菜类为1.5%～3%，豆科为3.2%～4.4%；按干物质计，禾本科为13%～15%，豆科为18%～24%；青绿饲料的蛋白质品质较好，含必需氨基酸较全面，生物学价值高，尤其是叶片中的叶绿蛋白对哺乳母兔特别有利；富含 B 族维生素，钙、磷含量丰富，比例适当，还富含铁、锰、锌、铜、硒等必需的微量元素。青绿饲料幼嫩多汁，适口性好，消化率高，还具有轻泻、保健作用，是獭兔的主要饲料。青绿饲料的种类繁多，资源丰富，可分以下几类。

1. 天然牧草　天然牧草主要有禾本科、豆科、菊科和莎草科四大类。按干物质计，它们的无氮浸出物含量为 40%～50%。粗蛋白质的含量为：豆科 15%～20%，莎草科 13%～20%，菊科和禾本科 10%～15%。粗纤维含量以禾本科较高，约为 30%，其他为 20%～25%。菊科牧草有异味，獭兔不喜欢采食。

2. 人工栽培牧草　栽培牧草是指人工栽培的青绿饲料，主要包括豆科和禾本科两大类。这类饲料的共同特点是产量高，通过间套混种、合理搭配，可保证獭兔场的常年供应，对满足獭兔的青饲料四季供应有重要意义。常见的人工栽培牧草主要有苜蓿（紫花苜蓿和黄花苜蓿）、三叶草（红三叶和白三叶）、苕子（普通苕子和毛苕子）、紫云英（红花草）、草木樨、沙打旺、黑麦草、籽粒苋、串叶松香草、无芒雀麦、鲁梅克斯草等。

3. 青饲作物　常用的青饲作物有玉米、高粱、谷子、大麦、燕麦、荞麦、大豆等。

4. 根茎瓜果类饲料　常用的根茎瓜果类饲料有甘薯、木薯、胡萝卜、甜菜、芜菁、甘蓝、萝卜、南瓜、佛手瓜等。

5. 树叶类饲料　多数树叶均可作为獭兔的饲料，常用的有紫穗槐叶、槐树叶、洋槐叶、榆树叶、松针、果树叶、桑叶、茶树叶及药用植物，如五味子和枸杞叶等。

6. 水生饲料　水生饲料主要有水浮莲、水葫芦、水花生、绿萍等。

（二）常见青绿多汁饲料的栽培

1. 紫花苜蓿草　紫花苜蓿是多年生豆科牧草，又叫做紫苜蓿、牧蓿、苜蓿。现在人工培育的紫花苜蓿品种繁多，由于其适应性强、产量高、品质好等优点，素有“牧草之王”之美称。紫花苜蓿为多年生牧草，其寿命一般在10～15年，适于种植在年降水量250～800毫米、无霜期100天以上的地区，喜中性或微碱性砂壤土栽培。根系发达，长有根瘤，茎直立或斜生，高1～1.5米，分枝多，叶为三片小叶组成的复叶，叶片量占全株重量的45%～50%。营养丰富，营养生长期，干物质中含粗蛋白质15%～26.2%，相当于豆饼的一半，含粗脂肪4.5%、粗纤维17.2%、无氮浸出物42.2%。根据不同品种、不同地区、管理水平和刈割次数不同，紫花苜蓿的产量差异很大。一般年刈割4～5次，亩产鲜草4 500～5 500千克，平均4～5千克鲜草晒1千克干草。

2. 苦荬菜 苦荬菜为菊科一年生或越年生草本植物，是一种具有耐寒抗热、对土壤要求不严、产量高、品质好，鲜嫩适口的优质青绿多汁饲料。人工栽培苦荬菜每亩鲜草产量高达10 000千克。营养丰富，干物质中含粗蛋白质30.5%、粗脂肪15.5%、粗纤维9.7%。富含各种维生素及矿物质。苦荬菜叶量大，鲜嫩多汁，茎叶中的白色乳浆虽略带苦味，但适口性特别好，獭兔喜爱采食，是獭兔良好的青饲料来源之一。

3. 冬牧-70黑麦草 冬牧-70黑麦草为禾本科黑麦属一年生草本植物，在我国多数地区均可种植，是獭兔冬、春季优质的青饲料资源。冬牧-70黑麦草适口性好，且产量高，一般亩产鲜草3 000～5 000千克；营养价值高，干物质中含粗蛋白质4.93%、粗脂肪1.06%、天氮浸出物4.57%、钙0.075%、磷0.07%。耐寒性强，在我国大部分地区适合冬季种植。其种子在3℃时达80%的发芽率，越冬时，气温－10℃时植株无冻害现象，在4～5℃长时间的低温环境下仍能生长。

4. 胡萝卜 胡萝卜是獭兔很好的多汁饲料，含有丰富的胡萝卜素，每千克含400～550毫克胡萝卜素，这些胡萝卜素可在兔体内转化为维生素A，肉质根含糖10%、干物质中含粗蛋白2%、粗纤维1.8%、粗脂肪0.4%。其适口性好，消化率高，獭兔喜爱采食，对于提高种兔的繁殖力及幼兔的生长具有良好效果，是冬、春季节獭兔缺乏青饲料来源时的主要维生素补充料。

（三）獭兔青绿饲料的均衡供应

由于獭兔是一种以食草为主的小型经济动物，目前我国大多数饲养模式采用的是青粗饲料加精饲料补充料的饲养模式，这种模式要求一年四季必须要有大量的青饲料供应。但是，我国很多地区春、夏季节青饲料来源广泛，不会缺乏；但冬季青饲料来源贫乏，獭兔青饲料供应往往就成了问题。为了保证獭兔养殖场青饲料的常年均衡供应，最好采取人工栽培牧草和采集野生牧草相结合的办法来解决。根据不同牧草在不同季节和不同气候条件下的不同栽培和收获时期，下面介绍一种比较理想的青饲料均衡供应模式，以保证獭兔养殖场青饲料一年四季的均衡供应，供大家参考（表5-1、表5-2、表5-3）。

表5-1 青饲料产量、收割次数、间隔时间及可供时间

品 种	产量（千克/公顷）	收割次数	平均间隔时间（天）	供青时间
冬牧-70黑麦草	160 000～170 000	7	22	11月至来年4月
苦荬菜	160 000～170 000	9	18	6～8月
墨西哥玉米	110 000～120 000	5	26	7～9月
苏丹草	50 000～60 000	2	92	8～11月
胡萝卜（肉质根）	40 000～50 000	—	—	11月至来年2月
紫花苜蓿	70 000～80 000	4～5	30	4～10月

表 5-2 青饲料营养成分（%）

品　种	粗蛋白质	粗脂肪	灰分	钙	磷
冬牧-70 黑麦草	4.1	0.9	3.6	0.14	0.06
苦荬菜	1.2	0.3	—	0.13	0.03
墨西哥玉米	2.0	0.5	—	0.1	0.06
苏丹草*	5.8	7.5	8.05	0.57	0.23
胡萝卜（肉质根）	1.4	0.1	0.7	0.11	0.07
紫花苜蓿	4.4	1.5	2.9	1.57	0.18

注：* 苏丹草成分为干物质中的含量。

表 5-3 青饲料常年均衡轮供模式

品　种	月　份											
	1	2	3	4	5	6	7	8	9	10	11	12
冬牧-70 黑麦草	△	△	△	△	△	△			○	◆	△	△
苦荬菜			○	◆	◆	△	△	△				
墨西哥玉米			○	○	◆	△	△	△	△	△	○	
苏丹草*			○	○		△	△	△	△	△	△	
胡萝卜（肉质根）	△	△	△					○	◆	◆	△	△
紫花苜蓿	◆	◆	◆	△	△	△	△	◆	◆	△	△	△

注：○表示播种期，◆表示生长期，△表示青饲料可供期。

* 苏丹草成分为干物质中的含量。

五、矿物质饲料

以提供矿物质元素为目的的饲料叫矿物质饲料。獭兔饲料中虽然含有一定量的矿物质元素，但远远不能满足其繁殖、生长和兔皮生产的需要，必须按一定比例额外添加。

（一）食盐

钠和氯是獭兔必需的无机物，而植物性饲料中钠、氯含量都少。此外，食盐还可以改善口味，提高獭兔的食欲。所以，食盐是补充钠、氯的价廉而有效的添加源。食盐中含氯60%、钠39%，碘化食盐中还含有0.007%的碘。在獭兔日粮中添加0.5%，完全可以满足獭兔对钠和氯的需要量，高于1%时对獭兔的生长有抑制作用。

使用含盐量高的鱼粉、酱油渣时，要适当减少食盐的添加量，防止食盐中毒。

（二）钙补充饲料

青、粗饲料一般含矿物质比较平衡，尤其是钙的含量较多，基本可满足獭兔的生理需要；而精饲料中一般含钙较少，需要补充。常用的含钙矿物质补充饲料有石灰石粉、贝壳粉、蛋壳粉、骨粉等。

1. 石灰石粉 石灰石粉又称石粉，为天然的碳酸钙，一般含钙35%以上，是补充钙的最廉价、最方便的矿物质饲料。天然的石灰石，只要铅、汞、砷、氟的含量不超过安全系数，都可用作饲料。獭兔能忍受高钙饲料，但钙含量过高，会影响锌、锰、镁等元素的吸收。

2. 贝壳粉 贝壳粉是各种贝类外壳（如蚌壳、牡蛎壳、蛤蚧壳、螺蛳壳等）经加工粉碎而成的粉状或粒状产品，含碳酸钙95%以上，钙含量不低于30%。品质好的贝壳粉，杂质少，含钙高，呈白色粉状或片状。

3. 蛋壳粉 蛋壳粉是由食品加工厂或大型孵化场收集的蛋壳，经干燥（82℃以上）、灭菌、粉碎后而得的产品，是理想的钙源补充料，利用率高。无论蛋品加工后的蛋壳还是孵化出雏后的蛋壳，都残留有壳膜和一些蛋白，所以除了含30%～31%的钙以外，还含有4%～7%的蛋白质和0.09%的磷。

此外，大理石、白云石、白垩石、方解石、熟石灰、石灰水等都可作为钙源补充料，其他还有甜菜制糖的副产品滤泥也属于碳酸钙产品。

虽然钙源补充料很便宜，但用量不能过多，否则会影响钙、磷平衡，使钙和磷的消化、吸收和代谢都受到影响。微量元素预混料常常使用石粉或贝壳粉作为稀释剂或载体，使用量占配比较大，配料时应注意把其含钙量计算在内。

（三）磷补充饲料

富含磷的矿物质饲料有骨粉、磷酸钙盐（如磷酸二氢钙、磷酸氢钙、磷酸钙）、磷酸钠盐（如磷酸二氢钠、磷酸氢二钠）、磷矿石等。利用这一类饲料时，除了要注意不同磷源有着不同的利用率之外，还要考虑原料中有害物质，如氟、铝、砷等是否超标；另外，也要注意其所含矿物质元素比钙补充饲料复杂，使用时必须正确计算用量。例如，补充碳酸钙，一般不需变动其他矿物质元素的供应量，而磷补充饲料不同，往往会引起两种以上矿物质元素的含量变化。如磷酸钙含磷又含钙，所以在计算用量时，只能先按营养需要补充磷，再调整钙和钠等其他元素的含量。

1. 骨粉 骨粉是同时提供磷和钙的矿物质饲料，是由动物杂骨经热压、脱脂、脱胶后干燥、粉碎制成的。由于加工方法不同，其成分含量和名称也各不相同。其基本成分是磷酸钙，钙、磷比为 2∶1，是钙、磷较平衡的矿物质饲料。骨粉中含钙 30%～35%，含磷 13%～15%，还有少量的镁和其他元素。骨粉中氟的含量较高，但因配合饲料中骨粉的用量有限（在 1%～2%），所以不致因骨粉导致氟中毒。

2. 磷酸钙盐 磷酸钙盐能同时提供钙和磷。最常用的是二水磷酸氢钙（$CaHPO_4 \cdot 2H_2O$），可溶性比其他同类产品好，动物对其中钙和磷的吸收利用率也高。磷酸氢钙含钙 20%～23%，含磷 16%～18%。

（四）膨润土

膨润土是一种有层状结晶构造的含水铝硅酸盐矿物质，含有动物生长所需的铁、磷、钾、铝、铜、锌、锰、钴等20余种微量元素，具有营养、吸附、置换等功能。獭兔日粮中添加1%～3%的膨润土，能明显提高獭兔的生产性能，减少疾病的发生。

（五）麦饭石

麦饭石属钙碱性岩石系列，能吸附有害、有毒物质。麦饭石中含有27种动植物正常生长所需的元素，其中11种为主要元素，16种为微量元素，是酶、维生素、激素的组成成分。獭兔日粮中适宜的添加量为1%～3%。有试验报告，獭兔配合饲料中添加3%的麦饭石，增重可提高23.18%，饲料转化率可提高16.24%。

六、添加剂

添加剂是指为提高饲料利用率，保证或改善饲料品质，促进动物生产，保证其健康而掺入到饲料中的少量或微量的营养性或非营养性物质。近年来，随着饲料工业的迅猛发展及饲料添加剂的研究逐步深入，其在养殖业中的应用效果也越来越明显。

常用的添加剂主要有以下几种类型。

（一）维生素添加剂

维生素是动物维持正常生理机能所不可缺少的低分子有机化合物。动物虽然对维生素的需要量不大，但其作用极其显著。在粗放饲养条件下，獭兔通过自由采食青粗饲料可以满足对维生素的需要。在规模化集约饲养条件下，采食饲料种类有限，獭兔机体所需维生素的来源有限。因此，必须在饲料中加入一定的维生素，否则，轻则影响獭兔的生产性能，重则造成维生素缺乏症，甚至造成獭兔死亡。

在生产实践中，各兔场所用的维生素添加剂为国内或进口的成品。但由于各兔场饲料状况及獭兔生产状况不同，加之维生素添加剂的贮存时间和条件要求比较严格，在有条件的兔场，可以自己购买原料配制。配制标准参考獭兔营养标准，并结合本场实际情况。下面是瑞士罗氏药厂兔的维生素供给量（每千克饲料干物质中的含量），维生素 A 10 000 国际单位、维生素 D 1 000 国际单位、维生素 E 40 国际单位、维生素 B_1 12 毫克、维生素 B_2 6 毫克、烟酸 50 毫克、泛酸 20 毫克、维生素 B_6 2 毫克、维生素 B_{12} 0.01 毫克、生物素 0.20 毫克、胆碱 1 300 毫克。

维生素的添加量，一方面要参考饲养标准，另一方面要结合本场兔的生产性能，即生产性能越高，对维生素的需求量也越多。此外，还必须视饲料、饲养情况而灵活掌握，如苜蓿会降低维生素 E 的利用率，亚麻子中含有与维生素 B_6 相拮抗的物质，抗球虫剂氨丙啉与维生素 B_1 相拮抗。某些营养成分的含量升高，加大了某些维生素的需要量。例如，当蛋白质的供给量高时，用于蛋白质代谢的酶量也会加大，维生素 B_6 的需要量也增加。使用药时，特别抑菌促生长剂或抗生素对肠道细菌有干扰，减少了对维生素的合成，因而添加量也要求多些。密封式饲养或弱光育肥，獭兔得不到阳光中紫外线的照射，皮肤中的固醇不能合成足够的维生素 D_3，会影响钙和磷的吸收利用，故维生素 D_3 应适当增加。颗粒饲料在加工过程中，由于高温高压，会破坏一部分热敏感维生素（如维生素 A、维生素 D_3、维生素 K_3、维生素 B_1、叶酸、类胡萝卜素等），在配方设计时，以上维生素也应适当增加。

（二）微量元素添加剂

微量元素添加剂又称生长素，是应用较早且普遍的添加剂。

我国已有多家生产兔用微量元素添加剂的厂家。与维生素添加剂一样，微量元素添加剂是獭兔全价饲料中不可缺少的营养物质。

微量元素添加剂虽然被人们所认识，但在一些山区农村，由于交通不便，獭兔用添加剂不易买到，而以鸡用、猪用或其他动物的生长素代替。虽然也起到一定作用，但效果不太理想。

由于各地饲料条件不同，饲料中所含各微量元素的量也不同。要达到最理想的饲养效果，有条件的獭兔场可自配饲料添加剂（生长素）。在自配生长素时，首先考虑獭兔的营养需要量；其次考虑当地饲料中各微量元素的含量，根据二者之差，即得出饲料中的添加量；然后进行原料的选择及混配。

（三）氨基酸添加剂

蛋白质是生命的重要物质基础。獭兔在生长发育、新陈代谢和繁殖过程中，需要大量的蛋白质来满足细胞组织的更新、修补等要求。因此，蛋白质是不能用其他种类养分所代替的。

獭兔是食草动物，其饲料基本由植物性原料所组成，而植物性原料中蛋氨酸和赖氨酸最容易缺乏。在设计獭兔饲料配方时，为满足蛋氨酸和赖氨酸的需要量，必须增加蛋白质饲料的用量，这样势必造成蛋白质饲料的浪费，也是不经济的。若额外补加这两种氨基酸，则可以解决这个问题。

蛋氨酸是有旋光性的化合物，分为L型和D型。在兔体内，L型易被吸收，D型要经酶转化成L型后才能参与蛋白质的合成，故饲料中可以使用D型和L型混合的化合物。在兔饲料中添加0.1%的蛋氨酸，可以提高蛋白质2%～3%的利用率。一般饲料中的添加量为0.05%～0.10%。

赖氨酸在獭兔体内不能合成，必须由饲料提供。谷物饲料中赖氨酸的含量不高。豆类饲料中虽然含量高，但是在加工过程中，赖氨酸遇热或长期贮存时，活性会降低，饲料中可被利用的赖氨酸，只有化学分析所得数值的80%左右。

赖氨酸也分L型和D型两种。L型赖氨酸具有营养作用，D型赖氨酸在兔体内既不能被利用，也不能被转化成有营养作用的L型。因此，饲料添加剂只使用L型赖氨酸。饲料中按兔需要量添加赖氨酸，可以减少饲料中粗蛋白质用量的3%～4%。一般饲料中L型赖氨酸的添加量为0.05%～0.10%。

（四）中草药添加剂

中草药添加剂资源丰富，作用广泛，效果明显，安全无害，日益受到人们的重视，普遍应用于畜禽养殖业。在养兔生产中，通过大量试验证明，中草药添加剂具有提高增重率和繁殖力、增加毛的密度、改善毛皮品质以及防病、治病等多种功效，呈现良好的开发前景，应在生产中大力推广利用。

目前常用的獭兔用中草药添加剂有理气消食、益脾健胃、驱虫除积、扶正祛邪、清热解毒、抗菌消炎、镇静安神等作用。健胃中草药神曲、麦芽、山楂、陈皮、枳壳等具有一定的香味，能提高饲料的适口性，促进唾液、胃液和肠液的分泌，促进机体对营养的吸收。贯众、槟榔有驱虫的作用，可以驱除獭兔球虫等寄生虫。当归、益母草、五加皮等有利于气血运行，使獭兔代谢旺盛、机体强健、膘肥体壮。远志、松针粉、酸枣仁养心安神，使獭兔在育肥阶段熟睡，催肥长膘，提高饲料利用率。

目前獭兔用中草药添加剂大多数为原料粉碎搅拌后制成的粉剂或散剂，精提高效的产品尚属空白。生产工艺落后，品种单调，加工简单粗糙，科技含量低，给生产和运输带来不便。使用剂量普遍偏大，一般都在1%～2%，不仅增加了产品成本，而且也影响了饲料的营养配比。由于中草药原材料来源广，不同地区、不同季节采收的中草药成分和功效差异很大，作用效果不稳定，没有统一的质量配方标准；因此，很难对中草药及其产品作出准确的药效评定和质量监控，致使重复试验或推广应用时出现偏差。

第三节　獭兔的饲养标准

饲养标准是根据长期养獭兔生产实践积累的经验，结合动物的代谢试验，科学地制定出不同种类、品种、年龄、性别、体重、生理阶段、生产水平的兔每天每只所需要的能量和各种营养物质的含量，或每千克日粮中各种营养物质的含量。饲养标准具有一定的科学性和普遍性，是獭兔生产中制订科学日粮配方、组织生产的重要依据。但是，由于饲养标准中所规定的养分需要量是如特定条件下，如特定的年龄、体重和生产水平下经许多试验的平均结果，不一定完全符合每个个体的实际要求。对某些个体而言，某几种养分可能不足，某几种养分又可能过多，不足和过多都不能达到理想的饲养效果。饲养标准也不是一成不变的，随着科学的进步、认识的深入、品种的改良和生产水平的变化，还需要不断修订、充实和完善。因此，在实际生产过程中应灵活掌握，因地制宜，结合当地的具体情况灵活应用。有条件的兔场，应进行饲养试验，摸索出一套适合本场獭兔群的日粮类型和营养水平，制定一个适宜的安全系数。

关于獭兔的饲养标准，目前国内外还没有统一的标准。下面介绍中国农业科学院兰州畜牧研究所参考国外标准，制定的獭兔饲养标准（表 5-4），以及不同国家制定的其他家兔饲养标准及生产中一些单位的推荐表（表 5-5、表 5-6、表 5-7），供参考。（饲养标准表来自于谷子林现代獭兔生产，2002）

表 5-4　獭兔饲养标准

营养成分	生长兔	哺乳兔	妊娠兔	维持兔
消化能（兆焦/千克）	10.4～10.5	10.9～11.3	10.5	8.8～9.2
粗脂肪（%）	2～3	2～3	2～3	2～3
粗纤维（%）	10～14	10～12	10～14	14～16

（续）

营养成分	生长兔	哺乳兔	妊娠兔	维持兔
粗蛋白质（%）	15～16	17～18	15～16	12～13
赖氨酸（%）	0.65	0.9	—	—
含硫氨基酸（%）	0.6	0.6	—	—
色氨酸（%）	0.2～0.3	0.15	—	—
苏氨酸（%）	0.55～0.6	0.7	—	—
钙（%）	0.4～0.5	0.75～1.1	0.45～0.8	0.4
磷（%）	0.22～0.3	0.5～0.7	0.37～0.5	0.3
铁（毫克/千克）	50	100	50	50
铜（毫克/千克）	3～5	3～5	—	—
锌（毫克/千克）	50	70	70	—
锰（毫克/千克）	8.5	2.5	2.5	2.5
碘（毫克/千克）	0.2	0.2	0.2	0.2
钴（毫克/千克）	0.1	0.1	—	—
维生素A（国际单位/千克）	5 800～6 000	12 000	1 160～1 200	600
维生素D（国际单位/千克）	900	900	900	900
维生素E（国际单位/千克）	40～50	40～50	40～50	40～50

表5-5　獭兔饲养标准

营养成分	营养含量	营养成分	营养含量
可消化能（焦耳）	10 000～12 200	钾（%）	1.0
可消化养分（TDN）（克）	650	铜（毫克/千克）	20～200
粗蛋白质（%）	16～18	铁（毫克/千克）	100
粗脂肪（%）	3～5	锰（毫克/千克）	30
粗纤维（%）	7～10	锌（毫克/千克）	50
赖氨酸（%）	1.0	维生素A（国际单位/千克）	8 000

（续）

营养成分	营养含量	营养成分	营养含量
含硫氨基酸（%）	0.4～0.6	维生素 D（国际单位/千克）	1 000
精氨酸（%）	0.6	维生素 E（毫克/千克）	40
钙（%）	1.0	维生素 K（国际单位/千克）	1
磷（%）	0.5	胆碱（毫克/千克）	1 500
镁（毫克/千克）	300	烟酸（毫克/千克）	50
氯化钠（%）	0.5～0.7	维生素 B_6（毫克/千克）	400

注：德国养兔专家推荐。

表 5-6　建议獭兔营养需要量

项　目	生长兔	成年兔	妊娠兔	泌乳兔	毛皮成熟期
消化能（兆焦/千克）	10.46	9.20	10.46	11.30	10.46
粗蛋白质（%）	16.5	15	16	18	15
粗脂肪（%）	3	2	3	3	3
粗纤维（%）	14	14	13	12	14
钙（%）	1.0	0.6	1.0	1.0	0.6
磷（%）	0.5	0.4	0.5	0.5	0.4
含硫氨基酸（%）	0.5～0.6	0.3	0.6	0.4～0.5	0.6
赖氨酸（%）	0.6～0.8	0.6	0.6～0.8	0.6～0.8	0.6
食盐（%）	0.3～0.5	0.3～0.5	0.3～0.5	0.3～0.5	0.3～0.5
日采食量（克）	150	125	160～180	300	125

注：杭州养兔中心和浙东獭兔开发公司提供。

表 5-7　獭兔全价饲料营养含量

项　目	1～3 月龄生长獭兔	4 月至出栏商品兔	哺乳兔	妊娠兔	维持兔
消化能（兆焦/千克）	10.46	9～10.46	10.46	9～10.46	9.0
粗脂肪（%）	3	3	3	3	3

（续）

项　目	1～3月龄生长獭兔	4月至出栏商品兔	哺乳兔	妊娠兔	维持兔
粗纤维（%）	12～14	13～15	12～14	14～16	15～18
粗蛋白质（%）	16～17	15～16	17～18	15～16	13
赖氨酸（%）	0.80	0.65	0.90	0.60	0.40
含硫氨基酸（%）	0.60	0.60	0.60	0.50	0.40
钙（%）	0.85	0.60	1.10	0.80	0.40
磷（%）	0.40	0.35	0.70	0.45	0.30
食盐（%）	0.3～0.5	0.3～0.5	0.3～0.5	0.3～0.5	0.3～0.5
铁（毫克/千克）	70	50	100	50	50
铜（毫克/千克）	20	10	20	10	5
锌（毫克/千克）	70	70	70	70	25
锰（毫克/千克）	10	4	10	4	2.5
钴（毫克/千克）	0.15	0.10	0.15	0.10	0.10
碘（毫克/千克）	0.20	0.20	0.20	0.20	0.10
硒（毫克/千克）	0.25	0.20	0.20	0.20	0.10
维生素A(国际单位/千克)	10 000	8 000	12 000	12 000	5 000
维生素D(国际单位/千克)	900	900	900	900	900
维生素E（毫克/千克）	50	50	50	50	25
维生素K（毫克/千克）	2	2	2	2	0
硫胺素（毫克/千克）	2	0	2	0	0
核黄素（毫克/千克）	6	0	6	0	0
泛酸（毫克/千克）	50	20	50	20	0
吡哆醇（毫克/千克）	2	2	2	0	0
维生素B_{12}（毫克/千克）	0.02	0.01	0.02	0.01	0
烟酸（毫克/千克）	50	50	50	50	0
胆碱（毫克/千克）	1 000	1 000	1 000	1 000	0
生物素（毫克/千克）	0.2	0.2	0.2	0.2	0

注：河北农业大学山区研究所建议，1998。

第四节　獭兔饲料配合

一、配方设计

獭兔在进行生命活动中所需要的营养素是多方面的，任何一种饲料所含的养分种类及其比例均不能满足其生长需要。只有将多种饲料配合在一起，使之相互取长补短，才能配制出符合獭兔需要的全价饲料。饲料配合就是以獭兔的营养需要和干物质的含量为依据，结合獭兔的消化生理特点、饲料特性及功能，将多种饲料适当搭配，组成一个既能满足獭兔的营养需要，又能将成本降至最低的全价饲料的技术。

（一）饲料配合原则

饲料配合要有科学性，要以獭兔的饲养标准和各种饲料营养成分为依据，根据本场的具体情况，在采取多种多样饲料的基础上经过合理搭配，使其在营养价值上基本能达到獭兔的饲养标准所规定的指标，同时又要具有良好的适口性、消化性和符合经济要求。因此，在配合饲料时要掌握以下原则。

1. 要以獭兔的饲养标准为依据　配合饲料时首先应根据獭兔品系、年龄、生理阶段选择适当的饲养标准。这是提高配合饲料实用价值的前提，是使配合饲料满足营养需要、促进生长发育、提高生产性能的基础。在选择饲养标准时，要尽量选用本地区和国内的标准，实在没有标准可参考时再参考其他地区和国外的标准，并要根据实际情况进行调整。

2. 所参考的饲料成分及营养价值表要与所选用的饲料相符　因为地理环境和气候条件不同，不同产地的饲料在营养成分含量上是有差异的，所以在饲料配合时应尽量参考与所用饲料产地相符的饲料营养成分及营养价值表。

3. 因地制宜，充分利用当地资源以提高经济效益 要尽量选用本地产、数量大、来源广、营养丰富、质优价廉的饲料进行配合，以减少运输消耗，降低饲料成本。

4. 由多种饲料组成 饲料的多样化可起到营养互补的作用，有利于提高配合饲料的营养价值。一组好的配合调料，在配料组成上不应少于3～5种。

5. 要考虑饲料的适口性 要选用适口性好、易消化的饲料。獭兔较喜欢带甜味的饲料，喜食的次序是青饲料、根茎类、潮湿的碎屑状软饲料（如粗磨碎的谷物、熟的马铃薯）、颗粒料、粗料、粉末状混合饲料。在谷物类中，喜食的次序是燕麦、大麦、小麦、玉米。

6. 要符合獭兔的消化生理特点 獭兔是食草动物，饲料中应有相当比例的粗饲料，精、粗饲料比例要适当，粗纤维含量为12%～15%，但在全价配合饲料中仅按风干物质的营养计算。为便于初学者入门，现将獭兔日粮中不同饲料品种的搭配比例列出（表5-8），供参考。

表5-8 不同饲料品种在饲料配方中的大致比例

饲料品种	比例（%）	饲料品种	比例（%）
干草秸秆类	30～50	钙、磷类矿物质饲料	1～3
能量饲料	20～35	食盐	0.3～0.5
糠麸类	10～35	微量元素、维生素	0.5～1
动物性蛋白饲料	0～5	抗生素药渣	<4
植物性蛋白饲料	5～25	有毒饼(粕)(棉饼、菜饼)	<8

7. 考虑饲料的特性 某些饲料除了具有营养价值外，还有一些其他特性，如有毒有害物质含量、适口性和加工特点等。在饲料配合时应考虑饲料的这些特性，以避免对兔的采食及消化代谢产生影响。

（二）饲料配合方法

獭兔饲料配制的方法很多，目前在生产实践中常用的主要有电脑运算法和手算法。

1. 电脑运算法 运用电脑制定饲料配方，主要根据所用饲料的品种和营养成分、獭兔对各种营养物质的需要量及市场价格变动情况等条件，将有关数据输入计算机，并提出约束条件（如饲料配比、营养指标等），根据线性规划原理很快就可计算出能满足营养要求而价格较低的饲料配方，即最佳饲料配方。

电脑运算法配方的优点是速度快，计算准确，是饲料工业现代化的标志之一。但需要有一定的设备和专业技术人员。

2. 手算配方法 手算饲料配合方法包括试差法、公式法和对角线法等，其中以“试差法”较为实用。现以生长兔饲料配方为例，举例说明如下。

第一步：查出营养需要量。根据本章第三节建议的营养供给量，每千克生长兔饲料中应含消化能 10.29～10.45 兆焦、粗蛋白质 16%、粗纤维 10%～14%、钙 0.5%～0.7%、磷 0.3%～0.5%。

第二步：从饲料营养成分表 5-9 中查出各自的营养成分。

表 5-9 饲料营养成分表

饲料	消化能（兆焦/千克）	粗蛋白质（%）	粗纤维（%）	钙（%）	磷（%）
稻草粉	5.52	5.4	32.7	0.28	0.08
玉 米	15.44	8.6	2.0	0.07	0.24
大 麦	14.07	10.2	4.3	0.10	0.46
麸 皮	11.92	15.6	9.2	0.14	0.96
豆 饼	14.37	43.5	4.5	0.28	0.57

第三步：以现有的饲料原料为基础，根据经验初步拟出饲料

配方，然后根据饲料所含营养成分计算出初步配方中的各指标的营养需要量，见表 5 - 10。

表 5 - 10　饲料初步配方

饲料	配合比例（%）	消化能（兆焦/千克）	粗蛋白质（%）	粗纤维（%）	钙（%）	磷（%）
稻草粉	30	1.657	1.620	9.81	0.084	0.024
玉　米	18	2.779	1.548	0.36	0.002	0.043
大　麦	20	2.814	2.040	0.86	0.020	0.093
麸　皮	15	1.788	2.340	1.38	0.021	0.114
豆　饼	15	2.156	6.525	0.675	0.042	0.086
合　计	98	11.194	14.070	13.085	0.169	0.360
营养需要		10.29～10.45	16	10～14	0.5～0.7	0.3～0.5
比　较			−1.93			

以上配方所含消化能和粗纤维已经满足需要，粗蛋白质还缺 1.93%，应该增加蛋白饲料的比例，最后再考虑钙、磷的比例。

第四步：调整配方用一定量蛋白质含量高的豆饼代替等量玉米，所代替的比例确定如下：

1.93÷(0.435−0.086)×100%＝1.93÷0.349×100%≈5.5%

调整后的饲料配方见表 5 - 11。

表 5 - 11　调整后的饲料配方

饲料	配合比例（%）	消化能（兆焦/千克）	粗蛋白质（%）	粗纤维（%）	钙（%）	磷（%）
稻草粉	30	1.657	1.620	9.81	0.084	0.024
玉　米	12.5	1.930	1.075	0.25	0.001	0.030
大　麦	20	2.814	2.04	0.86	0.020	0.093
麸　皮	15	1.788	2.34	1.38	0.021	0.114
豆　饼	20.5	2.946	8.918	0.923	0.057	0.117
合　计	98	11.135	15.993	13.223	0.183	0.378

同营养需要相比较，消化能、粗蛋白质和粗纤维已经基本满足需要，磷也满足，只是钙含量不足，可通过添加石粉来满足对钙的需求。1.5%的石粉可增加钙 1.5%×35%（石粉含钙为35%）=0.525%，这时钙为 0.525%+0.183%=0.708%，已经满足需要，剩下 0.5%加食盐。

第五步：根据调整结果列出饲料最后的配方和营养价值，见表 5-12。

表 5-12　生长兔饲料配方

饲　料	配合比例（%）	营养价值	
稻草粉	30	消化能（兆焦/千克）	11.14
玉　米	12.5	粗蛋白质（%）	16
大　麦	21	粗纤维（%）	13
麸　皮	15	钙（%）	0.71
豆　饼	20.5	磷（%）	0.41
石　粉	0.5		
食　盐	0.5		
合　计	100		

二、典型的饲料配方

下面介绍一些成功的饲料配方（表 5-13～20），仅供参考。

表 5-13　河北保定某兔场獭兔饲料配方（%）

饲　料	生长兔	仔兔补料	空怀母兔	妊娠母兔和种公兔	泌乳母兔
玉　米	33	36.5	32	33	33
麸　皮	12	12	10.5	10	9
豆　粕	8.5	12	4	6	8.5
棉　粕	3	2	3	2.5	3

（续）

饲料	生长兔	仔兔补料	空怀母兔	妊娠母兔和种公兔	泌乳母兔
菜粕	3	2	3	2.5	3
酵母	2	2	2	2	2
土霉素渣	3	3	3	3	3
粉浆蛋白	3	3	0	3	3
草粉	30	25	40	35	32
磷酸氢钙	1	1	1	1.5	2
食盐	0.5	0.5	0.5	0.5	0.5
兔乐*	1	1	1	1	1
蛋氨酸	0.15	0.1	0	0	0.15
赖氨酸	0.15	0.1	0	0	0.15
球净*	1.0	1.0	0	0	0

注：* 为河北农业大学山区研究所科研产品。兔乐为营养性添加剂，只含有维生素和微量元素；球净为抗球虫病添加剂，下同。

表 5-14　石家庄市某兔场獭兔饲料配方（%）

饲料	仔兔补料	幼兔/泌乳母兔	空怀母兔	妊娠早期母兔	妊娠后期母兔
玉米油饼	15	15	7	12	12
豆饼	14	10	5	8	10
玉米	30	25	11	20	23
麦麸	18	18	35	18	18
草粉	20	29.5	39.5	39.5	34.5
骨粉	1.5	1.5	1.5	1.5	1.5
食盐	0.5	0.5	0.5	0.5	0.5
兔乐	1.0	0.5	0.5	0.5	0.5
抗球虫药	按说明	按幼兔料说明			

表 5-15　河北衡水某兔场獭兔饲料配方（%）

饲　料	仔兔补料	生长兔	空怀母兔	妊娠母兔和种公兔	泌乳母兔
玉　米	25	25	20	22	27
国产鱼粉	3	2	0	1.5	2.5
骨　粉	1	1.5	1	1.5	1.5
豆　粕	18	15	10	13	15
棉　粕	5	5	5	5	5
麦　麸	19.8	10	15	14	8
酒　糟	12.5	19.3	24	18	18
大麦皮	13.5	20	24	24	21.8
兔　乐	0.5	0.5	0.5	0.5	0.5
食　盐	0.5	0.5	0.5	0.5	0.5
蛋氨酸	0.1	0.1			0.1
赖氨酸	0.1	0.1			0.1
球　净	1.0	1.0			

表 5-16　河北承德某兔场獭兔饲料配方（%）

饲料	仔兔补料	生长兔	后备种兔	空怀母兔	妊娠母兔	泌乳母兔
槐叶粉	10	6.5	8	8	7	9
玉米秸	0	0	3	5	5	0
豆　秸	10	22.5	25	20	23	25
玉　米	37	41	40.8	35	39.3	35.8
豆　粕	15	11.74	8	8	12	11
麸　皮	6.9	1	0	11.5	0	0
大　豆	12	7	5	5	5	10
骨　粉	1.2	1.3	1	1	1.5	1.5
鱼　粉	5	3	2	0	2	3

（续）

饲料	仔兔补料	生长兔	后备种兔	空怀母兔	妊娠母兔	泌乳母兔
贝壳粉	0	0.16	0.5	0	0.5	3
胡麻饼	0	3	2.5	2.5	3	0
棉仁饼	0	0	2.5	2.5	0	0.5
食　盐	0.5	0.5	0.5	0.5	0.5	1
兔　乐	1	1	1	1	1	0.2
蛋氨酸	0.2	0.15	0.1	0	0.1	0
赖氨酸	0.2	0.15	0.1	0	0.1	
球　净	1.0	1.0				

表 5-17　北京房山区某兔场獭兔饲料配方（%）

饲　料	仔兔补料	生长兔	空怀母兔	妊娠母兔	泌乳母兔
玉　米	32.3	23.0	12.03	21.15	21.7
麦　麸	10	3.0	19.43	3.1	3.0
花生秧	25	52.0	60	58.25	51.0
豆　粕	30	19.3	6.94	15.9	22.7
骨　粉	0.5	0.6	0.6	0.6	0.6
食　盐	0.5	0.6	0.5	0.5	0.5
兔　乐	0.5	0.5	0.5	0.5	0.5
赖氨酸	0.1	0.1	0	0	0
蛋氨酸	0.1	0	0	0	0
球　净	1	1			

表 5-18　河北沧州某兔场獭兔饲料配方（%）

饲　料	生长兔	空怀母兔	妊娠母兔	泌乳母兔
玉　米	23	28	23	22
麦　麸	25	15	25	25.75
青干草或玉米秸	28.8	40	35	28
豆　粕	20	15	15	22
乳酸钙	1	1	1	1
食　盐	0.5	0.5	0.5	0.5
兔　乐	0.5	0.5	0.5	0.5
赖氨酸	0.1			0.1
蛋氨酸	0.1			0.15
球　净	1.0			

表 5-19　北京朝阳区某兔场獭兔饲料配方（%）

饲料	生长兔				妊娠母兔	泌乳母兔
	1	2	3	4		
玉　米	33.52	42.54	42.13	31.48	32.65	31.6
豆　粕	13.6	21.05	21.74	10.09	5.16	16.46
麦　麸	21.51	11.4	8.14	25.75	28.56	22.36
豆　秸	3.0	22.8				3.01
花生皮	3.0		25.72		3.01	3.01
花生秧	23.63			31.2	28.64	21.12
骨　粉	0.59	1.05	1.15	0.43	0.85	1.31
蛋氨酸	0.05	0.1	0.12	0.05	0.08	0.05
赖氨酸	0.1				0.05	0.07
食　盐	0.5	0.2	0.5	0.5	0.5	0.5
兔　乐	0.5	0.5	0.5	0.5	0.5	0.5

表 5-20　内蒙古某兔场獭兔饲料配方（%）

饲　料	仔兔补料	生长兔		妊娠母兔	泌乳母兔
		1	2		
玉　米	33.9	33.9	29.32	25	17.1
麦　麸	8.78	8.78	6.83	14.7	20.8
豆　粕	11.42	6.42	3.12	3.0	5.7
向日葵饼	18.72	20.72	24.16	24.25	22.8
骨　粉	0.3	0.3	0.30	0.3	0.3
石　粉	0.7	0.7	0.6	1.1	1.18
草　粉	8.02	9.02	9.02	14.65	9.02
啤酒糟	17.16	19.16	25.65	16.0	21.5
食　盐	0.5	0.5	0.5	0.5	0.5
兔　乐	0.5	0.5	0.5	0.5	0.5

第六章
獭兔的饲养管理

对獭兔进行健康的饲养管理，就是选择优良的獭兔品种，在良好的饲养管理条件下，给予优良的饲料，使獭兔能够健康的生长发育、生产和繁殖。如果饲养管理不当，就会造成饲料浪费，仔兔生长发育不良，成年兔生长性能下降、抗病力下降，甚至导致品种退化。因此，对獭兔进行科学健康的饲养管理，是獭兔生产的重要环节。

不同品种品系、不同性别与年龄的獭兔，在不同季节，其饲养管理都有不同的要求与特点。因此，要想养好獭兔，就必须根据獭兔的生物学特性、不同生长发育阶段的生理特点并结合外界环境条件等，有针对性地为其创造一个适宜的生活环境，并制订一套科学的饲养管理方案。只有这样，才能不断地提高所饲养獭兔的群体质量，增加獭兔产品的数量，提高其经济效益。

第一节　獭兔饲养管理的基本原则

1. 以青粗饲料为主，精饲料为辅　因为獭兔是单胃食草动物，具有食草动物的消化生理结构与功能，故在饲养过程中应以喂草为主，使獭兔的日粮中含有足够的粗纤维。如日粮中粗纤维含量过少，獭兔的正常消化功能就会受到扰乱，甚至引起腹泻。所以，养兔要以青粗饲料为主，精饲料为辅。即使现代化集约兔场全部用颗粒饲料喂兔，也要遵循这一原则，在颗粒饲料中要掺加适当比例的青粗饲料（如苜蓿粉等）。獭兔能很好地利用多种植物的茎叶、块根和果实、叶菜等饲料，每天能采食占自身重量10%～30%的青饲料，并能利用植物中的粗纤维。当然，要使獭兔完全发挥其生产性能，获得理想的饲养效果，完全依靠饲草不能满足獭兔的生长发育及生产的营养需要，还必须适当地补充一部分精饲料、维生素和矿物质饲料。在养兔实践中要纠正两种偏向：一种认为獭兔是食草动物，只喂草（甚至质量低劣的草）不补料也能养好，结果造成兔的生长慢、生产性能下降、效益差；另一种认为要使獭兔快长高产，必须喂给大量精饲料，甚至单纯喂料不喂草，结果发生严重的消化道疾病，甚至死亡。合理的方法是：在保证獭兔营养需要的前提下，尽量饲喂较多的青粗饲料。

2. 合理搭配，饲料多样化 獭兔所采食的各种饲料中所含的营养成分不同，而獭兔生长需要多种营养成分。如果给獭兔饲喂单一的饲料，不仅不能满足其营养需要，还会造成营养缺乏症，从而导致獭兔生长发育不良。多种饲料合理搭配能取长补短，可使獭兔获得全价营养。如禾本科子实，一般含赖氨酸和色氨酸较少，而豆科子实含赖氨酸和色氨酸较多，这两类饲料合理搭配，就能取长补短，营养全面。同样，青粗饲料也要多样化，比喂单一种饲料营养全面。

3. 饲喂定时、定量、定质，更换饲料逐渐进行 獭兔的饲喂方式有两种：一种是自由采食（即不定量饲喂），通常集约化獭兔场采用全价颗粒饲料喂兔多采用这种方式；另一种是限量（即定量）饲喂，我国广大农村多实行限量饲喂，即定时、定量，这样不仅可减少饲料浪费，而且有利于饲料的消化吸收。具体怎样进行定时、定量饲喂，要根据各类獭兔在每个阶段所处的生长发育阶段来决定饲喂的次数和时间。一般情况是幼兔的饲喂次数多于青年兔，青年兔多于成年兔。定量就是根据不同品种、性别、年龄及生产性能等营养的需要，科学地制定出饲料喂量。獭兔的定量标准见表 6-1、表 6-2。

表 6-1　不同体重獭兔干草日喂量与占体重比例

体重(克)	日喂量(克)	占体重比例(%)	体重(克)	日喂量(克)	占体重比例(%)
500	155	31	2 500	325	13
1 000	220	22	30 000	360	12
1 500	255	17	3 500	385	11
2 000	300	15	40 000	400	10

表 6-2　生长兔颗粒饲料的日喂量

周龄	体重（克）	日增重（克）	日喂量（克）
4	600	20	45
5	800	30	70
6	1 100	40	100
7	1 420	45	135
8	1 782	50	135
9	2 025	40	140
10	2 300	35	140
11	2 500	30	140
平均		36	112

一般农户饲喂獭兔的饲料品种随季节而变化，夏、秋季以青饲料为主，冬、春季以干草和块根、块茎类饲料为主。变换饲料时，要逐渐增加新换的饲料用量，使獭兔对新饲料有个适应的过程。如果突然变换饲料，不仅会引起獭兔食量下降，甚至会引起其消化机能紊乱，易患肠胃病。

4. 注意饮水卫生，添足夜草　一般不把水作为营养物质考虑，所以在饲养标准中也未列入。实际上，水分是动物除空气外最迫切需要的养料。兔体组成离不开水（兔体含水约 70%），饲料的消化吸收、养料的输送、废物的排泄、体温的调节以及体内渗透压的维持、减少关节的摩擦等都需要水。兔体如长期缺水，可引起消化障碍，产生便秘，肾、脾肿大，生长缓慢，体重下降等。如失去体内水分的20%，会引起死亡。所以，在日常饲养管理中不可忽视供水。獭兔需水量一般为每天每千克体重100毫升左右，为饲料干物质的2倍。当然，饮水量与季节、饲料特性、年龄及生理状况等因素有关。炎热的夏季需水分较多。给獭兔饲喂大量青绿多汁饲料，可减少供水。幼兔生长发育快，需水量更大。母兔分娩时失水较多，如供水不足，易发生吃仔兔的现象。

在保证充足饮水的同时，还要注意水的清洁卫生，尤其是夏季，饮水器一定要定时刷洗和消毒。和其他兔一样，獭兔为夜行性动物，白天活动减少，夜间活跃，夜间的采食量和饮水量都大于白天。根据獭兔的这个习性，适当地更改饲养员的作息时间，在晚上给獭兔添加充足的夜草，供其夜间采食，特别是在夏季和冬季，更应如此。

5. 做好饲料调制，保证饲料品质　獭兔对饲料的选择比较严格，凡被践踏、污染的草料及霉烂、变质的饲料，一般都拒绝采食。因此，给獭兔饲喂的饲料必须清洁、新鲜。为了改善饲料的适口性和提高消化率，各种饲料在饲喂前必须进行适当的加工调制。

青草和蔬菜类饲料应先剔除有毒、带刺的植物，如受污染或夹杂泥沙则应清洗后晾干再喂。水生饲料更要注意清除霉烂、变质和污染的部分，最好晾干后再喂。对含水量高的青绿饲料应与干草搭配饲喂，单喂效果不好。

粗饲料（如干草、秸秆、树叶等）应先清除尘土和霉变部分，最好粉碎制成干草粉与精饲料混合拌水或制成颗粒饲料饲喂。块根类饲料要经过挑选、洗净、切碎，最好刨成细丝与精饲料混合饲喂；冰冻饲料一定要解冻或煮熟后方可饲喂。

谷物饲料（如玉米、大麦、小麦等）和油饼类饲料均需磨碎或压扁，最好与干草粉拌湿或制成颗粒饲料饲喂。

6. 注意兔舍的清洁卫生，保持兔舍干燥 獭兔是喜清洁、爱干燥的动物，其体质比较弱，抗病力差，肮脏潮湿的环境是诱发家兔疾病，特别是某些消化道疾病、寄生虫病等的最主要原因。因此，每天清扫兔舍、兔笼，定期对兔舍内及周边地面、兔笼、饲槽、水槽、产仔箱进行消毒，经常保持兔舍干燥、卫生，使病原微生物无法生存、繁殖，是增强獭兔体质、预防疾病的关键措施，也是獭兔饲养上的一项日常管理程序。

兔舍、兔笼及用具的消毒间隔时间，因季节、消毒对象的不同而有一定的差异。在冬季，兔舍地面、兔笼至少应每月消毒一次，饲槽、水槽每半个月消毒一次；夏季环境潮湿，病原微生物滋生很快，消毒的间隔时间应相应缩短，兔舍地面、兔笼每半个月消毒一次，饲槽、水槽每周消毒一次。不同的消毒对象，采用的消毒方法亦各不相同。兔场进口处没消毒池，内放草垫，倒入5%的火碱溶液或20%的新鲜石灰乳、5%的来苏儿溶液，使药液略浸过草垫，让行人、车辆通过时消毒。兔舍入口处可设小的消毒池或消毒室，消毒室内采用紫外线消毒（1瓦/米^3、高2米、消毒5～10分钟）。兔舍地面、兔笼、墙壁可先清扫、冲洗干净，然后用3%的热火碱溶液或5%的来苏儿溶液或1∶300的农福液喷洒消毒。兔笼用汽油喷灯进行火焰消毒，效果更佳。但应注意，用火碱等腐蚀很强的药液消毒兔笼底板时，应过一定时间用清水冲净药液，再放进獭兔。在梅雨季节，兔舍地面可经常铺撒一层生石灰粉，既消毒又吸潮。饲槽、水槽等用具消毒前应洗净，用0.05%的新洁尔灭液浸泡30～60分钟后取出，用清水冲洗。产仔箱可用0.1%～0.5%的过氧乙酸等喷洒消毒。室内、室外可用紫外线消毒，每次30～60分钟。也可移走獭兔，采用熏蒸法消毒，每立方米空间用甲醛14毫升，高锰酸钾7克。受过严重污染的兔舍可采用3倍用量，即甲醛42毫升，高锰酸钾

21 克，密闭门窗不少于 48 小时，再打开通风；或用过氧乙酸按每立方米 2～3 克，稀释成 3%～5%的溶液，加热熏蒸后密闭 24 小时。

饲养人员做好自身的卫生，工作服要及时清洗消毒。当接触或处理病兔后，手、鞋、衣服一定要严格消毒，否则极易传播疾病。

7. 保持兔舍安静，减少外界干扰 獭兔的听觉灵敏，胆小怕惊，一旦有突然的声响或有动物及陌生人等出现，就立即惊恐不安，在笼内乱窜、乱跳，并常以后脚猛力拍击兔笼的底板，发出响亮的声音，从而引起更多兔的惊恐不安。所以，在日常饲养管理过程及操作时动作要轻缓，尽量保持兔舍内外的安静，避免因环境改变而造成兔的应激反应。同时，要注意预防狗、猫、鼠、蛇等敌害的侵袭及防止陌生人突然闯入兔舍。

8. 夏季防暑，冬季防寒，雨季防潮 獭兔怕热，兔舍温度超过 25℃，獭兔食欲就会下降；同时，过高的温度也会影响獭兔的正常繁殖。因此，夏季应该做好防暑工作。兔舍门窗应该打开，以利通风降温，兔舍周围宜植树，或者种植一些一年生的藤蔓植物，如丝瓜、南瓜等进行遮阳。如气温过高，舍内温度超过 30℃时，应该在兔笼周围喷洒凉水进行降温。同时，给其清洁饮水，水内加少许盐以补给獭兔体内盐分的流失，并有利于兔体散热。有条件的话可以在兔舍内安装空调、风扇等降温设备，保持舍内温度相对稳定。

寒冷对獭兔也有影响，舍内温度降到 15℃以下时就会影响公、母兔的正常繁殖。因此，冬季要防寒，加强保温措施。在寒冷的季节，要及时关闭门窗防止贼风侵袭，铺设垫草保温，朝北面的窗户要挂帘子或者封死。特别是在我国北方的一些地方，冬季气温很低，要在兔舍内安装取暖设备，保持舍内温暖。

獭兔喜欢干燥，舍内潮湿易引发多种疾病，雨季是獭兔一年中发病率和死亡率最高的季节。此时应特别注意舍内干燥，垫草应勤换，兔舍地面应勤扫，在地面上撒石灰或很干的草木灰以吸收湿气，保持干燥。

9. 分群管理 为适应獭兔的生长发育和繁殖，獭兔应分群管理，按年龄、性别，色型特征等分群饲养。3月龄以上的青年兔应按性别分群，群养獭兔应按性别、年龄和色型特征分群。目前，有些地方的獭兔按不同性别、年龄的混群养法是很不科学的，在生产上不便管理，经济上也受一定损失，应加以改进。对种公兔和繁殖母兔必须单笼饲养，繁殖母兔必须有产仔笼或者产仔箱。

10. 加强运动 适当的室外运动可促进獭兔的新陈代谢，增进食欲，增强抗病能力。栅栏饲养的獭兔一般不会缺少运动，而笼养獭兔因活动面积较小，容易引起运动不足。为增强獭兔体质，应适当增加运动。最好在兔舍周围设几个面积为2～3米^{2}的沙子或水泥场地，其四周围设以1米高的围栏，每周放出运动1～2次，每次自由活动1～2小时。运动结束后应按原号归笼，不要放错笼位。成年种公兔要单个运动，以防相互咬伤，特别要防止睾丸被咬坏，否则会失去配种能力。

11. 密切观察，加强疾病防治 獭兔抗病力差，一旦患病，如不能及时发现、及时治疗，往往会造成大批死亡。因此，饲养人员每天早晚应仔细观察獭兔的精神好坏、食欲强弱、活动状况、呼吸情况、粪便形态及多少、鼻孔周围有无分泌物、被毛是否有光泽等，以便及时发现病兔，及时治疗。同时，要严格遵守兽医防疫制度，杜绝传染病的发生。

12. 作好生产记录 每天作好生产记录工作。生产记录包括管理程序、饲料种类、产仔数量、兔群周转、气象资料等。对这些资料要认真详细地做好记录，及时汇总，并妥善保管，以便为指导生产提供科学依据。

第二节　獭兔的一般管理技术

一、捉兔

捉兔是日常管理中经常要遇到的，如发情鉴定、妊娠检查、疾病诊断、药物注射等。捉兔方法应正确，否则易造成不良后果。

捉兔前，可将笼内饲槽、水盆取走，右手从兔前部挡住兔子，使其匍匐不动，随即把耳朵轻轻地压在肩峰处，并抓住颈部皮肤，将其提起。随后左手托住臀部，使兔重心移到左手上。移兔时，为防止兔的脚爪蹬地、挣扎而嵌入踏板缝隙，造成骨折或爪折，可将兔以背部向外的方式倒退离开兔笼（图6-1、图6-2）。

图6-1　捉獭兔的方法

图6-2　捉獭兔的方法

为防止兔爪挠伤皮肤，应使兔四肢向外，背部向人的胸部。对于有咬人恶癖的兔子，可先将其注意力移开（如以食物引逗），然后再迅速抓住其颈肩部皮肤（图6-3）。

图 6-3　捉拿獭兔的正确方法

二、性别鉴定

仔兔出生后需要作性别鉴定时，一般可通过观察阴部生殖孔的形状和与肛门间距来识别。孔洞扁形而略大，与肛门间距较近者为母兔；孔洞圆形而较小，与肛门间距较远者为公兔。

开眼后的仔兔，可通过检查其生殖器来进行性别鉴定。用左手抓住仔兔耳颈部，右手食指与中指夹住仔兔尾巴，用大拇指轻轻向上推开生殖器，公兔局部呈 O 形，并可翻出圆筒状突起；母兔则呈 V 形，下端裂缝延至肛门，无明显突起（图 6-4）。这种方法简便准确，容易掌握。

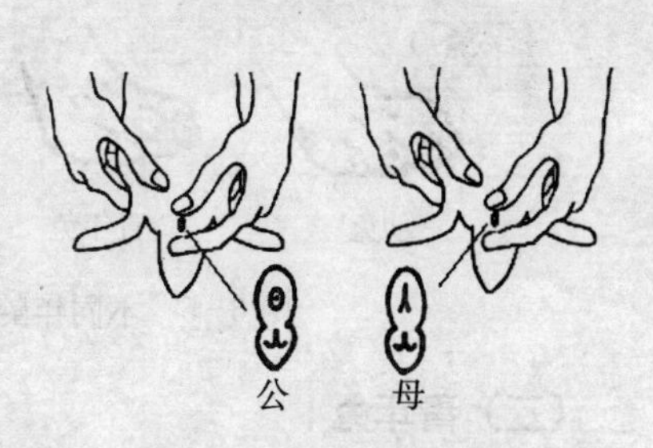

图 6-4　獭兔性别鉴定

3 月龄以上的青年兔，性别鉴定比较容易，一般轻压阴部皮肤张开生殖孔，中间有圆柱状突起者为公兔，有尖叶形裂缝朝向尾部者为母兔。

三、年龄鉴别

獭兔最准确的年龄鉴别就是查看记录档案。如果在无记录可查的情况下，只能根据獭兔体表与外形大概估计，即按老、中、青三个档次大体区别。一般认为，6 个月至 1.5 岁的兔为青年兔，1.5～2.5 岁的兔为壮年兔，2.5 岁以上的兔为老年兔。鉴别时一般依据趾爪、牙齿、被毛等情况来判断。

（一）幼兔

幼兔趾爪短细而平直，有光泽，隐藏在脚毛之中（图 6－5）。白色兔趾爪的颜色基部呈粉红色，尖部呈白色。幼兔的趾爪红色多、白色少。一般情况下，红色和白色相等的约是 12 月龄獭兔，红色多于白色的为不足 1 岁的獭兔。幼兔眼神明亮，行动活泼。皮板薄而紧密，富有弹性。门齿洁白、短小而整齐，齿间隙极小。

图 6－5　不同年龄獭兔的趾爪

（二）青年兔

青年兔趾爪较长，白色稍多于红色。行动敏捷，精神饱满。牙齿呈白色，稍长大，粗糙，较整齐。皮肤结实紧密。

（三）老年兔

老年兔趾爪粗糙，长而不整齐，爪尖弯曲或折断，约一半趾爪露在脚毛之外（图 6－5）。趾爪白色部分多于红色部分。眼神颓废，行动迟缓。门齿浅黄，厚而长，粗糙，不整齐，有破损，齿间隙大。

四、编号

为了便于日常管理和生产性能的记录，以及选种、选配和进行科学试验，应对种兔及试验兔进行编号。

编号在仔兔断乳前进行，同时进行造册登记。一般习惯将耳号打在一个耳朵上，公兔在左耳，母兔在右耳。有的习惯公兔用奇数，母兔用偶数。

具体编号方法如下：

1. 针刺法　在兔耳内侧中间无血管处用蘸水钢笔（在石头上磨掉笔尖尖部的突出物）蘸取混有食醋的墨汁（墨汁中加入适量的醋混匀亦可），刺破表皮，达到真皮即可。刺时笔尖不可刺破耳壳皮肤，要用力均匀，深浅一致，刺点距离匀称。这样，数日后就可成为永不褪色的蓝色号码。此法简便，适合采用（图 6－6）。

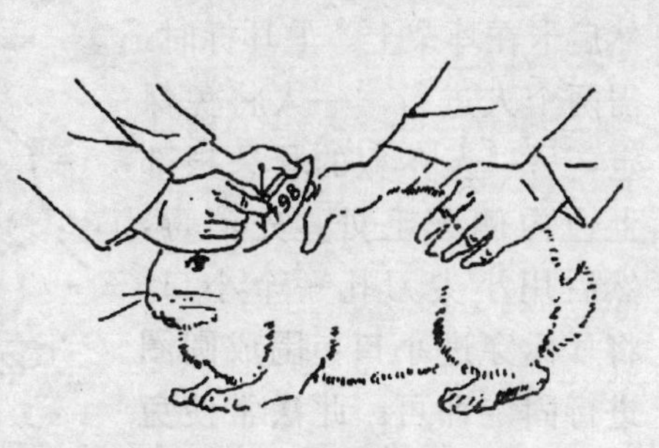

图 6－6　獭兔针刺编号

2. 耳标戳法　用大头针排成号码，铸在石膏上或熔铸在铝金属上，制成不同号码的戳印。在编号时，先在兔耳壳内侧中部消毒，然后涂些醋墨，再用戳印按刺一下即成。

3. 耳标钳法　用特制的耳标钳，按一定的号码，在已消毒、涂墨的耳壳内侧钳压一下即成（图 6－7～9）。

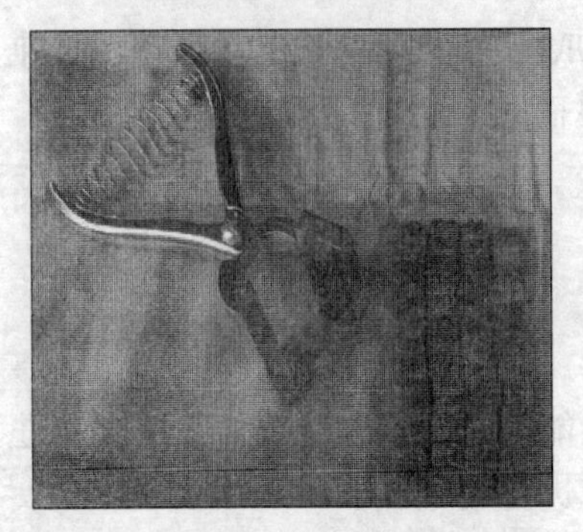

图 6-7　獭兔耳标钳

图 6-8　耳号钳及耳号

4. 耳标法　在铝制耳标上预先打印好要编的号码，然后卡在耳朵上。上耳标时，需两个人进行。一人将兔保定，另一人在兔的耳朵根部上边内侧无毛处，先消毒，然后用小尖刀扎一个小口，将耳标穿进小口，围成圆圈进行固定即可。此法常使兔疼痛难忍，发出疼痛的叫声，故多不采用。

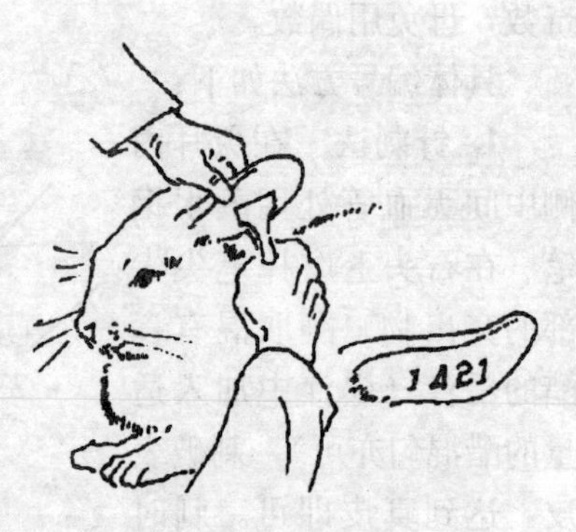

图 6-9　獭兔耳号钳编号

五、去势

凡不留作种用的小公兔都应进行去势。公兔去势后，性情温顺，便于群养，能加快生长速度，提高毛的产量，防止劣种流传。去势方法主要有以下几种。

1. 阉割法　阉割时，将公兔腹部向上，用绳子将其四肢分开绑在桌角上。然后先用左手将睾丸由腹腔挤入阴囊并捏紧固定，最后用酒精消毒切口处，再用消过毒的刀子将阴囊纵切一个小口，将睾丸挤出。如果是成年大公兔，由于其血管较粗，为防止出血过多，可采用捻转止血法止血，或进行结扎，然后切断精索。用同样的方法摘除另一侧睾丸。最后，在切口处用碘酒消毒（图 6－10）。实践证明，刀割去势法比较好。去势后，伤口愈合快，兔的痛苦较小。

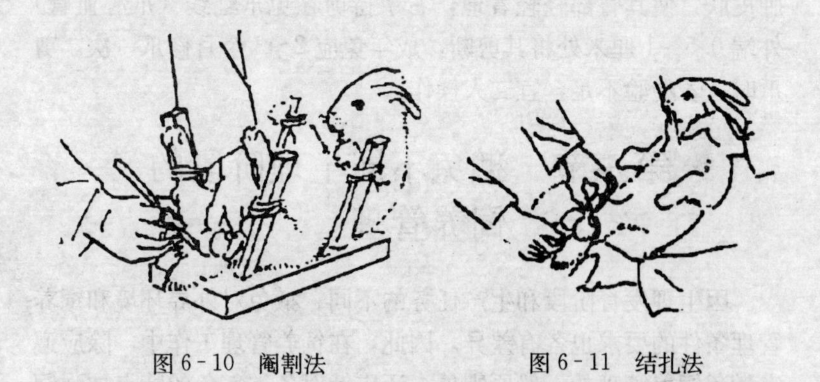

图 6－10　阉割法　　　　图 6－11　结扎法

2. 结扎法　用上述固定方法将睾丸挤到阴囊中，再在睾丸下边精索处用尼龙线扎紧，或用橡皮筋套紧，两侧睾丸分头进行（图 6－11）。采用此法，能阻止血液流通，达到去势的目的。结扎后，睾丸很快肿大，半个月后逐渐萎缩脱落。

3. 药物去势法　用 3% 的碘酒注入睾丸，每只睾丸注射 0.5～1.0 毫升。注射后，睾丸肿胀，半个月后逐渐萎缩消失。此法适用于性成熟后睾丸已下降到阴囊中的较大公兔。注射时一定要将药液注在睾丸正中。药液注在睾丸外边能引起獭兔死亡。

六、剪爪

爪是皮肤硬角质化的衍生物，有保护脚趾、挖穴打洞、搏斗的功能。在野生或地面散养条件下，由于兔爪与地面不断地接触造成磨损，始终保持适宜长度。但是在笼养条件下，爪失去了磨损环境，导致越长越长，甚至畸形生长、端部带勾、左右弯曲等，迫使家兔用跗关节着地。久而久之，跗关节肿胀发炎，甚至发生脚皮炎，影响兔的活动，特别是影响种兔的配种。因此，成年兔应该剪爪。

剪爪可用普通的果树剪枝剪。方法是：术者左手提起兔的肩胛皮肤，使其臀部轻轻着地，右手持剪在兔爪红线（爪心血管）外端 0.5～1 厘米处将其剪断，成年兔应 2～3 个月修爪一次。剪爪时，若经验不足，宜二人操作。

第三节　獭兔不同生理阶段的饲养管理

因生理发育阶段和生产任务的不同，獭兔对外界环境和饲养管理条件的要求也各有差异。因此，在饲养管理工作中，除应遵守獭兔饲养管理的一般原则外，还应针对各类獭兔的特点加强饲养管理。

一、獭兔种公兔的饲养管理

对獭兔种公兔饲养管理的目的是使公兔体质健壮，性欲旺盛，精液品质优良。种公兔饲养管理的好坏，直接影响母兔的受胎率、产仔数及仔兔的生活力。

（一）非配种期种公兔的饲养管理

獭兔繁殖虽然没有明显的季节性，但由于受气候条件和饲料条件等因素的影响，配种繁殖也有旺季和淡季的区别。自然条件下，春、秋季集中繁殖配种，夏季和冬季可停止或减少繁殖。种公兔不进行配种繁殖的时期就是非配种期，其饲养管理技术如下。

1. 饲养技术 非配种期的种公兔需要恢复体力，保持适当的膘情，不能过肥或过瘦，需要中等营养水平的饲料。日粮中应以青绿饲料为主，并补充少量的混合饲料。

2. 管理技术 采用单笼饲养，有条件的兔场可以建造种兔运动场，使种公兔每周运动 2 次，每次 1～2 小时。规模化和工厂化兔场可以适当加大种公兔笼的尺寸，增加活动空间。

（二）配种期种公兔的饲养管理

配种期种公兔除了自身的营养需要外，还担负着繁重的配种任务。公兔配种能力与精液的数量、质量密切相关，而精液品质又受到日粮营养水平的影响。确定种公兔营养的依据是其体质状况、配种任务及精液的数量和质量。

1. 饲养技术

（1）能量 能量不能过高或过低。能量过高，容易造成过肥，性欲减退，配种能力差。能量过低，公兔过瘦，精液产量少，配种能力也差，效率低。种公兔日粮一般保持中等能量水平。

（2）蛋白质 蛋白质水平直接影响精液的生成和激素、腺体的分泌。蛋白质不足，会使种公兔性欲差，射精量、精子密度和精子活力受到不良影响，导致配种受胎率降低。补充蛋白质类饲料，如花生饼、豆饼、鱼粉等会使配种效果逐渐变好。所以，要求配种期种公兔的蛋白质水平不低于 15%。

在保证日粮蛋白质水平的同时，还应考虑氨基酸的平衡。由于低蛋白质水平日粮对精液品质的影响具有延续性和滞后效应，蛋白质水平提高的正面效应需 20 天左右才能实现。所以，在配种期到来前应提前补充日粮蛋白质。

（3）维生素 维生素 A、维生素 E 和 B 族维生素对公兔精液品质的影响较大。特别是维生素 A 缺乏时，会导致生精障碍，睾丸精细管上皮变性，畸形精子增多，精液品质降低。生长公兔生殖器官发育不全，睾丸组织较小，性成熟延缓，配种受胎率降低。所以，应在保证精饲料的同时适当补充优质干草、多汁饲料（如胡萝卜、大麦芽等），丰草期可加大青绿饲料的喂量，也可以通过给予维生素添加剂的方式补充。

（4）*矿物质* 矿物质特别是钙、磷，为精液生成所必需，对精子活力也有很大影响。钙、磷缺乏，会导致精子发育不全，活力减弱，公兔四肢无力。微量元素硒也和繁殖性能有关。所以，日粮中应保持充足的矿物质。常采用添加剂的形式补给。

种公兔的饲养是一项综合措施，在配种季节，应注意保证日粮中的营养水平。每千克日粮消化能水平不得低于10.46兆焦，蛋白质含量不能低于17%。另外，还应适量添加动物性蛋白质饲料，如鱼粉、肉骨粉等，注意饲料中维生素的水平，及时添加维生素添加剂。

2. 管理技术 全面、充足的营养能保证种公兔旺盛的精力、健壮的体质和良好的精液品质，科学的管理技术也能保证公兔较长的利用年限和较高的配种能力。

獭兔一般3～4月龄性成熟，6～7月龄才能达到配种年龄。种公兔一般在7～8月龄第一次配种，使用年限为2年，特别优良者的利用年限可达4年，但最多不超过4年。

科学的使用方法应该是：青年公兔每天配种1次，连续配种2天休息1天；初次配种的公兔实行隔日配种法，也就是交配1次，休息1天；成年公兔1天可交配2次，连续配种2天休息1天。要充分保证适当的配种间隔。因为公兔配种负担过重，持续时间长，可导致性机能衰退，精液品质下降，排出的精子中未成熟的精子数量增加，致使母兔受胎率降低。

配种任务过轻或长期不配种，公兔性兴奋得不到满足，睾丸产生精子的机能减弱，精子活力低，甚至产生畸形精子、死精子。

种公兔的配种能力和季节有很大关系。一般春、秋季公兔性欲强，精液品质好，受胎率高；冬季次之，夏季最差。春、秋季节是配种繁殖的最好时期，也是公兔的换毛季节，应增加饲料中蛋白质的供给。夏季气温高，特别是在30℃以上持续高温天气时，睾丸萎缩，曲细精管萎缩变性，会暂时失去产生精子的能力，此时配种不易怀胎，这就是常说的“夏季不育”。有资料报道，夏季睾丸的体积比春季缩小30%～50%。而此时睾丸受到的破坏，在自然条件下需1.5～2个月才能恢复，且恢复时间的长短与高温的强度和时间成正相关。这样又容易形成秋季受胎率不高。消除“夏季不育”的唯一办法是给公兔创造良好的条件，使其免受高温侵扰。缩短恢复期则可通过提高营养水平（如添加蛋白质、矿物质、微量元素和维生素等）；额外补加维生素E，使日粮中维生素E的含量达到60毫克/千克，添加硒（0.35毫克/千克），维生素A（日粮中每千克含12 000国际单位）、稀土（50～100毫克/千克）；或每5～7天肌内注射1次促排卵2号或3号，连续注射4～5次等措施来实现。市场上也有“兔用抗热应激制剂”可以使暑热后期种公兔精液品质的恢复时间缩短20～27天，种母兔的受胎率显著提高，显著减少生长兔的热应激。

由于公兔对环境比较敏感，应尽量减少刺激。交配时应将母兔放入公兔笼内或将公、母兔放在同一运动场来进行。保持合适的公、母兔比例结构是管理技术的重要内容。在大、中型兔场，每只公兔固定配母兔10～12只为宜。在种公兔群中，壮年公兔和青年后备公兔应保持合适的比例，一般壮年公兔占60%，青年公兔占30%，老年公兔占10%。

二、獭兔种母兔的饲养管理

种母兔是獭兔群的基础。因为种母兔除了本身的生长发育和维持自身的生命活动外，还担负着繁育和哺乳仔兔的任务，母兔体质的好坏又直接关系到后代的生活力和生产性能。所以，种母兔的饲养管理，在整个养兔生产中极为重要。根据母兔的生理状况，可分为空怀期、妊娠期、分娩期和哺乳期，各阶段需要相应的饲养管理技术。

（一）空怀期的饲养管理

空怀期是指从仔兔断奶到下次配种受孕的间隔期。由于母兔在哺乳期消耗了大量养分，体质瘦弱，此期母兔的主要任务就是恢复膘情，调整体质状况。饲养管理的主要任务是防止其过肥或过瘦。空怀母兔的饲料主要以青绿饲料为主。在丰草期，体重3～5 千克的母兔每天可喂青绿饲料 600～800 克，并补加 20～30 克的混合饲料；枯草期可喂优质干草 125～175 克，多汁饲料 100～200 克，混合饲料 35～40 克。对于体质较差的母兔，在保证青饲料的同时，适当增加精饲料的比例或供给量，日加精饲料 50～100 克。体质较好的母兔，应注意增加运动，加大青绿饲料、粗饲料的供给，这样利于减膘，增强体质。对于长期不发情的母兔，可实施异性诱情或人工催情，或用催情散（含淫羊藿 19.5%、阳起石 19%、当归 12.5%、香附 15%、益母草 19%、菟丝子 15%），每天每只 10 克拌于精饲料中，连服 7 天。对于采用频密繁殖或半频密繁殖的母兔，由于獭兔本身营养的大量消耗，饲喂高营养水平的饲料是保持其基本体质状况的物质基础。空怀期的母兔一般应保持七八成膘的水平。

空怀期的母兔可单笼饲养，也可群养。但必须观察其发情情况，做到适时配种。空怀期的长短可根据母兔的生理状况和实际生产计划合理安排。农户饲养条件下，獭兔每年可繁殖 4～5 胎。对于仔兔断奶后体质瘦弱的母兔，应适当延长休产期。不要一味追求繁殖的胎数，否则将影响母兔健康，使其繁殖力下降，也会缩短优良母兔的利用年限。

（二）妊娠期的饲养管理

妊娠期是指配种怀胎到分娩的一段时间。母兔妊娠期一般为29～32天。妊娠期母兔的营养需求有明显的阶段性。妊娠期可以分为三个阶段：1～12天为胚期，13～18天为胚前期，19天以后至分娩为胎儿期。胚期和胚前期以细胞分化为主，胎儿发育较慢，增重仅占整个胚胎期的1/10左右，所需的营养物质不多、一般按空怀母兔的营养水平或略高即可，但要注意饲料质量，营养要平衡。妊娠后期（20天以后），胎儿处于快速生长发育阶段，重量迅速增加，其重量相当于初生体重的90%。胎儿生长快，需要的营养也多，饲养水平应为空怀母兔的1～1.5倍，而且妊娠后期应增加精饲料的供给量，同时注意蛋白质、矿物质饲料的供给。各阶段的喂量大致为：妊娠前期日喂青草500～750克，精饲料50～100克；15日后逐渐添加精饲料，20～28天可日喂青草500～750克、精饲料100～125克；28天后母兔食欲不振，采食量减少，宜喂给适口性好、易消化、营养价值高的饲料，以避免其绝食，防止酮血症的发生。母兔妊娠期能量水平过高，对繁殖不利，不仅产仔数减少，还会导致乳腺内脂肪沉积，产后泌乳量减少。妊娠母兔的饲喂方式不能沿用一般的定时定量，应自由采食。

对于膘情较好的妊娠母兔，采用的饲喂方法是“先青后精”，即妊娠前期以青绿饲料为主，随着妊娠日龄的增加，妊娠后期适当增加精饲料的喂量。对于膘情较差的母兔，可以来用“逐日加料法”，即从妊娠的开始除了喂给充足的粗饲料外，还应补加混合精饲料，以利于膘情的恢复。

妊娠期管理的中心任务是保胎防流产。流产一般多发生在妊娠第15～25天，此时要保持安静，不能大声喧哗。引起流产的原因有多种，突然改变饲料及饲喂制度，或饲料发霉变质；挤压、惊吓、摸胎方法不正确；疾病等都可能引起母兔的流产，应针对具体原因采取相应的措施。

（三）分娩期的饲养管理

妊娠后期要做好接产准备。一般产前3天（即妊娠27～28天）将消毒过的产仔箱放入母兔笼内，垫上柔软垫单，让其熟悉环境。对于“血配”母兔，产前应强制断乳。母兔在产前1～2天要拉毛做窝，对于初产母兔产前或产后可人工辅助拉毛。

獭兔分娩多在清晨，一般产仔都很顺利。每2～3分钟产仔1只，15～30分钟可产完。个别母兔产仔时只休息一会儿，而有的甚至会延至第二天再产，这种情况大多是在产仔时受惊吓造成的。冬季应注意观察，防止母兔将仔兔产于产仔箱外而使仔兔受冻致死。

母兔有临产表现时，应加强护理，防止其将仔兔产于箱外。母兔产后应将产仔箱取出，清点仔兔数量，称初生窝重，剔除死胎、畸形胎和弱胎。

母兔产后由于失水、失血过多，腹中空瘪，口渴饥饿，应准备淡盐糖水。产后母兔体力大量消耗，应保持环境的安静，避光静养。母兔分娩1周内服用抗菌药物，可预防母兔乳房炎和仔兔黄尿病，提高仔兔成活率，促进仔兔生长发育。

在实际生产中，有的母兔妊娠期较长。如果超过预产期3天还未能分娩就应该采取催产措施，简单易行又行之有效的方法是将母兔放入产仔箱，由其他仔兔吮吸其乳头，一般情况下仔兔一边吮吸，母兔一边产仔。

（四）哺乳期的饲养管理

哺乳期是指自母兔分娩到仔兔断奶的时期，一般为28～45天。由于此阶段仔兔的营养由出生到16日龄全部来自母乳，所以母兔泌乳量越大，仔兔的生长越快、发育越好、存活率越高。

因此，此阶段饲养管理的重点是保证母兔健康，提高泌乳量，保证仔兔正常发育，提高成活率。

母兔分娩后的1～3天，乳汁较少，消化机能尚未完全恢复，食欲不振，体质较弱。这时饲料喂量不宜太多，以青绿饲料为主，日喂易消化的饲料50～75克，5天以后喂量逐渐增加，1周后恢复正常喂量，精饲料逐渐增加到150～200克，达到哺乳母兔饲养标准。分娩后的5天内，日粮中精饲料的量不宜太多，否则会引起消化不良，母兔易患肠毒血症和乳房炎。

随着时间的延长，母兔泌乳逐步增加，18～21天达到高峰，每天可泌乳60～150克，高产的达150～250克，最高可达300克以上。21天后泌乳量逐渐下降，30天后迅速下降。由于维持较高的泌乳量需要较多的养分供应，所以应增加饲料喂量。除喂给新鲜优质的青绿饲料外，还应注意日粮中蛋白质和能量的供应，一般还需要补给部分精饲料，如玉米豆饼、鱼粉、食盐和骨粉等。给其饲喂质量较差的饲料或喂量不足，不仅会影响母兔的健康和泌乳量，还会导致仔兔发育不良、生长缓慢、抗病力低，严重的会患各种疾病或引起死亡。

母兔的泌乳量和胎次有关，一般第1胎时泌乳量较少，2胎以后逐渐升高，3～5胎较多，10胎以前相对稳定，12胎以后明显下降。

母兔乳汁含蛋白质10.4%、脂肪12.2%、乳糖1.5%、灰分2%，营养丰富。母兔分娩后要及时检查仔兔的哺乳情况，这可以通过仔兔的表现反映出来。若仔兔腹部胀圆，肤色红润光亮，安睡少动，则母兔泌乳力强；若仔兔腹部空瘪，肤色灰暗无光，乱抓乱爬，有时会发出“吱吱”的叫声，则是母兔无乳或有乳不哺的表现。若无乳，可进行人工催乳；若有乳不哺，可人工强制哺乳。

1. 人工催乳　具体方法有以下几种。①夏季多喂蒲公英、苦荬菜；冬、春季多喂胡萝卜等多汁饲料，供给充足饮水。②芝麻一小撮，生花生米10粒，食母生3～5片，捣烂饲喂，每天1次。③豆浆200克煮沸，晾温，加入捣烂的大麦芽或绿豆芽50克、红糖5克，混合喂饮，每天1次。④人工催乳片，每天3～4片，连喂3～4天。⑤对产前不拉毛的母兔，可人工辅助拉毛，分娩后尽量让母兔吃掉胎衣、胎盘。

2. 通乳 若乳汁浓稠，阻塞乳管，仔兔吮吸困难，可进行通乳。具体方法为：①热毛巾（45℃左右）按摩乳腺，每次10～15分钟。②活蚯蚓用开水泡成白色，切碎，拌红糖饲喂。③暂时少喂精饲料，多喂青绿多汁的饲料，保证饮水。

3. 收乳 若产仔太少或全窝死亡又找不到可以寄养的仔兔，乳汁分泌量大，可进行收乳。具体方法为：①减少或停喂精饲料，少喂青绿饲料，多喂干草。②饮2%～2.5%的冷盐水。③干大麦芽50克，炒黄饲喂或煮水喝。

人工强制哺乳适用于有乳不哺的母兔。具体方法为：每天早晨（或定时）将母兔提出笼外，伏于产仔箱中，让仔兔吸吮。每天2次，3天后改变为1次，连续3～5天，一般即可达到目的。

泌乳母兔的管理依不同情况有相应的重点。家庭饲养条件下，日粮蛋白质水平应在16%～18%，日饲喂青草750～1 000克，同时保证混合精饲料的数量和质量，给母兔补喂骨粉每只每天3～4克，并补加微量元素。要保持环境安静和兔舍卫生，不随意捕捉、惊吓、追打母兔，不在母兔哺乳时随意挪动产仔箱或将追赶母兔，母兔在场时不拨弄仔兔。应及时检查泌乳初期的母兔，预防乳房炎的发生。

三、獭兔仔兔的饲养管理

自出生至断奶之间的兔称为仔兔。仔兔出生后脱离了母体的保护，环境发生了巨大变化，缺乏对外界环境的调节能力，适应性差，抗病力低，管理不善易得病且治疗困难。根据仔兔不同日龄，可分为睡眠期和开眼期两个生理阶段，在饲养管理上各有特点。

（一）睡眠期仔兔的饲养管理

睡眠期是指仔兔从出生到睁眼的时期，一般为 12～14 天。仔兔出生时裸体无毛，体温调节能力不健全，会随气温的变化而变化。一般 4 天长出茸毛，10 天后体温才能基本稳定。此时，仔兔视觉和听觉发育不完善，出生后闭眼封耳，除了吃奶就是睡觉，8 天后耳孔张开，12 天睁开眼睛。同时，仔兔生长迅速，出生时体重一般为 40～65 克，7 日龄时达 130～150 克，30 日龄时达 500～750 克，所需营养完全由母乳供给。这一阶段饲养管理的关键是保证仔兔早吃奶、吃好奶，同时要保证仔兔健康生长所需要的环境条件。

1. 饲养方面 由于母兔的初乳中含免疫球蛋白及仔兔所需要的多种维生素及镁盐，营养价值高，并且能促进胎粪排出，适合仔兔生长快、消化力弱的特点。所以，让仔兔早吃奶、吃足奶是减少死亡和提高成活率的主要技术环节。

2. 管理方面 一般母兔分娩后 1～2 小时就应给其喂完第一次奶，出生 5～6 小时应吃上奶，否则应查明原因。仔兔出生后即寻找乳头，12 日内除哺乳外几乎都在睡眠。当母兔跳入产仔箱内时仔兔立即醒来寻找乳头。哺乳时间一般为 2～3 分钟。哺乳时，要防止“吊奶”。“吊奶”是仔兔哺乳时将乳头叼得很紧，哺乳完毕母兔跳出产仔箱时，有时会将仔兔带出箱外而又无力带回，应特别注意（图 6－12）。对于体质瘦弱的仔兔，应加强管理，采取让弱兔先吃奶，然后再让其他仔兔吃奶的办法调节，力争使整窝兔均匀发育。

针对生产中所遇到的情况，对睡眠期仔兔的管则还应注意以下几个方面。

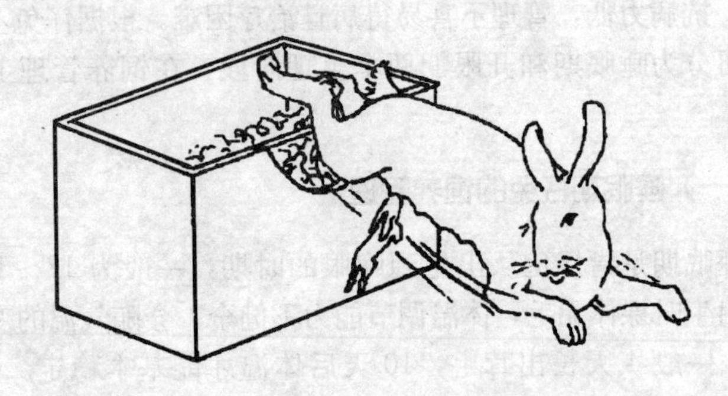

图 6-12　防止“吊奶”

（1）寄养　生产中有时母兔产仔超过 8 只，虽然个别母兔自己能哺乳，但大多数情况下，由于母兔的乳头数是 4 对，哺乳太多的仔兔会造成仔兔发育不整齐或发育不良，所以应及时寄养仔兔。方法是将出生日期相近的仔兔（最好不超过 3 天）从产仔箱中取出，在不被母兔注意的情况下放入代乳母兔的产仔箱，随即用手拨弄仔兔，盖上垫草，一般 20 分钟后即可被代乳母兔接纳。在仔兔身上涂抹母兔尿液虽然也能起到寄养的效果，但是不卫生，应尽量避免。

（2）保温防冻　由于仔兔体温调节能力差，对环境温度要求较严格。睡眠期仔兔最适宜的环境温度为 15～20℃，产仔箱温度为 30～32℃。生产中在寒冷季节可以采取母子分开的办法，将产仔箱连同仔兔一起移至温暖的地方，哺乳时再定时放回母兔笼。

（3）防止鼠害　睡眠期的仔兔最易遭受鼠害，甚至可能全窝都被老鼠残害，应注意将兔笼、兔舍严密封闭，勿使老鼠入内。

（二）开眼期仔兔的饲养管理

仔兔从开眼到断奶的时期为开眼期。仔兔开眼后，不仅在巢箱内跑来跑去，还可能跳出巢箱。开眼后仔兔要经历出巢、补料和断奶阶段，这也是养好仔兔的关键环节。

1. 饲养方面　开眼后的仔兔发育快，活泼好动，15 日龄就开始试图出巢寻找食物。此时应及时准备好开食料，如豆渣和切碎的嫩草，并配以容易消化的精饲料。

2. 管理方面　管理方面应注意仔兔开眼的时间。因为开眼的迟早和仔兔的发育、健康状况有关。发育良好、健康的仔兔开眼时间较早；反之，则较迟。仔兔若 14 天后才开眼说明其营养不足、体质差，要精心护理。有的仔兔仅睁开一只眼，另一只眼常被眼屎粘住，应及时用脱脂棉蘸上温开水轻轻拭去眼屎，然后用手轻轻掰开眼睑，再点少许眼药水，一段时间后这只眼便可顺利睁开。但如果处理不及时，易形成大小眼或瞎眼。

断奶是仔兔饲养的关键环节之一。仔兔大多在 28～35 日龄断奶，可根据具体情况进行调整。低水平营养条件下断奶时间为 35～40 日龄，集约化、半集约化条件下于 28～35 日龄断奶。断奶时间不能太早或太晚，太早仔兔发育受影响，死亡率高；太晚又可影响母兔下一个周期的繁殖。

有条件的兔场可将开食后的仔兔与母兔分开饲养，这样既可以使仔兔采食均匀，又能减少与母兔的接触时间，从而减少球虫病的发病机会。

（三）影响仔兔成活率的因素及提高成活率的措施

仔兔成活率和母兔妊娠后期的营养状况、分娩后泌乳情况以及整个发育过程的饲养管理密切相关，应根据具体的环节采取相应的措施。

1. 母兔妊娠后期的营养状况　仔兔成活率的高低，与初生体重呈正相关，而初生体重的 90％是在妊娠后期增长的。因此，保持妊娠后期母兔的营养，是保证仔兔正常生长、提高初生体重的关键。

2. 母兔产前的准备工作　产前准备工作的好坏，维系着母兔和仔兔的后续生活。产仔箱柔软、干燥、卫生，可使仔兔受环境温度的影响降低到最低程度；生产环境安静、舒适，可使母兔在生产中免受刺激，避免将仔兔产于箱外；产后及时给母兔供给饮水和一些适口的饲料，避免其因口渴而食仔兔，减少仔兔不必要的伤亡。

3. 吃好初乳 初乳是母兔产后1～3天分泌的乳汁，与常乳相比，初乳营养更丰富，含有较多的蛋白质、维生素、矿物质。其所含的镁盐可促进仔兔胃肠蠕动，排出胎粪。虽然仔兔的抗体是通过胎盘而先天获得的，不依赖初乳，但及时吃好初乳，对于提高仔兔的抵抗力和成活率至关重要，应在仔兔出生后6小时之内检查其是否吃到初乳。若没有吃到，应查明原因，采取措施。

4. 调整仔兔 为了保证仔兔均衡发育，除了对仔兔进行寄养外，还可以来用弃仔、一分为二和人工哺乳等技术措施。

对母兔产仔较多，又找不到合适的“保姆”兔时，应主动弃仔。将那些发育不良、体小质弱的仔兔弃掉，此项措施应及早进行。一分为二就是对产仔多找不到“保姆”兔，而母兔体质健壮，泌乳力又强，应采用一分为二的哺乳法。即将仔兔按体重大小分为两部分，分开哺乳。早上乳汁多，给体重小的仔兔哺乳，晚上给体重大的仔兔哺乳。此间应给母兔增加营养，仔兔应及早补料。

对产仔过多、患乳房炎或产后母兔死亡又找不到“保姆兔”时，可进行人工哺乳。人工哺乳费工费时，仅限于饲养规模较小的家庭兔场。具体方法为：用5～10毫升的玻璃注射器或眼药水瓶，出口处安装一段1.5～2.0厘米的自行车气门芯，眼药水瓶后端扎一个进气孔，即成为仔兔的哺乳器。用前煮沸消毒，用后及时冲洗干净。哺乳时应注意乳汁的温度、浓度和喂量。若给予鲜牛奶、羊奶，开始时可加入1～1.5倍的水，1周后混入1/3的水，半个月后可喂全奶。乳汁的温度应掌握在夏季35～37℃，冬季38～39℃。乳汁的浓度视仔兔粪尿而定。若仔兔尿多，窝内潮湿，说明乳汁太稀；若尿少，粪呈黑色，说明乳汁太稠，要作适当调整。喂时将哺乳器放平，使仔兔吮吸均匀，每次喂量以吃饱为限，日喂1～2次。

5. 防寒防暑　由于仔兔调节体温的能力不健全，冬天容易受冻而死亡。所以，保温防冻是寒冷季节出生7日内仔兔管理的重点。

獭兔舍要进行保温，产仔箱内可放置干燥松软的稻草或铺盖保温的兔毛。垫草整理成浅碗底状，中间低四边高，便于仔兔相互靠拢，增加御寒能力。有条件的可设仔兔哺育室。家庭少量养殖时可将产仔箱放在热炕头，使母、仔分开，并按时放入母兔哺乳。仔兔开眼前要防止“吊奶”。如果仔兔掉在或产在产仔箱外应及时捡回。对冻僵但未冻死的仔兔做急救处理，方法是用热水袋包住仔兔，或将仔兔放入42℃左右的温水中浸泡（头露在外面），使体温恢复。当皮肤由紫变红，四肢频频活动时将其取出，用软毛巾擦干后放回原窝（图6-13）。

图6-13　仔兔冻僵急救

夏天天气炎热，阴雨潮湿，蚊、蝇猖獗。仔兔出生后裸体无毛，易被蚊虫叮咬，应将产仔箱放在安全处，外罩纱布，按时放入母兔笼内哺乳，并进行通风、降温处理。

6. 预防疾病和非正常死亡　仔兔初生1周内易遭兽害，特别是鼠害，严重时死亡率达70%～80%。所以，消灭老鼠是兔场及养兔专业户的一项重要任务。

消灭鼠害采用的方法主要有：放毒饵于洞穴后诱杀；加强产仔箱的管理，将产仔箱放在老鼠不能到达的地方，喂奶时再放回母兔笼内；养猫也可消灭老鼠，但要防止猫吃仔兔。

出生后1周内的仔兔易患黄尿病，是由于仔兔吸吮患乳房炎母兔的乳汁时引起的。患病仔兔粪稀如水，呈黄色，污染后躯，身体瘫软如泥，窝内潮湿腥臭，严重时会全窝死亡。杜绝此病必须加强母兔的饲养管理，发现其患乳房炎时，立即停止哺乳。对患病仔兔应及时救治，可口滴氯霉素眼药水，每次2～3滴，每天2～3次。垫草中混有布条、棉线或长毛，会使仔兔在滚爬时缠绕颈部或腿部，易造成伤亡，应引起注意。

7. 及早补料 仔兔出生16天左右开始寻找食物，这时应及早补料。补料开始时可在产仔箱内进行，也可在补料槽内放入粉料。

仔兔料应营养全面，适口性好，易消化。补料饲料的营养水平为：蛋白质20%、消化能11.3～12.54兆焦/千克、粗纤维8%～10%，加入适量酵母粉、生长素和抗生素添加剂。23～25日龄可喂些营养价值高的嫩草等新鲜嫩绿的青饲料。

仔兔补料一般每天4～5次，每只日喂量由4～5克逐渐增加到20～30克，补料后应及时取走饲槽以防仔兔在里面拉屎、撒尿。补料持续到35～45日龄时，再慢慢改喂生长兔料或育肥兔料。断奶前应坚持哺乳，并供给充足饮水。

8. 适时断奶 仔兔断奶的时间，因体质、体重等不同可作调整。种兔、发育较差的仔兔或在寒冷季节，可适当延长哺乳期；商品兔、条件较好的兔场及有“血配”计划时，断奶时间可适当缩短，但不能短于28天。一般情况下断奶时间为35～42天，“血配”28～35天可断奶。

四、獭兔幼兔的饲养管理

从断奶到90日龄的兔为幼兔。幼兔阶段生长发育迅速，消化机能和神经调节机能尚不健全，抗病能力差，再加上断奶和第一次年龄换毛的应激刺激，给幼兔的饲养管理提出了更高的要求。

（一）饲养方面

断奶幼兔的饲料应营养全面，易消化，适口性好。高能量、低蛋白、低脂肪的饲料对幼兔不利，日粮中粗纤维的含量不能低于12%，多汁饲料、青绿饲料的含量不宜太多。由于此阶段幼兔食欲旺盛，在饲喂制度上要有节制，少喂多餐。

幼兔日粮中可适当添加药物添加剂、复合酶制剂、黄腐酸，既可防病又能提高日增重。研究表明，日粮中添加3%的药物添加剂，日增重可提高32.8%；添加200毫克/千克的黄腐酸、0.5%的复合酶制剂，日增重可提高12%～17.5%。

（二）管理方面

断奶是幼兔生理的重要转折，如管理不善，极容易引起疾病甚至死亡。幼兔的死亡大部分发生在断奶3周内，特别是第1～2周，其主要原因是断奶不当。正确的断奶方法是：根据仔兔的体质健康状况，如果全窝仔兔发育均匀，体质健壮，可一次性断奶，即在同一天内将母兔和仔兔分开。若全窝仔兔发育不均匀，应该采用分期断奶法，即体质健壮的仔兔先断奶，让体质弱的仔兔多哺乳几天，视情况再酌情断奶。无论采用哪一种断奶方法，都应坚持“断奶不离窝”的原则，使仔兔在原来的笼内生活，做到饲料、环境、管理三不变，尽量减少应激并发症。

在仔兔断奶后2～3天内应给母兔多喂青绿饲料，减少精饲料喂量，必要时喂炒黄的干大麦芽促其收乳，同时还要预防乳房炎的发生。

由于幼兔断奶后，生活环境发生巨大变化，同时幼兔生长快、抵抗力差，所以要求其所处的环境应干燥、卫生、安静，和断奶前尽量保持一致。

断奶幼兔多采用群养。笼养时每笼4～5只，栅养时每平方米10～12只为一群。冬季兔舍温度应保持在5℃以上，夏季应防暑降温。因为幼兔阶段既长骨骼又长肌肉和被毛，要注意适当运动和日光浴。

幼兔阶段是多种传染病集中暴发的阶段。除了给幼兔注射兔瘟、巴氏杆菌病、魏氏梭菌病疫苗外，还应注意波氏杆菌病、大肠杆菌病的发生和流行。春末和夏初还要预防球虫病，做好传染性鼻炎的防治工作。

五、獭兔商品兔的饲养管理

獭兔的主要产品是兔皮，最佳取皮期是5～6月龄的青年兔。此外，对于各种淘汰獭兔，为提高商品兔的兔皮质量，也需在宰杀前做好饲养管理。

（一）饲养方面

专门用于取皮的商品獭兔，大多属青年兔。其特点是生长发育快，体内代谢旺盛，需要充分供给蛋白质、矿物质和维生素。一般农村家庭养兔，饲料以青粗料为主，适当补喂精饲料；如提供全价颗粒饲料，蛋白质含量应达16%～18%，脂肪含量达2%～3%，粗纤维含量达12%～13%，并加充足饮水。

（二）管理方面

为了提高饲养商品獭兔的经济效益，一般在3月龄以前，可按性别、年龄、体质强弱分笼或分群饲养，3个月龄以后，则应单笼关养。凡尘土较大、空气污浊、烟雾笼罩的场所均不宜饲养商品獭兔。此外，应严防脱毛癣、真菌病、螨病、虱病等严重危害毛皮品质的寄生虫病。一旦发生，应立即隔离治疗。

第四节　獭兔不同季节的饲养管理

我国幅员辽阔，地形复杂，南北气候差异大，气温、雨量、湿度等都有明显的地区性和季节性差异。因此，应按不同季节对獭兔实行科学的饲养管理。

一、春季的饲养管理

我国南方春季多阴雨，湿度大，细菌繁殖旺盛，是獭兔患病的高峰季节，特别是幼兔，发病率和死亡率在全年中居最高时期。北方春季多风沙，早晚温差大，是饲养獭兔最不利的季节之一。因此，饲养管理上应注意防湿、防病。

1. 做好春繁春养　经过漫长的冬季，青绿饲料缺乏，气候寒冷，光线不足，獭兔一般体质较差，也正处于换毛期。因此，母兔往往不发情或发情不明显。在饲养上尽可能供给一些鲜嫩饲料，并应当补喂富含蛋白质的混合精饲料，使獭兔尽快恢复体况，促使早发情、早配种。

2. 抓好饲喂　在饲喂颗粒饲料时，要让兔吃饱吃好。在以青饲料为主、精饲料为辅饲养时，要注意不喂带泥浆水和堆积发热的青饲料，更不能喂霉烂变质的饲料，带露水和雨后割的青草要晾干再喂。在阴雨多、湿度大的情况下，要少喂含水分高的青饲料，增喂一些干粗饲料。为了增强兔的抗病能力，可在饲料中拌入一些有杀菌能力的大蒜、葱等，也可拌喂0.01%～0.02%的碘溶液、适量的木炭粉或抗生素、磺胺类药物等，以减少和避免消化道疾病的发生。

春季到来时，菠菜、灰菜等首先长出。这些草酸盐的含量较高，容易引起獭兔腹泻；同时，也影响饲料中钙的吸收和利用，应注意限制饲喂量。

3. 做好环境卫生 春季温度升高，万物复苏，也是各种病原微生物繁殖的季节。这对养兔业可造成一定的威胁。所以，要认真做好环境卫生，做到勤打扫、勤消毒、勤清洗。兔舍要通风良好，保持干燥。地面可撒些草木灰、石灰以消毒、杀菌和防潮湿。

4. 加强检查 春季是獭兔发病率最高的季节，尤其是球虫病的危害最大，因此每天都要检查兔群的健康状况，发现问题及时处理。对食欲不好、腹部膨胀、腹泻、拱背的兔子要及时隔离治疗。

春季是獭兔配种繁殖的最好季节，要特别注意观察和检查母兔的发情症状，做到适时配种，不漏配。对产后的母兔可适当安排早配种，争取春季多繁殖一胎。春季早晚温差较大，幼兔易患感冒、肺炎等疾病，甚至可引起死亡。所以，要特别注意幼兔的早晚保温。

二、夏季的饲养管理

獭兔汗腺不发达，不耐热，喜干燥、清洁。夏季炎热时，獭兔食欲下降，采食量少，抗病力差，易中暑；夏季温度高、湿度大，有利细菌、寄生虫的繁殖发育，有利于饲料发霉变质。这些因素使獭兔的发病率、死亡率明显高于其他季节。因此，要采取相应的管理措施，保证獭兔安全度夏。

1. 防暑降温 春天可在兔舍周围种植爬山虎、牵牛花、葡萄等藤蔓类植物，让其在兔舍周围和舍顶攀爬形成自然凉棚；或在夏天到来前给兔舍搭凉棚或遮阳网，兔舍顶设隔热层等措施。

气候炎热的季节要加强通风，打开门窗通风口或安装排风扇，促进空气流通，以带走兔舍的热量。在闷热潮湿、雨后的天气还可排出多余水汽，以降低湿度。天气干燥炎热的中午可在兔舍用凉水喷雾降温。

2. 加强卫生消毒 兔舍要保持干燥卫生，每天按时清除粪便，对地面、笼具周边环境进行消毒，水槽、饲槽每天清洗消毒，杀灭环境中的各种病原。另外，还要注意防蝇灭鼠，防止蚊虫滋生。

3. 适时饲喂 饲喂应在早晚凉爽时进行，喂给高营养饲料。晚上多上料，可使獭兔在晚间气温低时多采食，让獭兔恢复体力，中午喂些青绿多汁饲料或不喂。要注意供给充足的清凉饮水，可在水中添加维生素C、电解质或清凉解暑制剂，以减轻热应激。

4. 妥善保存饲料 夏季气温较热，在阴雨天气玉米、麸皮、颗粒饲料易受潮霉变，霉变饲料可引起兔肠炎、拉稀、孕兔流产。因此，要将饲料或原料保存在干燥、通风、不漏雨的仓库内，并用木板与地面隔离，四周不接触墙面。缩短颗粒料的贮存时间，做到先入库饲料先出库。

5. 做好疾病预防工作 对夏季多发的兔巴氏杆菌病、大肠杆菌病、魏氏梭菌病、波氏杆菌病等做好提前免疫预防。

夏季是兔球虫病的高发季节，易造成獭兔幼兔的成批死亡，要定期使用不同的抗球虫药物进行防治，防止产生耐药性。

夏季兔靠呼吸散热，呼吸加快常造成呼吸系统的损坏，可用维生素A及保护呼吸道黏膜的药物进行防治。

6. 调节饲养密度，停止配种繁殖，保护公兔 夏季来临前可将幼兔提前分笼饲养，降低商品兔、后备兔的饲养密度，有利于獭兔散热，减少热应激。舍温床在30℃以上时，应停止配种繁殖。盛夏高温，公兔睾丸萎缩，精子量少、质差；母兔发情率、受胎率降低，即便妊娠但所产仔兔瘦弱多病，成活率低。

夏季高温对公兔的影响可持续到夏季过后的30～45天，易造成秋季配种困难。所以，夏季应对公兔采取特殊的防暑降温措施，创造适宜的小环境，保持公兔较高的繁殖能力，以便尽早开展秋季配种繁殖。

三、秋季的饲养管理

秋季气候干燥，饲料充足，营养丰富，是饲养獭兔的好季节，在饲养管理上应抓好此阶段繁殖和换毛期的饲养。

1. 抓紧繁殖 秋季獭兔繁殖较困难，配种受胎率低，产仔数少，要使獭兔尽快从盛夏后的弱体质中恢复过来，适应秋季日照较短的特点，这就要求加强营养，精心饲养，使种公兔适应环境，增强体质进行秋季繁殖。但秋季气候温和，饲料较丰富，仔兔发育良好，体质健壮，成活率高。有条件的地方，7 月底 8 月初就可安排配种。

2. 加强饲养 成年兔在秋季正值换毛期，换毛期的兔子体质虚弱，食欲较差。因此，要加强营养，应多喂青绿饲料，并适当增加蛋白质含量较高的精饲料。换毛期的兔子应严禁宰杀剥皮。

3. 细心管理 秋季气温，早晚与午间温差大，有时可达 10～15℃，幼兔容易发生感冒、肠炎、肺炎等疾病。因此，必须细心管理，群养时每天傍晚应将獭兔赶回室内，每逢大风或降雨不能让其在露天活动。

四、冬季的饲养管理

冬季气温低，日照时间短，缺乏新鲜的青绿饲料，因此必须加强饲养管理。

1. 整合兔群 要想养好獭兔，关键的一点是要有一个优良的种兔群。另外，初冬也是商品獭兔出栏的好时期。因此，我们要充分利用这个大好时机，对整个兔群进行一次大整顿，将繁殖力强、后代生长速度快的青年母兔和繁殖力强、性欲旺盛、配种能力强、后代表现好的青年种公兔留作种用。淘汰体弱多病、产仔率低、后代表现不好的母兔及性欲低、配种能力差的种公兔。对表现良好的青年公、母兔要留作种用，公、母比例至少要达1∶8。在饲养种母兔少于8只的兔群中，至少要有2只种公兔，公、母比例达1∶4。种兔群的年龄结构为：7～12个月龄的后备兔占25%～35%，1～2岁的壮年兔占35%～50%，2～3岁的老年兔占25%～30%，这样可保持兔群比较强的繁殖力。

2. 补充光照 冬季日照短，气温低。一般早晨7点半天亮，下午5点天黑，自然光照时间仅有9个多小时，不利于母兔生殖激素的分泌，导致母兔生殖激素分泌减少，造成母兔卵巢活动机能减弱，种母兔不发情与不孕现象增多。为提高母兔的繁殖性能，要给繁殖母兔人工补充光照，每天光照时间应达到14～16小时。每天早晨6点至7点半，傍晚5点至8点半开灯进行人工补充光照，弥补光照不足。

3. 做好冬繁 冬季气温降低，病源微生物不活跃，有传染性的病源微生物少，兔的疾病少，仔兔的成活率高，只要给獭兔创造恒温环境，进行冬繁冬养是完全可能的。种母兔虽然发情不太明显，但是毕竟能发情，且能够正常排卵。因此，应抓紧时机给种母兔配种，利用中午阳光充足的时候进行。配种要把握好农谚："粉红早，黑紫迟，老红正当时"。为提高受胎率，可采用重复配种或双重配种的方法。

4. 防寒保暖 冬季外界环境气温低，在北方常刮西北风。如獭兔经常受到寒冷的贼风袭击，很难存活，更谈不上生长发育。因此，獭兔冬季管理的首要工作是要做好兔舍保温防寒。室内笼养的兔场，在不影响通风换气的前提下，要给兔舍窗户钉上塑料布，门上挂门帘。有条件的兔场，可安装暖气或生煤火取暖。

母兔产仔前应在其窝里面添上足量轧扁的麦秸，供母兔做窝，垫草要干燥、柔软、保暖性强，并做成中间低、四周高的浅碗底形，再在兔窝外扣弓形的无滴塑料薄膜棚，棚高以人在弓棚内能活动为宜，晚上在塑料薄膜上盖上草毡，入口处吊上棉门帘。这样既使不生煤火獭兔也可进行冬季繁殖。

5. 做好卫生 冬季特别要注意做好兔舍环境卫生，定期对兔舍进行消毒。消毒要用两种以上消毒药轮换消毒，以防产生耐药性；兔舍要勤打扫，每天清除粪便，以防粪尿堆积，减少氨气、硫化氢等刺激性气体的产生，防止鼻炎、肺炎等呼吸道疾病的产生。另外，消毒要认真，要保持兔舍干燥。

为了保温，冬季兔舍密闭性增加，但通风不良，易使氨气、硫化氢、二氧化硫等有害气体增多，会诱发獭兔患眼结膜炎、鼻炎等病的几率。因此，在晴朗的中午要打开门窗排出兔舍内的浊气。

6. 防治疫病 冬季兔病的防治要把握“预防为主、治疗为辅”的原则，在做好兔瘟、巴氏杆菌、波氏杆菌、魏氏梭菌病、大肠杆菌等传染病的预防基础上，要进一步做好感冒、疥癣等普通病的防治工作。

防治疫病重点把握以下三点：一是在疫苗使用上，要把握有单苗尽量用单苗，有二联苗不用三联苗的原则；二是冬季獭兔易感染螨虫，可定期给獭兔饲喂2‰的阿维菌素；三是当兔舍小环境内温度在10℃以上时，在獭兔饲料中加喂防球虫病的药物，防球虫病的药物要用氯苯胍、地克珠刺等两种以上药物交替用药。

7. 科学饲喂 冬季天气寒冷，热能消耗大，獭兔维持需要的能量比其他季节多，缺乏青饲料。因此，冬季要调整獭兔的饲料配方，加大饲料的喂量。配方中增大能量饲料，如玉米的比重，以提高饲料的消化能；增大饲料喂量，喂量要比平时高20%～30%；冬季缺乏青绿饲料，獭兔维生素的供给也相应缺乏，饲料中要特别注意维生素的补充，要比平时高 30%；将花生秧、豆秸、甘薯秧等粗饲料粉碎后，与玉米、花生饼、麦麸、骨粉、食盐等原料混合均匀后配成配合饲料喂兔。需要提醒的是，在喂颗粒饲料时，要给兔饮温水；在喂粉料时，要用温水拌料，少喂勤添，以饲槽不剩料为宜，以防剩料结冰。

第七章 兔舍建筑、设备及环境调控

獭兔场是饲养獭兔的基础设施和獭兔的生活环境。獭兔场的设计和笼舍的建筑是否适宜，会直接影响到獭兔的健康、生产力的发挥和劳动效率。在设计獭兔场和笼舍建筑时，应根据獭兔的生活习性，结合饲养地区的特点，选择好场址并建设笼舍，做到有利于兔群、有利于饲养管理、有利于积肥和防疫。

第一节　建场规模与方向

开始办獭兔养殖场时必须有明确的方向与一定的规模，在当今市场经济条件下，无论是种獭兔场或商品獭兔场都应在调查研究的基础上，根据所获得的市场信息、獭兔养殖需要的饲养条件、技术力量和投资能力综合后作出正确的决策。

一、獭兔养殖场的办场方针

獭兔属于毛皮与肉食兼用兔种，同时还可供观赏用，我国獭兔养殖场主要产品在于多生产毛皮以提供市场。根据獭兔商品提供毛皮为主的这一特点，在筹建獭兔场时，都要考虑以多提供商品兔，多取好质量的毛皮和多宰肉，并以追求一定的产值和利润为主要目标。

二、獭兔养殖场的建场准备

要想建好獭兔养殖场，获取较高的经济效益，在市场调查基础上决定建场之前必须做好相应的准备工作，切忌仓促。

1. 建场之前的市场调查 近些年来，由于各种原因的影响，獭兔产品市场波动有一定的规律性，因此建场之前，应作好市场调查。如向有关部门了解国际行情、产品销售及前景；向畜牧部门和养殖比较成功的大型獭兔场了解獭兔品种的特征、特性及在当地的适应性能；学习獭兔的经营管理方法及了解有关生产场在养殖过程中的经验教训等，然后决定办场方针、发展规划。根据办场方针及发展规划确定养殖场规模、种兔养殖规模、种兔引种数量及种兔引种时间等，再根据需要做好充分的引种准备。

2. 建好笼舍 养殖獭兔之前应先建好獭兔舍、獭兔笼，备好有关设备和用具，如饲槽、饮水器、产仔箱等。种兔引进前1周应对笼舍、设备等作一次全面的清理和消毒，以使种兔进场后就有一个卫生、舒适的环境。

3. 备足饲料 引种之前应准备好1个月左右的獭兔常用饲料（如粗饲料、精饲料、无机盐添加剂等），拟订好饲料配方，预先配好饲料。

4. 药械准备 在养獭兔之前应准备好常用的器械和药物等，如注射器、体温计、常用药物、疫苗等。

5. 技术培训 饲养人员应熟悉獭兔的特性，了解其常见疾病的症状和预防方法、兔舍环境的管理和消毒等知识。一般应通过参加技术培训班，到兔场参观、实习或通过自学，掌握必要的养兔技术知识。

三、兔场规模

兔场规模大小必须根据市场对产品的需求、当地自然条件、饲料资源、饲养技术、经营能力等因素而定。一般来讲，建场规模不能过小，规模过小形不成“气候”，见不到效益。我国20世纪60～70年代“一只兔，油盐醋”的零星分散的副业养兔方式已不能适应当今的形势。当然，兔场规模也不是越大越好，兔场大时投资大，风险大，技术、管理跟不上，很可能造成经济上的损失。

一个普通农户，饲养多少獭兔才算适度？根据目前的生产状况，以建笼100只、饲养基础母兔20～30只、年产商品兔500～600只比较合适。皮肉综合计算，年产值也可达万元以上。獭兔养殖户通过一定时间的饲养，对整个獭兔饲养技术和对獭兔产品市场比较熟悉之后，可以再考虑扩大养殖规模。

当前养兔已发展成为一项新兴的产业，作为支撑兔业发展的兔场，无论是何种组织形式，均应随市场行情而变化，机动灵活掌握，能大则大，宜小则小。但总的原则应因地制宜，由少到多，逐步发展。

四、兔群结构

兔群是发展生产的重要基础，兔群结构直接影响着獭兔的生产发展、养殖效果和产品质量。

1. 公、母结构 根据我国实际情况，普遍采用季节性繁殖和自然繁殖为主的方式。因此，公、母比例，生产群以1∶8～10为宜，种兔繁殖群以1∶6～8为宜；集约化兔场，采用人工授精为主者，则以1∶16～20为宜。

2. 年龄结构 獭兔属多胎高产动物，世代间隔较短，种兔的最佳利用年限为 2～3 年。青年兔生产性能较低，3 岁以上的老年兔生产性能又明显降低。因此，每年都应定期对兔群进行一次淘汰更新。合适的兔群年龄结构是：7～12 个月龄的后备兔占 25％～35％，1～2 岁的壮年兔占 35％～50％，2～3 岁的老年兔占 25％～30％。

五、开办獭兔养殖场应注意事项

1. 獭兔养殖模式和规模要因地制宜　我国不同地区的气候及基础设施条件不同，各地的市场情况也不一样，不同的人办獭兔场也无统一的固定模式，办獭兔养殖场时要借鉴别人的经验，并结合自己的特点，充分体现自己的优势，做到因地制宜。至于獭兔养殖场的办场规模，以及办场类型，究竟是办种兔场还是商品场，是办小型场还是大、中型场，是采用传统饲养方式还是集约化、半集约化方式，都可以探讨，但主要还是取决于自身条件。总的原则是要实事求是，讲究效益，量力而行，尽力而为。对于以前没有养过獭兔的个体养殖户，不要操之过急，贪多求大，开始时最好小规模的饲养，经历过獭兔养殖的一个生理周期，已经掌握和熟悉獭兔生产的各个环节后，再逐步扩大规模。

2. 以市场为导向，以效益为中心，以科技为支撑　在过去，有很多家庭养兔场多把养兔视为副业，任其自然发展，缺乏商品经济的观念，不计成本，不讲效益，还有盲目跟风者。进行獭兔养殖，就应以获得最大经济效益为目标。为此，必须树立商品观念，市场竞争观念，加强经营管理，一切经营管理活动必须围绕提高獭兔的生产效益来进行。另外，在獭兔养殖和产品加工水平不断提高的今天，要充分利用当前的科技手段，提高獭兔养殖的综合经济效益。

3. 开展獭兔产品综合加工与利用　要办好兔场，还要特别注意獭兔的种质要好，产品销售要有渠道，产品要综合利用。有条件的地区，兔场必须坚持一业多营，实行产供销结合，农技贸一体，兔场的主业应是獭兔生产与经营，同时要开展加工增值和产品的综合利用及各项配套服务工作，实现兔场的科学管理和综合经营。

第二节 兔舍建筑

一、场址的选择

獭兔场（舍）的场址选择应考虑以下几个方面。

1. 地势 獭兔的场址应选在地势高燥、平坦开阔、有适宜坡度、背风向阳、地下水位低、排水良好的地方。在以种植水稻为主的地区建造獭兔舍时，应填高地基，开好排水沟，确保场（舍）地面的干燥。

2. 土质 适于建獭兔舍的土壤应具备透气、透水性强，毛细管作用弱，吸湿性和导热性低，质地均匀和抗压性强等条件，以沙土或沙壤土最为理想。

3. 水源与水质 要办好兔场，必须要有水量充足、水质良好的水源。除了饲养人员的生活用水外，兔要饮用水，调制饲料需用水，清洗饲养用具设备和粪尿要用水，种植饲料作物也要用水。

除了水源，水质也非常重要，直接影响人、兔的健康。最好的水源是泉水、自来水或溪间流水，其次是江河中的流动河水。池塘的水常为死水，一般都有污染，如不得已而使用，则应注意卫生消毒。

4. 交通与电源 獭兔场不能建在人烟密集和繁华之地，但需要交通方便。因为兔场建成投产后，经常要有草、料和设备的运进、产品和粪肥的运出等。但是，也不应紧靠交通主干道，至少应离主干道 200 米以外；距一般的过往道路也不能太近，至少要有100米之远。在安装接电源时，要考虑到生产与生活用电的需要。

5. 饲料基地 饲料是养獭兔的物质基础。对具有一定规模的兔场来说，其草、料的用量可说是相当可观的。草、料若全靠外地调入，将会增加饲养成本，而且也不方便。在选择场址时，如能根据獭兔场的饲养规模，就地、就近安排一些饲料基地，这将大大有利于日后饲养管理工作的进行。若獭兔全部以全价饲料（颗粒料）的方式饲喂，也适当安排一些饲料基地。因为母兔在繁殖期间，最好能补喂一些青绿多汁饲料，以使母兔有充足的奶水，将仔兔哺育得更好。

6. 空间隔离 为防止疾病传染，兔舍应远离屠宰场、牲畜市场、畜产品加工厂及牲畜来往频繁的道路、港口或车站。由于獭兔对突然发出的声音会表现出强烈的应激反应，会严重影响其正常的生理活动。所以，兔场应建在比较僻静的地区，以远离闹市区2千米以外为宜。

二、兔场内建筑物的布局

场址选定后，应根据獭兔场的任务、规模、饲喂工序结合选定的场址确定兔场的总体布局。对一个獭兔场来说，其主体部分当为兔舍，其中包括隔离病兔舍。此外，还要有为养兔服务的各种附属建筑与设施，如饲养管理人员的宿舍、食堂、办公室、兔料及其加工设备的仓库、饲料加工调制室、兽医治疗室、屠宰间和化粪池、有车时要有车库及油库等。

獭兔场的总体布局和方位应以坐北朝南或偏南方向为宜，这在北方显得尤为重要。根据以上所说的兔舍和附属设施建设，可以概括分为三个区域进行布局：一是生活管理区；二是生产区（包括辅助生产区）；三是粪便及尸体处理区。三个区的具体布局，应根据兔场当地常年的主风向、地势和水源流向来合理确定

(图7-1)。生活区应在上风头和地势高的地段，粪便尸体处理区在下风头和地势较低处。以上两区与生产区都要有一定的间距，最好能相距50米以外，中间隔开。病兔隔离舍应偏居一角，应设在没有健康兔舍的下风头。生产区的兔舍、兽医室、采毛室和饲养员工作、休息室以及青饲料贮料棚等可连在一起，屠宰室宜在下风头和水源下游，办公室宜在靠近兔场的大门口，饲料仓库宜在高爽地块，饲料粉碎加工室宜偏离生产区，以免粉尘污染和噪音干扰兔群。整个生产区，最好设置围墙。如有车辆和油库，应设在生产区外，并要有单独围墙。各区之间都要有路相通，并可行车。如要打井引水，水井最好设在生活和生产区之间。

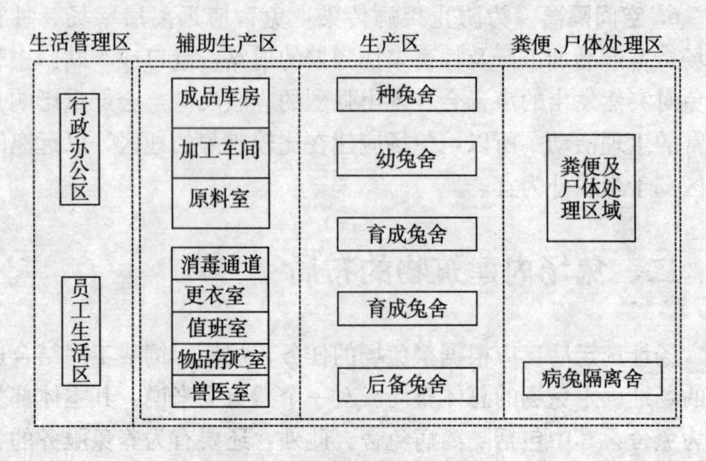

图7-1 兔场总体布局

三、兔舍建筑的要求

1. 建筑材料要因地制宜，坚固耐用 由于獭兔有啮齿行为和刨地打洞的特殊本领，因此建筑材料宜选用砖、石、水泥、竹片及网眼铁皮等不易被獭兔啃咬破坏的材料。

2. 兔舍设计要便于饲养管理和防疫 兔舍应具有防疫、防风、防寒、防暑等条件。固定式多层兔笼的总高度不宜过高。为便于清扫、消毒，双列式道宽一般以 1.5 米左右为宜，粪水沟宽应不低于 0.3 米，坡度为 1%～1.5%。

3. 兔舍结构　应针对成年兔怕热，仔兔怕冷，各类獭兔都厌湿的生理特点，根据各地气候条件，作出相应的设计和建筑要求。

（1）屋顶　屋顶起挡风、遮阳、防雨的作用，寒冷地区还有保温功能，我国南方地区则有防暑隔热作用。故建造兔舍时应选好屋顶材料，确定适宜厚度。屋顶坡度一般不宜低于 25%。

（2）墙体　墙体是兔舍结构的主要部分，目前我国多采用砖砌墙，不仅保温性能好，还可防兽害。为了兔舍的通风和采光，在墙体接近地面处应开设进气孔，接近屋顶处应开设排气孔。

（3）门窗　门要结实、保温，能防兽害，方便人、车出入。窗主要用于通风和采光，面积越大越好，一般可按采光系数 1∶10 计算，入射角不宜低于 25 度，窗台离地面以 0.5～1 米为宜。

（4）地面　兔舍地面要求坚实、平整、不透水、耐冲刷、防潮。目前各地兔场多采用水泥地面。砖砌地面虽造价较低，但易吸水，不易消毒，湿度较大，故大、中型兔场不宜采用。兔舍内的排水沟和排粪沟均应低于地面，以利清扫。

（5）兔舍容量　一般大、中型兔场，每幢兔舍以饲养成年兔 100～200 只或商品兔 400～500 只为宜。为便于防疫，可根据具体情况分隔成小区，每区 100 只左右。兔舍规模应与生产责任制相适应，一般以每个饲养员负责 100～150 个笼位较为适宜。把公、母兔的饲养、配种和仔兔培育全部承包给饲养员，使权、责、利明确，则效果较好。

四、兔舍形式

兔舍主要有笼养兔舍和栅栏式群养兔舍两种。

（一）笼养兔舍

笼养兔舍可分为室内笼养兔舍、室外笼养兔舍、半敞开式及室内、室外相结合的兔舍等形式。

1. 室内笼养兔舍

室内笼养兔舍即兔舍笼建在室内，可分单列、双列和多列，兔笼可分单层、双层和三层（图7-1、图7-2、图7-3、图7-4）。房舍可分为土木结构、砖石结构等，屋顶可分为单坡式、双坡式、半顶式、圆拱式和钟楼式等。根据通风情况可分为封闭式、开敞式和半开敞式等。可根据当地气候条件和建筑材料等情况合理选用。

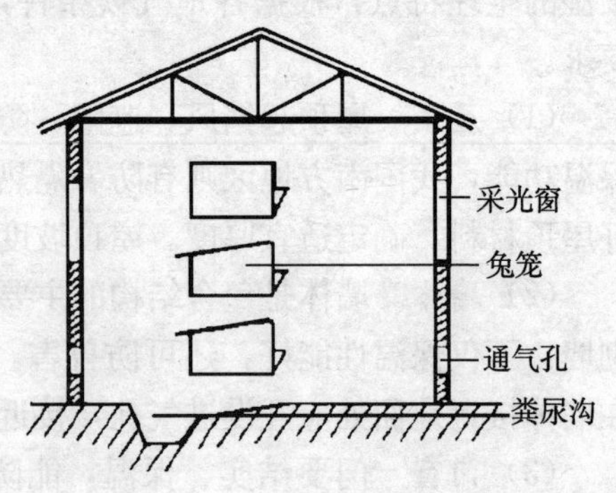

图7-1　室内单列式獭兔舍

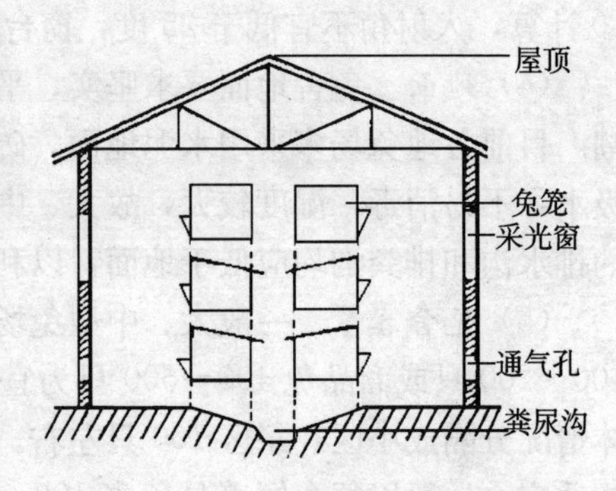

图7-2　室内双列式獭兔舍

在北方，由于冬季寒冷，为了保暖，兔舍宜矮，并以土木结构为宜。墙体与屋顶应加厚，有利于保温。兔舍内地面以三合土（石灰、碎石和黏土的比例为1：2：4）为宜，并要尽可能平整、干燥。在南方，因为夏季炎热，为了防暑，兔舍宜高，以开放式或半开放式为好。兔舍要多开设窗户。冬季封闭门、窗时，也可利用天窗抽出舍内的污浊空气；夏季要勤开门、窗进行自然通风。建材以砖、瓦和水泥

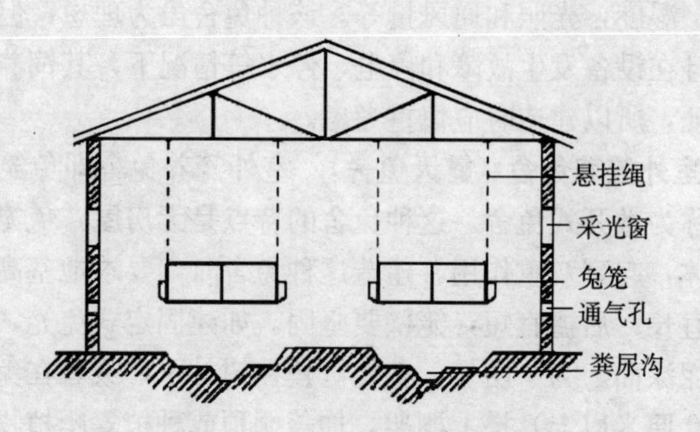

图 7-3　室内单层悬挂式獭兔舍

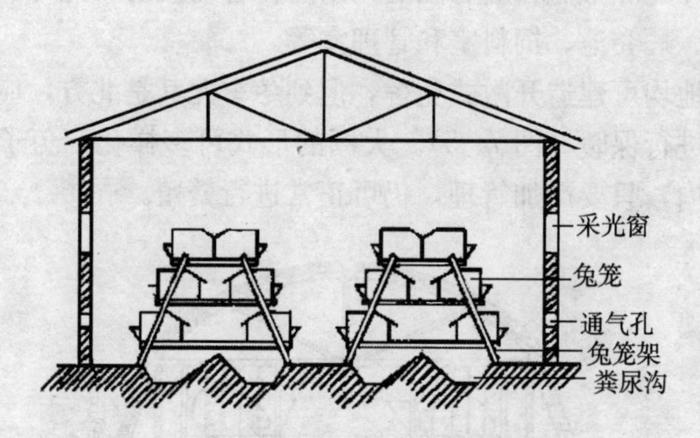

图 7-4　室内四列阶梯式獭兔舍

为宜。

室内兔笼的排列，要与房屋的朝向一致，使所有的兔笼舍能充分通风和透光。此外，还有全封闭式室内笼养兔舍。这种兔舍的四周和屋顶是全封闭的，舍内的小气候完全靠特殊装置自动调节。在通风换气方面，当舍内外气压差达到一定程度时，自动通风装置的风扇开启，空气通风装置由上面进入室内，废气由下面管道排出舍外。同时，舍内还装有自动调节温、湿度和光照的系统，及自动喂料、饮水和清粪等装置。这种兔舍既能使兔获得高而稳定的增重率和对饲料的转化率，也有利于防止各种疾病的发生和传播。但必须注意：应按獭兔的生活习性和要求严格控制舍内的温、湿度，光照和通风量等。该种兔舍虽为理想，但造价高昂，并且在设备发生故障和停电、停水等情况下，其饲养效果就难以保证，所以建造时应慎重考虑。

2. 室外笼养兔舍（露天兔舍） 室外笼养兔舍即兔笼建在室外，也称为敞开式兔舍。这种兔舍的特点是无房屋，兔笼与房舍成为一体，起到双重作用。建造这种兔舍时，要求地基高，笼顶的前檐宜长，后檐宜短，笼壁要坚固。如建固定式兔笼，可以砖砌，水泥涂面。为了防暑，兔笼可建在树林下，或者在兔笼顶上（高出10厘米以上）搭上棚架，加盖棚顶或种植攀爬植物。

室外笼养獭兔，应有围墙，以防兽害与被窃。此外，也应设有通道、贮粪池、饲料室和管理室等。

各地均可建造开敞式兔舍，但到冬季尤其是北方，应加盖塑料大棚进行保暖（图7-5）。大棚的形式可多样化，兔子冬季养在大棚内，只要严加管理，仍可正常进行繁殖。

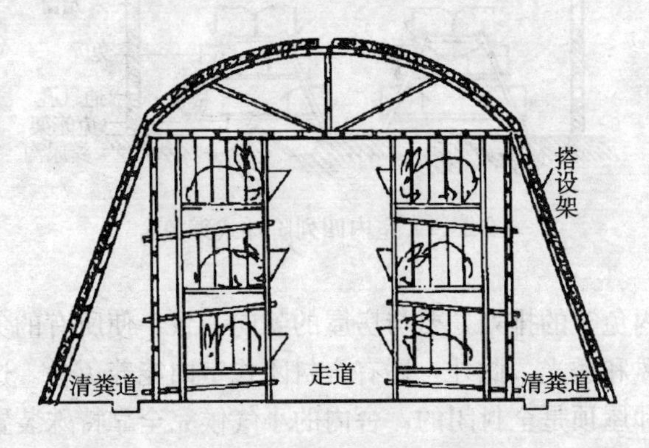

图7-5 塑料大棚饲养獭兔

建棚材料主要是农用塑料薄膜，要透明宽幅的，厚度以（0.1±0.02）毫米为宜。用木棍、竹竿、水泥柱、钢材和竹片做支架，以绳索、铁丝捆扎固定，外加草帘保温。塑料薄膜的下缘埋在土里，夯实固定。棚的高度只要能通风换气和便于饲养管理操作即可，棚顶坡度主要取决于阳光照射的角度，做到有利于采光、能防积水和便于清除积雪即可。暖棚的通风换气主要靠门窗，门可设在棚的端部，以人能出入为原则，并要挂棉帘或草帘。窗可设在侧部或顶部，不要过大和过多。长 10 米以上、宽 3 米以上的暖棚，开 1～2 个窗户即可。窗的密封性要好，并能开关方便。

塑料大棚养兔时应注意以下事项。

（1）通风防潮　塑料薄膜的透气性差，棚内的湿度高，水汽往往凝集在薄膜上，夜间会结成霜，白天会化成水滴，既增加了棚内湿度，又影响光照。所以，要适时打开门窗进行通风换气，天晴日暖时可多开启几次。粪便要及时清扫，及时清除，最好是多撒些石灰或干沙等吸潮物质，做到尽量减低棚内的湿度，保持棚内干燥。

（2）增加光照　獭兔繁殖的适宜光照为 14～16 小时，冬季为短日照，因此要用人工光照加以补充。这样有利于促使母兔正常发情和受胎。一般每隔 3 米左右安装一只 40 瓦的灯泡，使每日的光照时间达到 14 小时以上即可。

（3）日常管理　塑料薄膜易吸附水珠和尘土等，应当经常打扫和擦洗。大棚的支架要牢固，以防被风刮掉。积雪要及时清除，防止其压破薄膜，薄膜破了要及时修补。棚内温度降至零下时，要适当生火取暖，并安装好烟囱，防止煤烟中毒。

（4）拆棚整理　当天气转暖时，可以拆除大棚。但拆棚要有一个过渡阶段，即白天开门窗、夜间不盖草帘、底部掀开部分薄膜以至全部拆除等几个步骤。全部拆除时，日均气温最好能在 10℃左右。拆下的薄膜要清洗干净，晾干后妥为保管，以备下一年再用。

3. 半敞开式兔舍　半敞开式兔舍可分单列和双列两种。兔舍内的小气候靠门窗与外界进行自然调节。单列式兔舍可四面有墙，也可三面有墙或兔笼朝向面设矮墙。双列式兔舍则四面有墙。兔笼直接安装在一边或两边墙上，即兔舍的墙壁就是兔笼的后壁。兔笼的承粪板也安在兔舍的墙壁上，并伸出10～15厘米。在靠近屋顶10厘米处的墙上开气窗。每间兔笼的后壁上开（20×20）厘米的小窗，中间用立砖砌成栅栏状，或用钢筋制成栅栏状，也可用钢板网挡牢，供通风透光用（图7-6）。在承粪板上面的墙壁上也开个扁形小孔，供排出粪尿用。兔笼前面或两排兔笼之间留1.3～1.5米宽的走道，用水泥或三合土做成中间略高、向两侧倾斜略带坡度的地面。墙用砖砌，屋顶盖瓦，最好能加隔热层，以减少夏天的阳光辐射。屋顶要有一定的倾斜度，以便排水。冬季无墙部分和墙上孔洞处要进行堵挡，以便保暖。日常需防兽害。

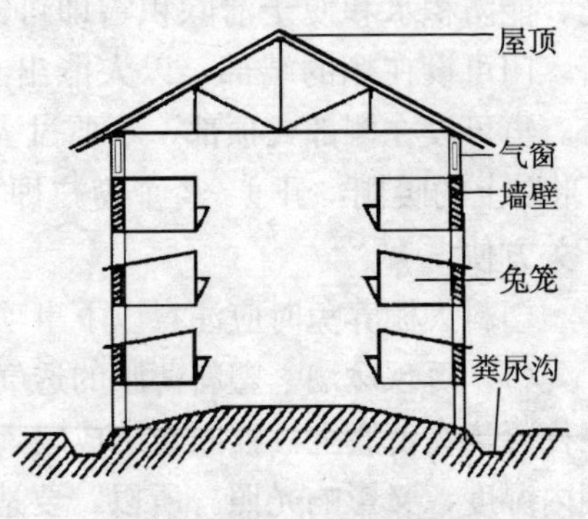

图7-6 半敞开式双列獭兔舍

4. 室内、室外相结合的兔舍 舍内除有单列三层兔笼外，在前墙内的窗下设一单层兔笼，笼的面积可大可小，可供单养、群养或专养繁殖母兔用。笼的下部可开口通向舍外的运动场，天气变化和寒冷时可将开口堵死。建造这种兔舍时，要严防兽害。

（二）栅栏式群养兔舍

栅栏式群养兔舍既可用空闲屋改建，也可以新建。具体是在屋内设前墙或前、后墙用80～90厘米高的竹片、竹竿或铁丝网筑成一列或双列多格的围栏，双列栏中间要留人行道，以便饲养管理操作。围栏也可用砖砌。每栏的面积可根据需群养的兔数来决定。栏圈的地面设置栅栏状的底板，以便使粪尿下漏，保持清洁卫生。可在墙上开洞通往室外围栏（运动场）（图7-7）。室外围栏的建造同室内，其面积宜大于室内，并辅以干河沙，以便打扫和保持清洁。晴天可在运动场上进行喂饮，阴雨和冷天在室内栅栏里饲喂。这种兔舍适于饲养獭兔的幼兔，每栏可饲养30只幼兔或20只青年兔。

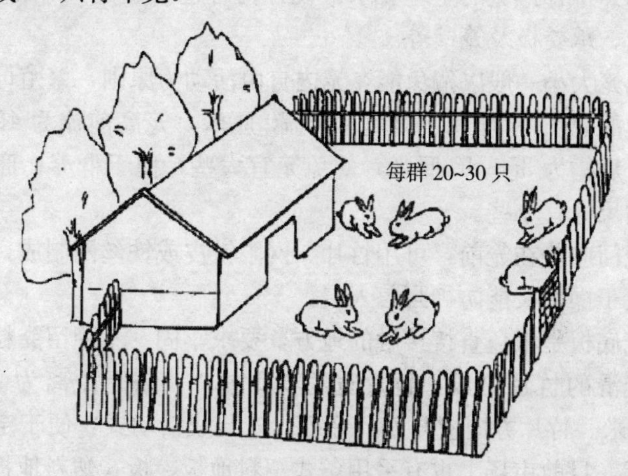

图7-7　栅栏式群养兔舍

这种兔舍的优点是节省人工和建材，饲养管理较为方便，獭兔也能呼吸到新鲜空气，并得到充分的运动，饲养量大，光照充足，兔体质健康。缺点是兔舍利用率不高，难以给兔分食，相互之间易发生咬斗，难以控制疾病的传播。此种兔舍一般用于饲养后备兔和商品兔。

第三节　獭兔笼及附属设备

獭兔场设备主要有兔笼、饲槽、草架、饮水器等，这些都是獭兔生产中不可缺少的设备。

一、獭兔笼

兔笼是獭兔生产中不可缺少的重要设备，设计合理与否，直接影响着獭兔的健康和生产效益。

1. 设计要求 兔笼一般应造价低廉，经久耐用，便于操作管理，并符合獭兔的生理要求。设计内容包括兔笼大小、笼门、笼底板、承粪板及笼壁等。

兔笼大小一般以獭兔能在笼内自由活动为原则，繁殖母兔和种公兔的笼长 70 厘米，笼宽 65～70 厘米，笼高前檐为 45～50 厘米、后檐为 35～40 厘米；幼兔笼宜大些，便于群养；商品獭兔笼的尺寸宜小些。

笼门应装在笼前，可用竹片、网眼铁皮或铁丝网制成，安装要既便于操作又能防御野兽入侵。

笼底板是獭兔直接接触的地方，要求牢固，不积留粪粒，最好用光滑的竹片钉成，竹片宽约 2.5 厘米，条间距离为 1.3～1.5 厘米。竹片方向应与笼门平行，安装成活动式，便于定期清洗消毒。目前市场上也有采用条式塑料地板、板式塑料地板或金属底网（图 7-8）。

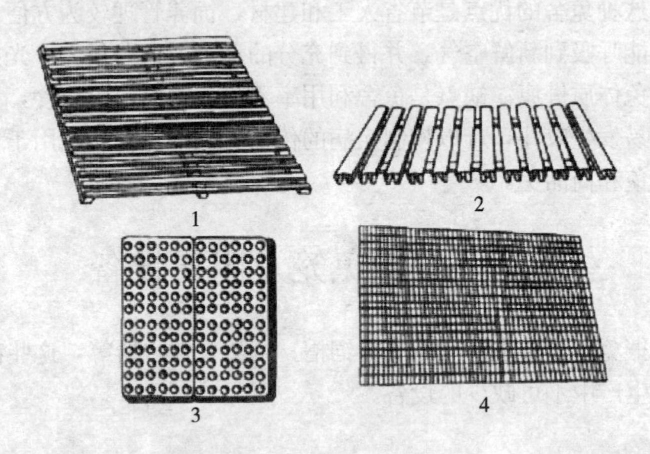

图 7-8 獭兔笼底板类型

1. 竹片底板 2. 条式塑料底板 3. 板式塑料底板 4. 金属底网

承粪板一般采用水泥预制板。在多层兔笼中上层承粪板为下层兔笼的笼顶，前面应突出笼外5～8厘米，并伸出后壁3～5厘米。安装时应向后壁倾斜，倾斜角度为15度左右，以使粪尿经板面直接流入粪沟，便于清扫。

笼壁一般用砖块或水泥板砌成，也可用竹片、网眼铁皮钉成。笼内必须光滑，如用网眼铁皮订制，为防锈蚀，应在表面涂一层油漆。

2. 兔笼种类　兔笼有移动式兔笼和固定式兔笼两种。

（1）*移动式兔笼*　根据构造特点，移动式兔笼又可分为单层活动式、双联单层活动式、单层重叠式、双联重叠式及室外单间移动式等多种。这些兔笼均有移动方便、构造简单、操作方便、节省人力、易保持兔笼清洁和控制疾病等优点。另外，重叠式兔笼还有占地面积小等优点。除室外单间移动式兔笼外，一般均适宜在室内笼养。

（2）*固定式兔笼*　根据构造特点，固定式兔笼又可分为室外简易兔笼、室内多层兔笼、立柱式双向层兔笼和地面单层仔兔笼等。

①室外简易兔笼　根据各地具体条件可建单层或多层兔笼。这种兔笼适用于家庭养兔，在较干燥地区可用砖块或土坯砌墙，并用石灰粉刷。

②室内多层兔笼　室内多层兔笼一般为砖木结构或水泥预制件组建而成，多为3～4层，每2～3笼设一根立柱，或用砖块砌成砖柱。为便于管理，笼体总高度以1.8～1.9米为宜，两层兔笼间的前距不得低于12厘米，一般以15～18厘米为好，后距以20～25厘米为宜。为了防潮和通风，底层应距地面30厘米以上。室内多层兔笼既可以是单列的，也可以是双列的。

双列式多层兔笼有的是背靠背的，粪沟设在两排兔笼的中间；有的则是面对面的，粪沟设在各自的背面。据实践经验，这类兔笼具有笼内通风、占地面积小、管理方便等优点，目前国内养兔多采用这类兔笼。

③立柱式双向兔笼　这类兔笼由长臂立柱架和兔笼组成，一般为三层（图 7－9），所有兔笼都置于双向立柱架的长臂上。这类兔笼的特点是同一层兔笼的承粪板全部相连，中间无任何阻隔，便于清扫，清粪道在兔笼前缘，容易清扫消毒，舍内臭味较小，饲养效果较好。

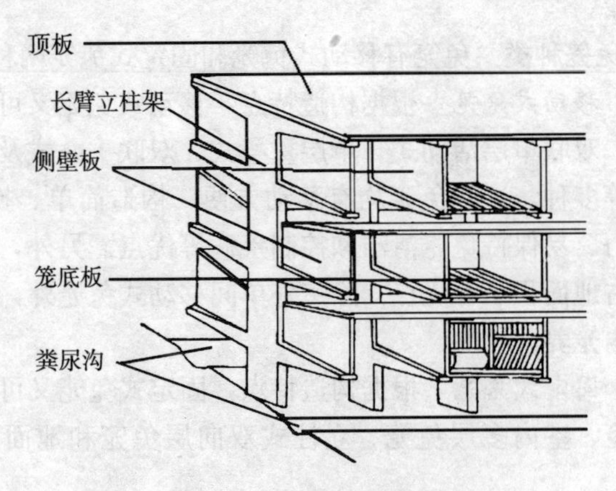

图 7－9　立柱式双向兔笼

④地面单层仔兔笼　这种仔兔笼多为水泥结构，笼底长60～

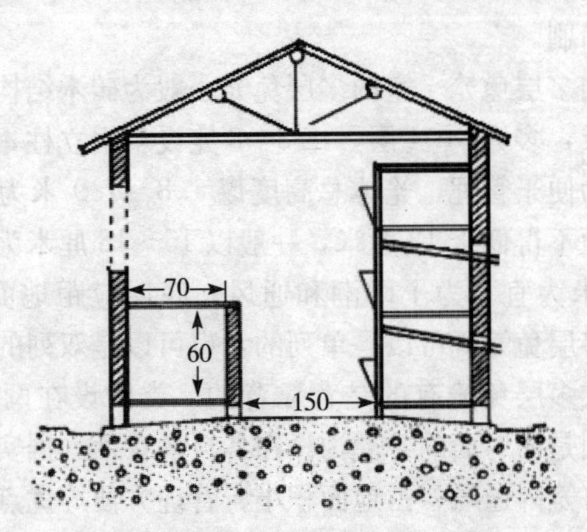

图 7－10　母子笼舍（单位：厘米）

120 厘米、宽 60～70 厘米，无笼门，开口朝上，高 60～80 厘米（图 7-10）。这类兔笼有利于保温、防兽害，有利于仔兔生长发育，但清扫、更换垫草、给水、喂料均不方便。所以，目前有些兔场已将笼底改为竹条或活动网板，笼顶用竹条或铁丝网覆盖。

二、附属设备

1. 产仔箱 产仔箱又称巢箱，是母兔产仔哺乳的场所，也是仔兔的生活场地。一般用木板或金属片制成。

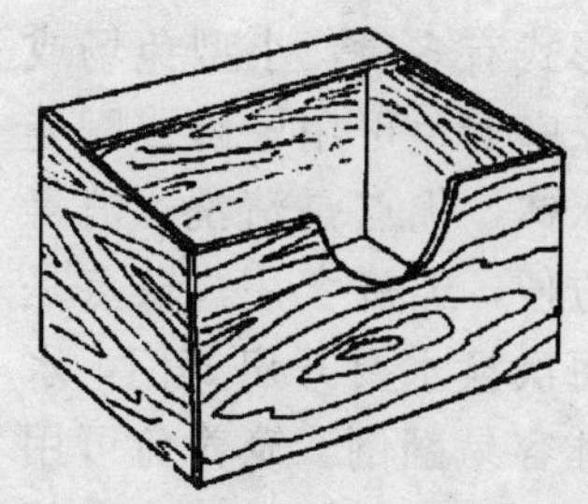

图 7-11 兔产仔箱

目前我国各地兔场多采用木制产仔箱，有两种式样：一种是敞开的平口产仔箱，多用 1 厘米厚的木板订制而成，箱底有粗糙锯纹，并凿有间隙或开有小洞，使仔兔不易滑倒和利于排出尿液；另一种为月牙形缺口产仔箱，可竖立或横倒使用（图 7-11）。

2. 饲槽 饲槽又称食槽。机械化兔场多用自动喂料器，一般安置于兔笼壁上。家庭养兔按饲养方式而定，群养兔或运动场上一般使用长饲槽；笼养兔通常采用陶瓷食盆；多层笼养兔多用转动式或抽屉式饲槽。各种食槽均要求结实、牢固，不易破碎或翻倒，同时还应便于清洗和消毒。

3. 草架 草架用于饲喂青绿饲料和干草，一般用竹片或木条钉成 V 字形。群养兔或运动场用的草架可订成长 100 厘米、高 50 厘米、上口宽 40 厘米的形状；笼养兔的草架一般固定在笼门上，草架内侧间隙为 4 厘米，外侧为 2 厘米，可用金属丝、竹片或木条制成（图 7-12）。

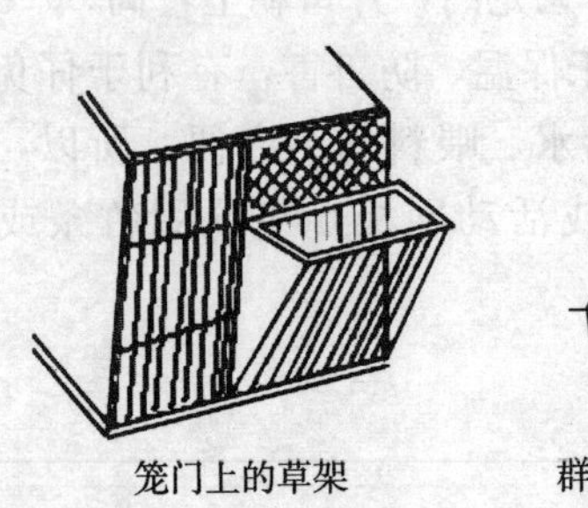
笼门上的草架

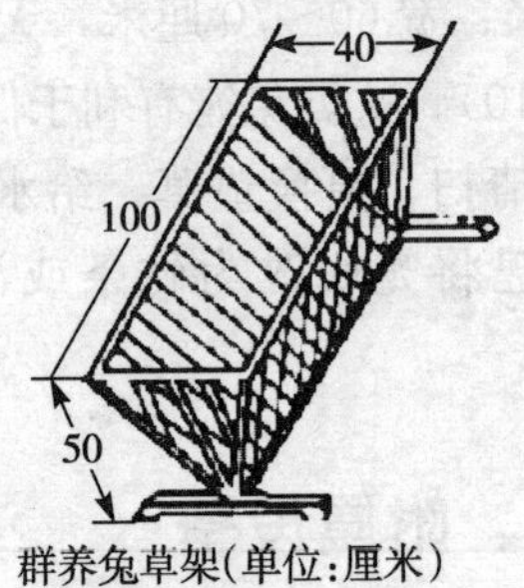

群养兔草架(单位:厘米)

图 7-12　草　架

4. 饮水器　饮水器的形式有多种，小型兔场或家庭养兔可用瓷碗或陶瓷水钵，优点是清洗、消毒方便，经济实用；缺点是每次换水要开启笼门，水钵容易翻倒。笼养兔可用盛水玻璃瓶倒置固定在笼壁上，瓶口上接一根橡皮管通过笼前网伸入笼内，利用空气压力将水从瓶内压出，供兔子饮用。大型兔场可采用乳头式自动饮水器，每幢兔舍装有贮水器，通过塑料或橡皮管通至每层兔笼，然后再由乳胶管通向每个笼位。这种饮水器的优点是既能防污染，又可节约用水；缺点是投资成本较大，对水质要求较高（图 7-13）。

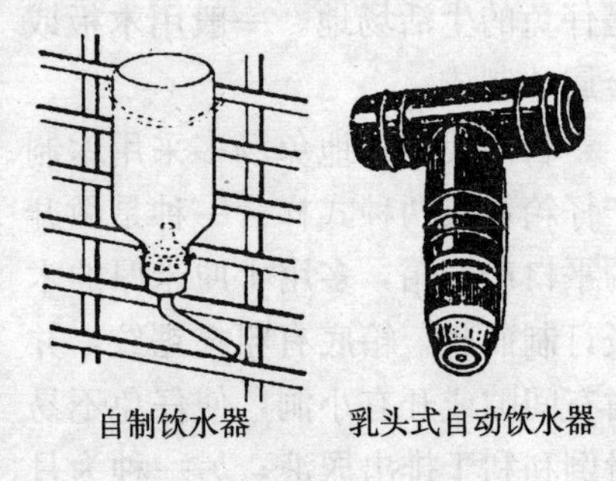
自制饮水器　　乳头式自动饮水器

图 7-13　饮水器

5. 固定箱　固定箱常用于固定兔子，以便刺耳号、耳静脉采血或作其他用处。

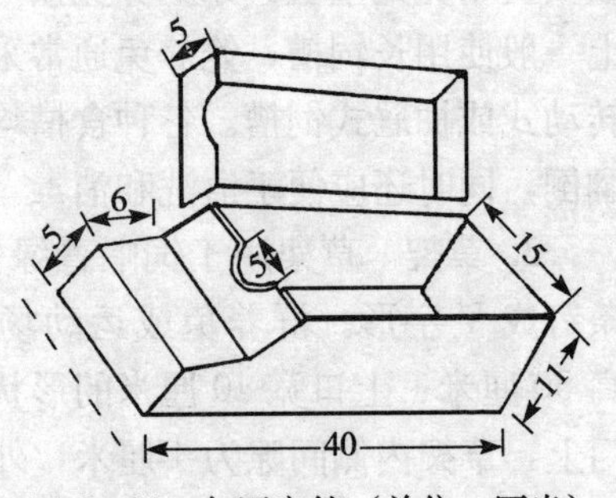

图 7-14　兔固定箱（单位：厘米）

一般可选用木料、铁皮或硬质塑料板制成（图 7-14）。使用时可通过箱体上部能启闭的盖子将兔子放入箱内，兔头通过箱体前部圆孔伸出孔外，使之固定以利操作。

6. 其他设备　饲养需要的设备还有很多，常用的有耳号钳、保定台、体重计、拌料器、喷雾器、解剖用器械、板车、粪车、刮粪板和配制饲料用的饲料粉碎机、搅拌机、颗粒饲料机和青饲料切碎（打浆）机，以及注射器械、冰箱、消毒设备等。这些设备，各兔场可根据实际需要和经济条件进行选用。

第四节　獭兔场环境调控技术

獭兔场环境调控技术主要是指獭兔舍内的獭兔生活的小气候调控技术。獭兔舍内的小气候主要包括温度、湿度、光照、有害气体和噪声等因素。人工控制这些因素的主要目的是给獭兔营造一个舒适的生活环境。

1. 温度　成年獭兔的最适生活温度为 15～25℃，幼兔最适生活温度为 20～25℃，新生仔兔为 30～32℃。日龄愈小，体温调节机制发育越不完善，对环境温度要求就越高。只有在最适合的温度条件下獭兔才能获得最佳的生长发育效果，对饲料利用率和抗病力也较强。另外，还应注意獭兔舍内应绝对避免气温的急剧变化。一般兔舍面积小时其温度容易控制，面积越大的獭兔舍，舍内不同区域温差越显著。据生产实践，成年獭兔在低于 5℃或高于 30℃时则感到不适，并严重影响生产性能的发挥。因此，应将不同年龄的獭兔分别置于局部温度比较适宜的位置。

在夏季炎热地区，一般可采用舍前植树，加强兔舍通风或通过地面喷雾、洒水等措施，使兔舍温度下降 3～5℃；地处寒冷地区的种兔场进行冬繁冬育时，可采用锅炉集中供热或用电热器、保温伞、火炉、火墙等局部供热，均可明显提高冬季繁殖仔兔的成活率。

2. 湿度 过高的湿度条件对獭兔的健康极为不利。獭兔所需的最适相对湿度为60%～65%，一般不应低于55%。

高温、高热会影响獭兔特别是公兔的散热，引起中暑；低温、低湿又会增加散热，寒冷对仔、幼兔影响最大；在温度适宜而潮湿的环境下，则有利于细菌和寄生虫的繁殖，可引发各种疾病，影响獭兔的生长、繁殖。因此，必须注意调节湿度。调节湿度的最佳方法是加强通风管理，尽量保持兔舍干燥和湿度恒定。

3. 有害气体 粪尿及污染的垫料在一定的温、湿度下可散发出氨、硫化氢和二氧化碳等有害气体，对獭兔生长健康影响极大。一般舍内有害气体的允许浓度标准为：氨<30 微升/升，硫化氢<10 微升/升，二氧化碳<3 500 微升/升。

控制有害气体的关键措施是通风。此外，还应及时清除粪尿，且粪尿池应远离獭兔舍；兔舍内应设有良好的排水系统，经常保持笼舍的清洁干燥和环境卫生。

通风是调节兔舍内外温、湿度的好方法，还能排出舍内废气和有害气体，有效地减少呼吸道疾病的发病率。饲养密度较小的兔场可采用自然通风，主要依靠天窗或气窗调节通风量，排气孔面积应为舍内面积的2%～3%，进气孔面积为3%～5%。规模较大的兔场可采用抽气式或送气式机械通风，风速以0.4 米/秒为宜。

4. 光照 一般兔场多采用自然光照，兔舍门窗的采光面积应占地面的15%左右，阳光入射角度不低于30 度。繁殖母兔每天光照8～10 小时，可获最佳的繁殖效果。公兔、仔兔、幼兔一般每天光照8 小时即可，光照以每平方米兔舍面积4 瓦为宜。

5. 噪声 从獭兔的生理特点看，獭兔性情胆小怕惊，听觉灵敏，常竖起双耳感觉周围动静，趋利避害。若有骚扰即紧张不安，特别在配种、妊娠、分娩和哺乳期间影响更大，可引起消化、神经和内分泌系统机能紊乱，母兔流产、死胎、产后抛弃或咬死仔兔。因此，养兔场应该尽量保持环境安静，特别是要避免不要有突然发出的巨大声响，要尽量选择周围环境安静的地方选址。

6. 环境卫生　环境卫生的好坏不仅对獭兔饲养有直接的影响，而且也能把獭兔传染病的传播几率控制到最低程度，一般来说，除兔舍外，养殖场的其他地方也要保持卫生，经常打扫，定期消毒。另外，养殖场采取较好的绿化措施也具有明显的调温、调湿效果，多种植阔叶树在夏天有助于遮阴，冬天能挡风。据测定，绿化工作做得好的兔场夏天可降温3～5℃，相对湿度可提高20％～50％。种植草皮也可使空气中的灰尘量减少5/6左右。

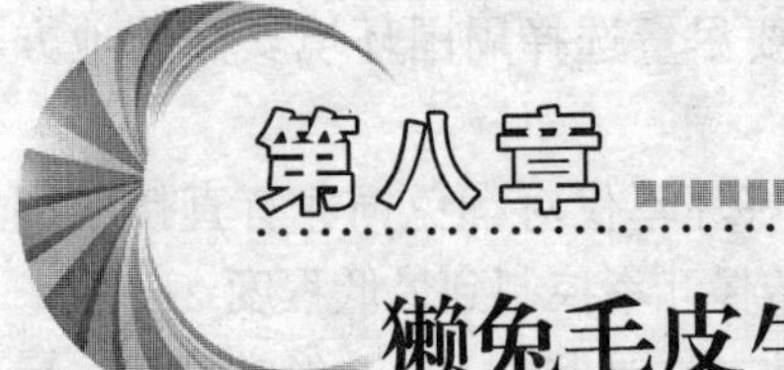

第八章 獭兔毛皮生产及加工

第一节 獭兔皮的特点

一、獭兔皮的组织构造

獭兔皮除皮上所附毛发外，按其组织学结构可分为表皮层、真皮层和皮下层（图 8-1）。

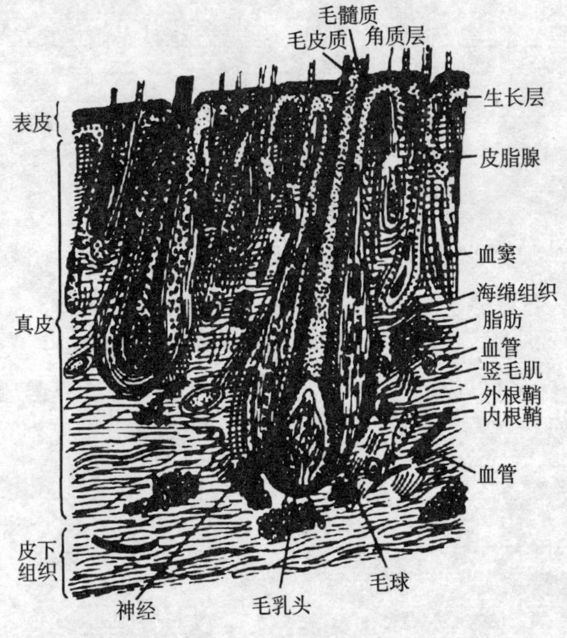

图 8-1 兔皮肤结构模式

（一）表皮层

表皮层位于皮肤最外层，由多层上皮细胞组成，由内向外又分为生发层、颗粒层和角质层。表皮层占皮层厚度的2%～3%。

1. 生发层 生发层即生长层，是表皮层的最下层，由具有细胞核与繁殖能力的线状新生细胞所组成。

2. 颗粒层 颗粒层由生发层往上移而形成，组成的细胞局部失去水分，呈颗粒状。

3. 角质层 角质层为角质化变硬的细胞层，逐渐变成皮屑自行脱落。

（二）真皮层

真皮层是位于表皮层以下的一种厚而致密的结缔组织，含有多量的胶原纤维、弹性纤维、网络纤维。以胶原纤维为主，是皮肤最厚的一层，占皮层厚度的75%～80%，其中乳头层约占1/3，网状层占2/3。

1. 乳头层 乳头层与表皮的下层相互嵌入，呈乳头状，一般以毛根和汗腺的下限处为界。乳头层分布有大量的血管、淋巴和神经，是皮肤最敏感和富有血液的部分。乳头层构造比较疏松，细菌容易侵入和繁殖，故易受细菌作用而腐败。如果生獭兔皮保管不当，极易使乳头层遭受破坏，导致皮板分层和裂面现象，降低成品质量。

2. 网状层 网状层由弹性纤维和紧密结缔组织组成。纤维束向着不同方向相互交织而形成一种复杂的网状组织层，是皮板中最紧密、结实的一层。獭兔皮成品的强度主要由本层所决定，因此在加工过程中，要防止造成刀伤、磨伤等。

（三）皮下层

皮下层又称肉层，由一层松软的结缔组织及排列疏松的胶原纤维和弹性纤维构成，纤维间包含着许多脂肪细胞、神经、肌肉纤维或血管等。在生皮干燥过程中，脂肪细胞会阻止水分的散发，影响兔皮的干燥，因此应将兔皮上附着的脂肪刮净。

二、鲜皮的成分

组成兔皮的化学成分，主要为水、脂肪、矿物质、蛋白质和碳水化合物。

1. 水 刚屠宰剥取的兔皮含水65%～75%，一般幼龄兔皮的含水量高于老龄兔，母兔皮的含水量高于公兔皮。

2. 脂肪 鲜皮中的脂肪含量占皮重的10%～20%，脂肪对兔皮的加工鞣制有很大影响。因此，含脂肪过多的生皮，在鞣质加工前必须进行脱脂处理。

3. 矿物质 鲜皮中含有少量矿物质，占鲜皮重的0.3%～0.5%，主要有钠、钾、镁、钙、铁、锌等。

4. 蛋白质 鲜皮中蛋白质含量占20%～25%，是毛皮的重要组成成分。

5. 碳水化合物 鲜皮中的碳水化合物含量占皮重的1%～5%。

三、兔毛类型特征

与其他类型兔相比，獭兔被毛的特点是绒毛含量丰富，戗毛含量低。如新西兰白兔粗毛率为24.71%，而獭兔仅为6.12%。品系不同粗毛率也不同，如6月龄美系獭兔、法系獭兔的粗毛率分别为4.33%、2.6%。不同生长阶段的粗毛率差异不显著，幼兔阶段粗毛率较高，4月龄最低，5～6月龄稍有增加。部位不同粗毛率的差异较大，以腹部最高，臀部最低。母兔被毛中的戗毛含量高于公兔。獭兔被毛中的戗毛含量，除受遗传因素，如品系等影响外，主要受环境温度和饲养管理的影响。不良的饲养管理，如蛋白质不足、以草喂兔、忽视品种的选育提高等，均会引起品种退化，使戗毛含量增加。

四、换毛规律

为适应外界环境的变化，獭兔会出现有规律地进行换毛。獭兔换毛分为年龄性换毛和季节性换毛。

1. 年龄性换毛　年龄性换毛主要发生在未成年的幼兔和青年兔。第一次年龄性换毛的时间在仔兔出生后30日龄左右，仔兔出生后第3天开始长绒毛，到30日龄基本长好。从30日龄左右开始逐渐脱换直至130～150日龄结束，尤以30～90日龄最为明显。獭兔皮张以第一次年龄性换毛结束后的毛皮品质好，此时屠宰取皮最为合算。

第二次年龄性换毛多在180日龄左右开始，210～240日龄结束，换毛持续时间较长，有的可达4～5个月，且受季节性影响较大。如第一次年龄性换毛结束时正值春、秋换毛季节，往往就会立即开始第二次年龄性换毛。理论上讲，第二次年龄性换毛之后取皮，毛皮品质最好，而且皮张大，但由于饲养期长，经济效益不高。因此，獭兔取皮常在第一次换毛结束的时候。

2. 季节性换毛　季节性换毛通常指成年兔的春季换毛和秋季换毛。春季换毛，北方地区多发生在3月初至4月底，南方地区则为3月中旬至4月底；秋季换毛，北方地区多在9月初至11月底，南方地区则为9月中旬至11月底。季节性换毛持续时间的长短与季节的变化情况有关，一般春季换毛持续时间短，秋季持续时间较长。另外，也受年龄、健康状况和饲养水平等影响。

3. 换毛顺序　换毛一般先由颈部开始，紧接着是前躯背部，再延伸到体侧、腹部及臀部。春、秋季换毛顺序大致相似，唯颈部毛在春季换毛后夏季仍不断地退换，而在秋季则无此现象。

獭兔换毛期间体质较弱，消化能力降低，对气候环境的适应能力也相应减弱，容易受寒感冒。因此，换毛期间应加强饲养管理，供给易消化、蛋白质含量较高，特别注意添加含硫氨基酸的饲料，可以提高獭兔毛皮品质。

五、獭兔皮的季节特征

獭兔宰杀取皮季节不同，皮板与毛被的质量也有很大差异。

1. 冬皮 冬皮是指从每年立冬（阳历 11 月份）至立春（阳历 2 月份）屠宰所取的獭兔毛皮。此期气候寒冷，经秋季换毛后毛被已全部退换为冬毛，此时所产的皮张毛绒丰厚，平整，富有光泽，板质足壮，富含油性，尤其是冬至到大寒期间所产的毛皮品质最佳。

2. 春皮 春皮是指从每年立春（阳历 2 月份）至立夏（阳历 5 月份）屠宰所取的獭兔毛皮。在此期间，由于气候逐渐转暖，且獭兔处于换毛期，此时所产的皮张底绒空疏，光泽减退，板质较差，略显黄色，油性不足，品质较差。

3. 夏皮 夏皮是指每年从立夏（阳历 5 月份）至立秋（阳历 8 月份）宰杀獭兔或淘汰獭兔时所取的皮张。此期天气炎热，而且经春季换毛后已褪掉冬毛，换上夏毛，此时所产的皮张，被毛稀短，缺少光泽，皮板瘦薄，多呈灰白色，毛皮品质最差，制裘价值最低。

4. 秋皮 秋皮是指每年从立秋（阳历 8 月份）至立冬（阳历 11 月份）宰杀獭兔或淘汰獭兔所取的皮张。此期气候逐渐转冷，且草料丰富。早秋所产的皮张毛绒粗短，皮板厚硬，稍有油性；中、晚秋皮毛逐渐丰厚，光泽较好，板质坚实，富有油性，毛皮品质较好。

第二节 毛皮质量评定

一、质量要求

獭兔毛皮品质的优劣主要依据皮板面积、皮板质地、被毛长度、被毛密度和毛皮色泽等来评定。

1. 皮板面积 皮板面积的大小直接关系到獭兔皮的利用价值。在其他品质相同的情况下，面积越大利用价值就越高。按照中华全国供销合作行业标准（GH/T 1028—2002）的分级标准与规格，獭兔毛皮的全皮面积特等皮为 1 400 厘米^2 以上，一等皮为 1 200 厘米^2 以上，二等皮为 1 000 厘米^2 以上，三等皮为 800 厘米^2 以上。

2. 皮板质地 优良的獭兔皮板质地应当是厚薄适中，坚韧而富有弹性；质地致密，手感足壮，板面平整、洁净、无油脂和肉屑，有色板面应无黑色素沉着，呈灰白色；毛面平齐，颜色纯正鲜亮，被毛不易脱落。以青壮年獭兔皮的板质最好，幼龄獭兔皮的板质太薄、太软，而老龄獭兔皮的板质太厚较粗糙。在季节上冬季皮致密、厚实、有弹性，质量较佳，而夏季皮则薄且疏松，易破裂。在加工处理时，如油脂、肉屑没刮净或晾晒不善、保管不当时，都会降低板质的质量。从部位上来讲，通常獭兔皮张厚度以臀部最厚，肩部最薄；冬季皮较夏季皮板厚。另外，皮板厚度还随年龄的增加而增厚。此外，饲养管理粗放、剥取技术不佳或晾晒、贮存、运输不当时，都会影响毛皮质量，严重者无制裘价值。

3. 被毛色泽 对獭兔皮色泽的基本要求是要符合本品系色型的特征，毛色纯正，富有光泽。暗淡无光或不符合色型要求的，都会降低等级。色泽的纯正度主要受遗传、年龄的影响。品种不纯的有色獭兔，其后代容易出现杂色、色斑、色块和色带等异色毛。年龄不同，其色泽也有很大差异。4月龄以前的幼兔，被毛尚未换完，颜色普遍发淡，不光顺；超过12月龄的獭兔，随着年龄的增加，色泽会变淡。獭兔一生中以5月龄至周岁前后色泽最为纯正而富有光泽。此外，管理不善、营养不良和疾病因素等均影响被毛的色泽。

至于何种色型的獭兔毛皮最珍贵，饲养何种色型最合算，主要取决于市场要求和消费者的不同爱好。随着科学的不断发展，可以通过染色来满足市场及不同消费者的需求，但对有色毛皮的染色有一些难度。因此，就当今商品角度而言，则以白色为最好。白色獭兔遗传稳定，不会出现杂色后裔，饲养数量最多，利于提纯复壮和提高商品品质。

4. 绒毛密度和平整度 绒毛密度指单位皮肤面积内所含獭兔绒毛纤维的根数。它与保暖性、美观性有很大关系。因此，要求獭兔绒毛密度愈大愈好。獭兔品系不同，绒毛密度不同。美系獭兔每平方厘米的绒毛有16 000～38 000根，平均每平方厘米2 500根；法系獭兔每平方厘米的绒毛有18 000～22 000根，平均每平方厘米20 000根。美系獭兔绒毛密度较法系高；母兔绒毛密度略高于公兔；臀部绒毛密度最大，背部次之，肩部最差。绒毛密度除受遗传、营养、年龄和季节等因素的影响外，营养越好，毛绒越丰厚；青壮年兔比老龄兔丰厚；冬皮比夏皮丰厚。饲养管理不善，忽视品种选育等，均会影响被毛密度。

绒毛平整度是指绒毛长短均匀，整齐一致，被毛十分平整。成熟的獭兔毛皮应是全身有浓密、细软、丰厚、平整的绒毛，其毛纤维短，以1.6厘米左右者为佳，而且戗毛少，甚至没有。如果戗毛多而突出于绒毛面，形成毛皮面的凹凸不平，就失去了獭兔皮固有的特色。当獭兔处于换毛阶段取皮时，绒毛生长出现不整齐，毛皮不平整，无光泽的现象，因此严禁在换毛期宰杀取皮。

二、毛皮品质的评定方法

评定獭兔毛皮质量，主要通过一看、二抖、三摸、四吹、五量等步骤进行。

一看就是一只手捏住兔皮头部，另一只手执其尾部，仔细观察兔皮。先看毛面，后看板面，然后仔细观察被毛的粗细、色泽、板底、皮形等是否符合标准，有无淤血、损伤、脱毛等现象。若出现孔洞、旋毛、伤痕、痈疽、淤血、掉毛、皱缩或过分伸拉等现象，则应作降级处理。板质足壮，是指皮板有足够的厚度，薄厚适中，皮板纤维面积细致紧密，弹性大，韧性好，有油性。板质瘦弱是指皮张薄弱，纤维编织松弛，缺乏油性，厚薄不匀，缺乏弹性和韧性，有的带皱纹。

二抖就是一只手捏住兔皮头部，另一只手执其尾部，上下不断地轻轻抖动，观察被毛长短、平整度，毛脚软硬，毛的弹性、粗毛多少等，依此来确定等级。凡发现毛纤维过长（超过2.2厘米以上）、戗毛突出、毛脚绵软、无弹性、毛被稀松、粗毛过多以及有掉毛现象者，均应作降低处理。

三摸就是手触摸毛皮，检查被毛弹性、密度及有无旋毛，同时将手指插入被毛，检查厚实程度。毛绒丰厚是指毛长而紧密，底绒丰足、细软，戗毛少而分布均匀，色泽光润。毛绒空疏是指毛绒粗涩，黏乱，缺少光泽，绒毛短而薄，毛根变油，显短干。

四吹就是用嘴沿逆方向吹开被毛，使其形成漩涡，视其中心所露皮面积大小评定密度。若不露皮肤或露皮面积小于4毫米^2（1个大头针头大小）为最好，不超过8毫米^2（1个火柴头大小）为良好，不超过12毫米^2（3个大头针头大小）为合格。

五量就是用尺子自颈的缺口中间至尾部量取长度，选腰间中部位置量其宽度，长宽相乘即为皮张面积。特等皮全皮面积在1 400厘米^2 以上，一等皮面积应在1 200厘米^2 以上，二等皮在

1 000厘米^2 以上，三等皮在 800 厘米^2 以上。

第三节　影响獭兔毛皮质量的因素及改进措施

一、影响獭兔毛皮质量的因素

影响獭兔毛皮质量的因素很多，主要有品种、营养与饲料、疾病、宰剥年龄、取皮季节、宰杀与剥皮的方法、加工技术等因素。

1. 品种　品种因素是决定毛皮品质的关键。如果种獭兔品种不纯、品种退化或体形变小，就会直接影响毛皮色泽，失去原有的色型特征，出现毛色混杂、绒毛稀疏、密度降低、平整度差、皮张面积小等现象，使獭兔毛皮质量达不到规定要求。按一般规律，獭兔体形大，毛皮面积就大，商品价值就高。因此，务必重视獭兔的品种选育，对种獭兔进行提纯改良，精心选种。要严格淘汰不符合种獭兔标准的种兔，选育出优质的核心种獭兔群，以切实提高獭兔毛皮质量。

2. 营养与饲料　营养与饲料对毛皮品质影响很大。若长期营养水平较低，会引起獭兔生长发育受阻、个体变小、皮张面积不符合等级。但营养过剩，则会出现腹部毛尚未脱换完，背部毛又开始脱换的情况，对毛皮质量也会产生不利的影响。

在营养因素中，日粮中的能量和蛋白质是影响毛皮动物生长发育和毛皮品质的主要因素。当日粮中消化能 10.88 兆焦/千克、粗蛋白质 18.5%、粗纤维 12%时，獭兔生长速度较快而且毛皮质量较好。低能量高蛋白质日粮（消化能 10.97 兆焦/千克、粗蛋白质 18.98%）和高能量高蛋白质日粮（消化能 11.31 兆焦/千克、粗蛋白质 19.36%）有利于獭兔被毛品质的提高。饲料中蛋白质不足，尤其是含硫氨基酸不足，会导致毛质退化，绒毛空疏，毛纤维强度下降，戗毛明显增加。

此外，维生素和微量元素的缺乏，常会导致被毛褪色、脆弱，甚至脱毛。生物素是重要的水溶性含硫维生素，广泛地参与机体的代谢。由于自然界生物素的浓度低且生物利用率有限，也会出现不足和缺乏，从而造成机体代谢功能的紊乱，导致獭兔生产性能的下降和抗病能力的削弱并且导致毛皮质量下降。胆碱缺乏时，肾脏损伤，毛皮粗糙、稀疏等。

铜缺乏则影响角蛋白合成过程中多肽链各种氨基酸的相互连接，因而使毛纤维发生异常变化，弯曲度减少，毛的张力和弹性减弱，降低纺织性能。日粮中添加一定比例的铜，对兔毛生长有促进作用，以添加剂量为 50 毫克/千克时作用显著。对皮板厚度的影响则是在添加量为 10 毫克/千克时显著，随着添加量的增加，皮板厚度反而下降，表现出剂量效应。这可能与兔体内不同组织对铜的适用量不同有关。

3. 疾病 如果笼舍潮湿、卫生条件差、兔体不清洁等，轻则会使獭兔皮毛脏乱，重则会导致产生各种疾病。疾病的发生不仅对獭兔健康和生长发育不利，还会影响毛皮的品质。有些疾病甚至会直接造成皮肤、被毛损伤而降低毛皮质量，如疥癣病、兔虱、螨虫、皮肤霉菌病、皮下脓肿等，会使獭兔毛皮不平或皮层溃烂成洞，斑痕累累；病瘦獭兔的皮质较薄弱而枯燥，皮板粗糙、松软、韧性差，皮毛焦躁，缺乏光泽，失去了制裘的价值。

4. 宰剥年龄 年龄对毛皮品质影响很大。一般来讲，成年兔皮的质量比幼龄兔皮的要好。4 月前的幼龄兔，因绒毛不够丰满，胎毛脱换未尽，板质轻薄，商品价值不高。5～6 月龄的壮龄兔，体重长到 2.5～2.75 千克，绒毛浓密，色泽光润，板质厚薄适中，皮可达到一级皮的面积标准，这时取皮质量最佳。老龄兔皮因绒毛干枯、毛纤维拉力差、色泽暗淡、板质厚硬粗糙，商品价值很低。

5. 取皮季节 取皮季节对青年兔影响不大，但对成年兔和老龄兔则以冬皮品质最佳。取皮季节最好选在冬末春初，即11月到次年3月，此时绒毛丰厚，光泽度好，板质优良。因为冬季气候寒冷，兔皮毛长绒厚，毛面整齐，色泽光润，板质厚实；春季正值成年兔和老龄兔换毛时节，兔皮毛长而稀，底绒空疏，毛面不整齐，板质较粗糙，质量较差；夏季气候炎热，毛短而粗，底绒稀薄，皮板薄而硬，呈暗黄色，品质最差，使用价值很低；秋季气候适宜，饲料丰富，毛绒密而平齐，但仍较短，板质较厚实，品质仅次于冬皮。因此，在实际生产中要坚持适时适龄取皮，最好选在冬末春初，少剥春皮，禁剥夏皮。

成年兔每年春、秋两季各换毛一次，称其为季节性换毛，在换毛期间取的皮绒毛长短不齐，极易脱落，质量最低，不取换毛皮应成为一条戒律。检查是否正在换毛的方法：用手扒开毛被，如发现绒毛容易脱落，并有短的毛纤维长出即为换毛开始。

6. 宰杀与剥皮的方法 宰杀时处死方法不当，如用刀放血、杀头致死或灌醋处死等方法，往往会造成血污，严重影响毛皮质量。因此，处死方法应本着简便易行、致死快、不污染毛皮、保持尸体清洁和不影响毛皮质量为原则。处死方法可采用颈部移位法、棒击法、电麻法和空气注射法等。獭兔宰杀后尸体应放在干净、凉爽的地方，并要尽快剥皮，切忌长时间堆放，以防受热而影响毛皮质量。如果剥皮不当或技术不够熟练，会造成缺材、皮形不完整或歪皮（背部皮长、腹部皮短或背部皮短、腹部皮长）等，影响毛皮的质量。

7. 加工技术 加工技术包括剥皮、晾皮、贮皮、染皮、整皮等技术。若加工不合理、整形不当，则会造成“褶皱板”或皮形不完整；鲜皮处理时方法不妥，会损伤毛囊，使皮板变色、毛绒脱落；晾晒不及时或方法不当，皮板会发生霉变、“油烧”、“冻糠”等；撑皮用力过猛或撑拉过大，皮板干燥后会使腿、腹部皮张薄如纸，制裘时容易破损；皮张在干燥或贮存期间，若烟熏时间过长，会使皮板枯干发黄而失去油性光泽。在储运过程中若保管不当，会发生虫蛀、鼠咬、变色、霉烂等，轻则降低毛皮质量，重则失去使用价值。

二、獭兔毛皮质量的改进措施

改进獭兔毛皮质量可以采取下列措施。

1. 加强獭兔品种选育　应根据獭兔的品种特征选好种，通常种獭兔具有如下特征：被毛长 1.6 厘米左右、毛纤维直径在 18～19 微米、密度大、戗毛少、长短均匀、整齐一致、色泽光亮、绚丽多彩、富有反弹力、着生牢固；四肢较短细、腹部紧凑、身体结构匀称、头小额宽、眼大而圆、眉目清秀、耳中等长而直立、尾巴较短秃、肉髯明显、后爪宽大；体质健壮、生长发育迅速、体重大产肉性能高；生殖机能旺盛、遗传性能稳定、繁殖力强。

目前，獭兔主要有美系、德系和法系 3 个品系，这 3 个品系各有所长。从繁殖力来看，美系獭兔最高，德系獭兔最低；从生长速度来看，德系獭兔的生长潜力最大。因此，可用美系獭兔作为第一母本，用德系或法系獭兔作为第一父本进行杂交；再用杂交一代的母兔作为第二代母本，与德系公兔进行杂交，用三元杂交后代直接进行育肥。实践证明，通过系间杂交生产的后代，生长效果优于任何一种纯系獭兔。

2. 合理的营养　从断奶到 3 月龄期间应保证獭兔的营养水平，任其自由采食，充分利用其早期生长快的特点，挖掘其生长的遗传潜力，让幼兔多吃快长。这是由于獭兔被毛毛囊的分化与体重的增长存在正相关的关系，即体重越大，毛囊密度也越大。而毛囊的分化主要在早期，因此抓早期育肥对提高毛皮品质是有效的。长期的生产实践证明，在 3 月龄前实现不间断地生长，对提高商品兔被毛品质、体重和皮张面积非常有效。这段时间，应供给富含蛋白质的精饲料并供给充足的青绿饲料。在精饲料的配制中除要求全价外，应特别加入含硫氨基酸，其含量可达到0.6%；加入维生素D，其含量比其他兔高，1千克精饲料中含800～1000国际单位的维生素D_3，以促进獭兔早期骨骼的生长发育，使其屠宰取皮时能长成足够大的体形；另外，添加油料子，如亚麻子、棉子等也可增加皮毛光泽度。

此后，可适当控制其生长速度。方法有两种：一种是略微降低日粮营养水平；另一种是适当减少饲料供给量，日喂精饲料可减至50克，但必须加喂苜蓿、大豆、向日葵等蛋白饲料。前促后控的育肥技术不仅可以节省饲料，降低饲养成本，还可以提高育肥兔的皮张质量，不会有多余的脂肪和结缔组织。

3. 注意换毛时期的饲养管理 獭兔换毛期间体质较弱，消化能力降低，对气候的适应能力减弱，易患伤风感冒。因此，换毛期间应加强饲养管理，供给易消化、蛋白质含量较高的饲料。特别是含硫氨基酸（蛋、胱氨酸）丰富的饲料，其含量可占日粮的0.6%，这点对被毛生长尤为有利。

4. 加强疾病防治 采用彻底的综合性疫病防治措施，加强日常科学饲养管理，控制主要疫病（尤其是代谢病和寄生虫病）的发生和流行，是提高毛皮质量的重要措施。在卫生管理上，要经常清扫兔舍、兔场，保持兔舍清洁、干燥、卫生，并定期做好消毒工作。

5. 适时取皮 根据换毛规律和体重适时取皮是提高毛皮品质的重要措施之一。通常认为，青年兔最好在第一次年龄性换毛和第二次换毛之间，5月龄左右、体重达2.5～3千克时宰杀取皮。这个阶段的绒毛浓密，色泽光润，板质厚薄适中，取下的皮可达到一级皮面积标准，毛皮质量最佳。成年及老龄兔必须错过换毛期取皮，而以冬末春初最佳，此期绒毛足、光泽好、皮板质地坚韧、优质皮比例大。

6. 注意取皮、加工和保管的方法 宜采取“先处死后剥皮，皮肉分离后再放血”的方法取皮，以使毛皮少受污损。具体操作方法：用棒击或电击致獭兔昏死后，再将毛皮剥制成毛朝里、皮朝外的扁平皮筒，然后用利刃从腹中线把皮板拉开，展平在纸板上，在毛皮四周钉上小铁钉，让毛皮阴干。将阴干的毛皮毛对毛、皮对皮头尾交叉对叠，然后按每10张皮一小捆、每50张皮一大捆分级装入麻袋，撒上驱虫药剂，封口保存。

取皮、加工和保管过程中要注意下列问题：一是剥皮时防止刀伤及皮肤而造成破洞；二是开裆要沿腹中线开正，否则会影响皮形的规范，减少皮张面积；三是皮板上的油脂要刮净，尤其是颈部要刮净，否则影响皮张的延伸率或干燥后出现塌脖的缺陷；四是干燥时应创造适宜的温、湿度条件，最好采用吹风干燥，如用热源干燥，但温度和湿度均不能太高，最适温度为10℃左右，相对湿度在55%～65%，否则容易造成闷板而导致掉毛；五是皮板干燥后应进行正确的整理和包装，干好的皮张应及时整理和包装，将兔皮毛被对毛被、皮板对皮板层层堆码。整理包装时切勿折叠，要保持皮张平整；六是在贮藏过程中，定期检查，妥善保管，防止出现陈旧皮、烟熏皮、霉烂皮和受闷皮。

第四节 残次獭兔皮产生的原因及分类

獭兔生产实践中，由于多方面的原因，常生产出不少残次（或低档）獭兔皮，既影响饲养者的经济效益，又造成资源的浪费。为此，从饲养管理到取皮保存等过程中，必须采取有效措施，降低残次兔皮的比率。残次獭兔皮产生的常见原因有以下几种。

一、饲养管理不当

（1）*伤疤皮* 獭兔群养斗殴，咬破皮板，伤口感染溃烂，愈合脱痂后形成伤疤。或患脓肿，形成溃疡，伤及皮层。此类皮张制裘后多呈孔洞。

（2）尿黄皮　笼舍潮湿，卫生条件极差，导致臀部后躯被毛被粪尿长期污染形成棕黄色，制裘过程中染色困难，影响品质。

（3）癣癞皮　患有疥螨病、毛癣菌病的獭兔，被毛粗乱，缺少光泽，严重者被毛成片脱落，失去制裘价值。

二、宰杀年月龄不当

（1）季节皮　季节皮是指季节性换毛尚未完成的兔皮。有的皮张整张毛稀，有的四边毛稀，有的毛高低不平。等獭兔毛换完、长齐、长牢时取皮可以大大减少出现季节皮。

（2）轻薄皮板　质轻、薄，状如牛皮板，呈半透明状，抖动会有哗啦啦地响声。4月龄前后，体重2千克左右的青年兔，绒毛不够丰满，板质轻薄，使用价值不高。

（3）戗针皮　换毛初期有些绒毛脱离皮板，但仍残留于绒毛中，呈小撮状露出绒面，对毛皮质量影响较大。

（4）龟盖皮　龟盖皮俗称盖皮，即王八盖皮。背部绒毛丰厚平整，腹部绒毛空疏，形成“龟盖”状。有的背部绒毛长短不一，腹部绒毛基本一致，还有的背腹毛基本一致，但背腹毛连接处出现一圈短毛。这类皮张在检验中出现的频率较高，一般只能作三级皮或等外皮处理。

（5）竖沟皮　竖沟皮是指在整个皮上隐隐约约有几道长短不一的竖沟，毛短或缺毛，易造成整个皮张不平。发现该种皮的活兔，要等竖沟处毛长到与周围毛相齐时再宰杀。

（6）波纹皮　波纹皮是指皮上可以看到有似水波的条纹，条纹处缺毛或毛短，这样的活兔要等波纹处毛长齐再宰杀。

（7）孕兔皮　孕兔皮是指产过仔兔的母兔，腹部毛稀疏或已经长不出来，皮张使用面积仅为背部，腹部不能用。

（8）鸡啄皮　顾名思义，鸡啄皮是皮张上有多处像被鸡啄掉一样，缺毛，多数系由獭兔活着时咬架所致，对此活兔要等缺毛处长出、长齐后再取皮。

（9）黑色沉积皮　黑色沉积皮是指有色兔皮板面带有大片的黑色沉积区，说明毛被未发育成熟。

三、宰杀、加工、贮存不当

（1）刀洞皮　在宰杀剥皮过程中技术不熟练易造成破残刀伤，有的刀洞恰好在正中央，严重影响使用价值。

（2）缺材　因加工不当、保管不善或其他原因造成的皮形不完整为缺材。

（3）偏皮　筒皮开皮时，不沿腹部中线切开，造成皮板脊背中线两边面积不等，影响利用率。

（4）撑板皮　采用已废弃的撑板或订板方法，把皮张拉得很紧，撑拉过大，这样的皮张干燥后皮板薄如纸张，纤维极易破裂或折断。这样的皮张一般作残次皮处理。

（5）皱板皮　皱板皮是因鲜皮晾晒时没有展平，皮板干燥后产生皱缩，特别是边缘内卷，犹如鞋底，不但影响外观，而且捆扎时皱缩处容易断裂。这种情况多为淡板（即非盐板）。

（6）虫蛀皮　虫蛀皮是因保管不当而发生虫蛀造成的，轻者被毛部分脱落或呈断毛，重者皮板被蛀成孔洞从而失去制裘价值。

（7）油浇板　油浇板是指板面遗有多量黏黄的脂油，犹如浇上一层油。这是由于板面脂肪过多，过夏贮存时间又长，导致脂肪酵解而致。这种板制裘时脱脂困难，且极易断裂。

（8）陈板　陈板是指生皮存放时间过长，皮板发黄，失去油性，皮层纤维组织变性，被毛枯燥失去光泽，浸水后不易回鲜，制裘后柔软度差。

（9）板面脂肪不净　板面脂肪不净是个普遍问题。由于脂肪酵解产热，极易使局部受热脱毛，这种情况在生皮时不易发现，只是毛附着不牢，易拔下，一旦熟制，就会形成秃斑。

（10）*霉烂* 贮存和运输过程中，皮张因雨淋受潮，或鲜皮因未及时晾晒，或晾晒未干而堆叠过久等，均可使皮张霉烂变质，严重影响毛皮品质。

（11）*石灰板* 晾晒生石皮或贮存皮张时，会在皮板上撒放生石灰用于吸水。但因石灰遇水产热，使胶原纤维发生变化，皮层组织受损，轻者制裘后板面粗糙，重者板面硬脆，极易折断。

（12）*晒干皮* 晒干皮是指取的皮板不是在阴凉处晾干，而是在阳光下暴晒，致使皮板（背面）脂肪油泛出，皮板纤维破坏，鞣制时吃不进水，这种皮一般都应作废弃处理。

（13）*鼠咬皮* 鼠咬皮即皮板存放时被鼠咬破，造成绒毛掉落，严重者失去价值。

第五节 毛皮剥取

獭兔生产是以毛皮为主，通常以皮张品质来衡量其商品价值。毛皮剥取的好坏直接影响毛皮的质量和收购等级。因此，在毛皮剥取时应当特别注意。

一、取皮季节

獭兔取皮要讲究适龄、适重、适时。所谓适龄、适重，指青年兔在第一次年龄性换毛后、第二次换毛前，5～6 月龄时体重在 2.75 千克以上时宰杀取皮最为适宜，此时皮张面积符合等级要求；所谓适时、则指成年兔取皮、老龄兔淘汰，应选在冬末春初，即 11 月至次年 2 月前后，此时绒毛丰厚，光泽好，板质优，毛绒不易脱落，优级皮比率大。

严禁在獭兔处于换毛期间取皮，这是獭兔毛皮生产的一条戒律。因为换毛期绒毛长短不一，极易脱落，鞣制成熟皮时绒毛成片脱光，影响品质。判定兔子是否正在换毛，简单的方法是用手扒开毛被，发现绒毛易脱落，有短的毛纤维长出时就是换毛开始。

二、宰前准备

为保证皮张和兔肉的品质，对候宰兔先应进行健康检查。对病兔尤其是患有传染病的獭兔，应隔离处理。确定屠宰兔，宰前应断食 8 小时，只供给充足饮水，利于操作和确保皮张质量，而且节省饲料。

三、处死方式

农村分散饲养条件下或小规模饲养的条件下，可采用颈部移位法处死獭兔（图 8-2）。即左手抓住后肢，右手捏住头部，将兔身拉直，突然用力一拉，使头部向后扭，颈椎脱位致死。也可采用棒击法（图 8-3），即一只手提起后肢，另一只手持木棒猛击耳根延脑部致死。

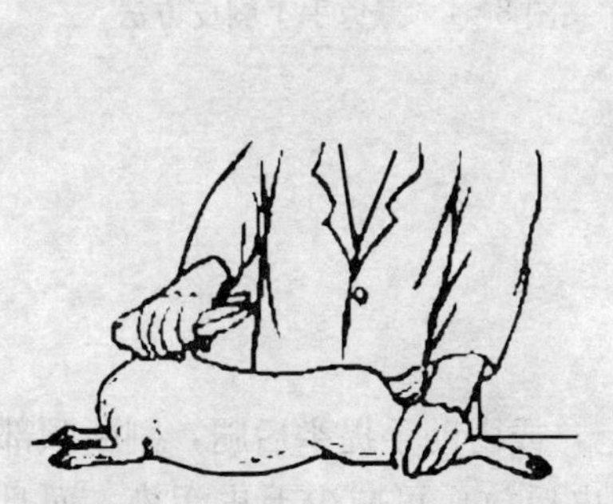

图 8-2　獭兔颈部移位处死方法

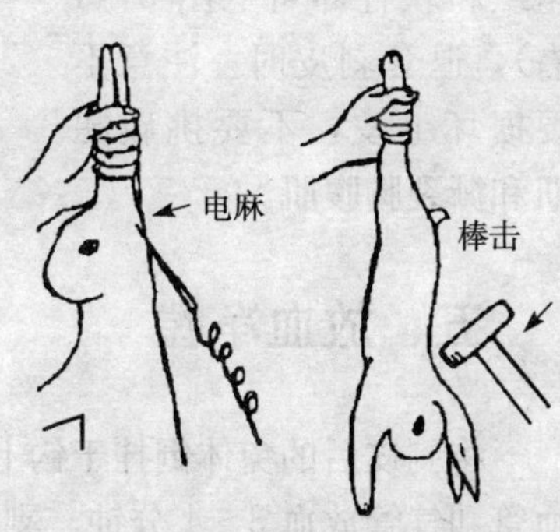

图 8-3　獭兔电麻（左）和棒击（右）处死方法

大规模饲养獭兔条件下可采用电麻法，即用70V、0.75A电麻器轻压耳根部，使兔触电致死（图8-3）；此外还可以采取耳静脉注射空气5～10毫升，使血液栓塞致死。农村采用的尖刀割颈放血或杀头致死法，易使毛皮受污损，一般不宜采用。

四、剥皮

处死后应立即剥皮。手工剥皮时先将左后肢用绳拴起，倒挂在柱子上，取利刀切开跗关节周围的皮肤，沿大腿内侧通过肛门单行挑开，将四周毛皮向外剥开翻转（图8-4左）。用退套法剥下毛皮时，应最后抽出前肢，剪掉眼睛和嘴后周围的结缔组织和软骨即可（图8-4右）。退套剥皮时，注意不要损坏毛皮，不要挑破腿肌和撕裂胸腹肌。

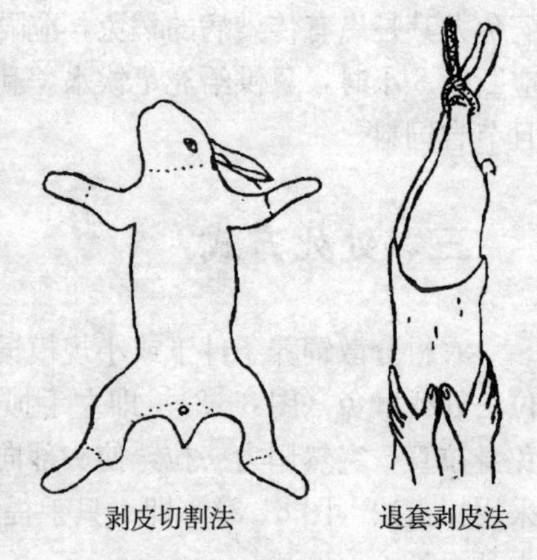

图8-4　獭兔手工剥皮方法

五、放血净膛

将剥皮后的兔体倒挂于钩上，或由助手提举后腿，割断颈部血管和气管放血3～4分钟。剥皮后放血可减少毛皮污染，而且充分放血可使胴体肉质细嫩，含水量少，利于贮存。放血后应立即剖腹净腔。方法是：先用利刀断开趾骨接合处，分离出泌尿生殖器官和直肠；再沿腹中线切开腹腔，除留肾脏外取出全部内脏器官；在前颈椎处割下兔头，在肘关节处割下后肢，在腕关节处割下前肢，在第一尾椎处割下尾巴；最后用清水洗净胴体上的血迹和污物。净胴体可作白条、分割或剥骨处理后出售；取出的内脏可作为副产品收集进行综合加工利用。

第六节 生皮加工技术

一、防腐处理

防腐是采取相应的措施，使生皮达到不适于微生物和酶作用的条件而能长期保存的目的。刚从兔体上剥下来的生皮，称鲜皮，也叫血皮。鲜皮主要由蛋白质构成，含有大量的水分，是各种微生物繁殖的优良培养基。兔皮表面微生物种类很多，在温度适宜（20～37℃）的情况下，分解蛋白质的腐败菌很快繁殖，将鲜皮分解。如不及时进行防腐处理，生皮极易腐败。在夏季兔皮剥下后如不经处理，2～3 小时后鲜皮就会发生自溶现象（发酵作用），这种作用是由皮中的酶所引起的。皮中所含的酶，在獭兔未屠宰前，具有促进皮组织合成和分解的作用，而且这种作用是平衡的。在兔死亡之后，这种酶就只能促使皮组织分解，即产生自溶作用。微生物和酶都会促使皮组织分解，轻者可使生皮变质，重者则造成生皮腐败。所以，从兔体上剥下来的鲜皮，不能及时加工处理时，应冷却 1～2 小时后立即进行防腐处理。在生产实践中，兔皮防腐主要采用干燥和盐腌两种方法。

（一）干燥法

干燥法是降低鲜皮水分、阻止细菌活动的最简单的防腐措施。为了区别于盐腌法，有的地区把用这种方法制成的干皮称为甜干皮或淡干皮以区别于盐干皮。具体做法是：

在自然干燥时，将鲜皮按其自然皮形，皮毛朝下、皮板朝上贴在草席或木板上展平，呈长方形，置于阴凉通风处，不要放在潮湿的地面上或草地上（图 8-5）。在干燥过程中要严防雨淋或被露水浸湿，以免影响水分的蒸发。干得过慢，不利于抑制细菌的有害作用，易导致生皮全面变质。同时，也不要放在烈日下直晒，或放在晒热了的沙砾地与石头上。因其温度过高，干得过快，会使表层变硬，影响内部水分的顺利蒸发，造成皮内干燥不匀。同时，过高的温度会使皮内层蛋白质发生胶化，在浸水时容易产生分层现象。另外，经过烈日暴晒的生皮，皮上附着的脂肪，就会熔化并扩散到纤维间和肉面上，增加后期鞣制时药液浸入的困难。

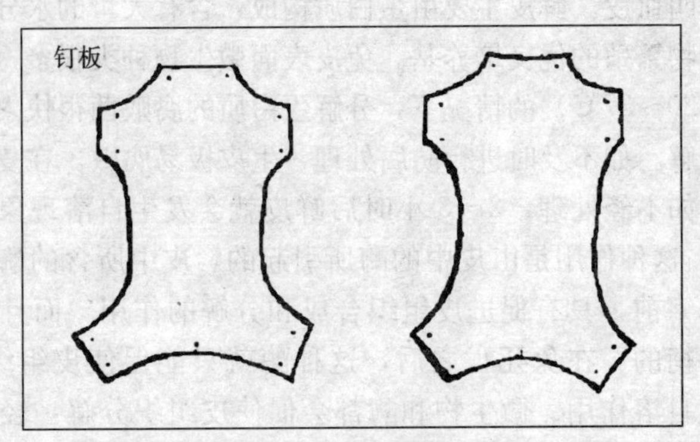

将板皮毛面向钉板展开钉上、阴干

图 8-5　板皮干燥法

干燥法具有方法简便、成本低、分量轻、皮板洁净、便于运输的优点，但只适合于干燥地区和干燥季节采用。干燥不当时，易使皮板受损，在保管过程中容易发生压裂或受昆虫侵害，搬运时附在上面的尘土飞扬，对工作人员的健康不利。

（二）盐腌法

盐腌法是指鲜皮在晾晒前用盐腌制，此种方法实际上是用食盐吸出皮内水分并抑制细菌繁殖，达到防腐的目的。盐腌法有以下两种，但用盐量均为鲜皮重量的 40%，所用盐的颗粒以中粗的为好，冬季腌盐的时间要适当长一些。

1. 撒盐法　将清理好的鲜皮毛面朝下，板面向上，平铺在水泥地上或水泥池中，把边缘及头、腿部位拉开展平，在皮板上均匀地撒上一层盐；然后再按此方法铺上第二张，撒一层盐，直到堆码达适当高度为止；最上面的一张皮需要多撒一些盐(图 8-6)。为了防止出现“花盐板”，一般在五六天后翻一次垛，即把上层的皮张铺到底层，再逐张撒一层盐。再经过五六天的时间，待皮腌透后，取出晾晒。

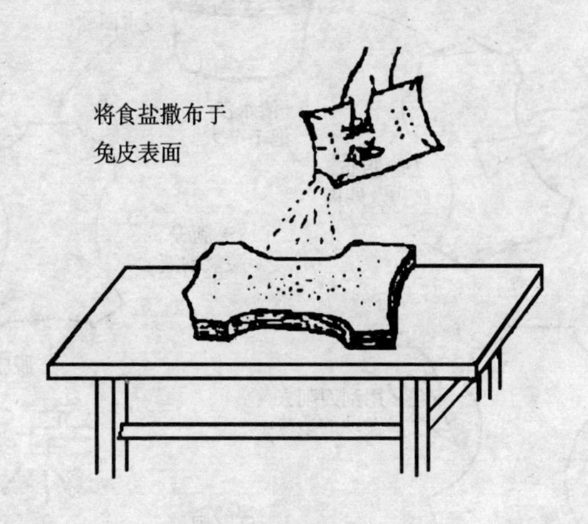

图 8-6　板皮腌盐法

2. 盐腌法　将清理好的鲜皮浸入浓度为 25%～35%的食盐溶液中，经过 16～20 小时的浸泡，捞出来再按上述方法撒盐、堆码，1 周后可晾晒。

盐腌晾晒后的干盐皮优点是：始终含有一定水分，适于长时间保管不易生虫，但是阴雨天容易回潮。因此，在阴雨季节仓库须密封，以免潮气浸入。

二、鞣制技术

兔皮目前以制裘为主，制革为辅。制裘用皮，以毛绒丰富、平顺为主；而制革用皮，则以皮板质地为主，毛绒脱落后可作其他原料。鞣制兔皮的目的是改变皮板干后变硬的缺点，使之柔软而有韧性。皮板是由表皮、真皮和皮下疏松组织三部分构成的。真皮部分最发达，有许多纵横交错的胶原纤维，这些纤维韧性很强，可使皮板结实。但胶原纤维干涸后就变硬。使整个皮板也发

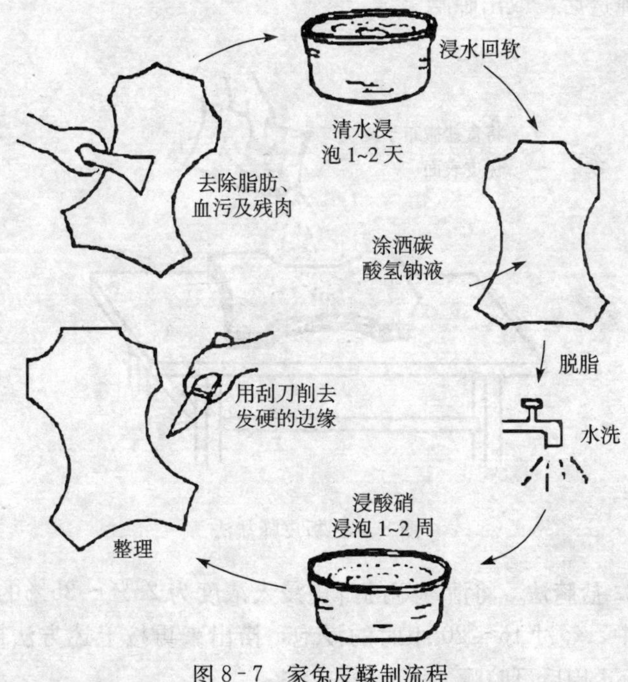

图 8－7　家兔皮鞣制流程

硬。如果能改变纤维的特性，又不影响其强度，就达到了鞣制的目的。皮张鞣制的程序一般是去除皮张脂肪、血污及残留的肌肉→浸水回软→脱脂→鞣制→整理（图 8－7）。现介绍一种兔皮的简易鞣制法。

1. 洗涤和清理　把新鲜的兔皮平铺在板上，用刀刮去皮肌脂肪和血污，特别要把脂肪刮净。陈旧和放干的兔皮要放在清水中浸泡一昼夜，再进行清理。清理完毕后，将兔皮翻转，使毛面向上，用 35～40℃的温热肥皂液或碳酸氢钠溶液泼在毛上，用手掌顺毛、逆毛反复拭刷，一边刷一边泼。洗净后将兔皮在清水中漂洗，同时洗刷皮板的肉面，漂洗干净后，晾至不滴水即可鞣制。

2. 酸液浸泡　将兔皮的毛面对叠，使皮板向外浸泡在 5%硫酸溶液中，要浸没兔皮，隔 4～5 小时翻动 1 次。8～10 小时后，构成皮板的胶原纤维在酸性溶液中膨胀，使皮板变厚、面积缩小。如果边角处的皮下疏松组织很容易被撕下，即说明浸泡时间已够。用酸浸泡兔皮不会对毛有损害，因毛的抗酸力很强。将兔皮在清水中泡洗后，晾至不滴水为止。

3. 皮板硝化　硝化可用皮硝。皮硝是粗糙的硫酸铝，各药店均有售。把兔皮皮板向上摊开，将 100 克皮硝溶解到 250 毫升热水中，调入 250 克粗粮粉制成涂料，均匀地涂在皮板上，并用手掌轻轻压实。皮硝会慢慢地渗入膨胀的胶原纤维中。经一昼夜后切下一小片边角，除去涂料，在边角料干至七八成时，用力左右前后拉搓，若皮下组织发白变松说明皮硝已经浸透，即可将整张兔皮涂料全部除去（涂料可再次利用）。兔皮晾至八成干后，用手从各方向拉搓兔皮，以改变胶原纤维之间的位置关系，直至皮板恢复至原来大小和皮下疏松组织发白起绒为止。将兔皮晾至全干，拍净皮板，梳理被毛，就成 1 张柔软、光洁的兔皮。

在整个鞣制过程中要特别注意，兔皮在酸溶液浸泡时间不宜过长；皮板只宜风吹晾干，不能暴晒；不能待皮板全干后再拉搓，这是一个技术关键。如果皮板已经干透发硬，可以将兔皮夹在两层潮毛巾中，1 小时后皮板还潮时，就可以拉搓。

第九章

獭兔常见病防治

第一节　獭兔疾病发生的原因及其诊断方法

一、獭兔疾病发生的原因

了解獭兔生病的原因，积极采取措施，有效地预防和控制疾病的发生，才能保障獭兔生产良好的经济效益，并使其持续发展。和其他动物一样，当獭兔受到体内外各种不良因素的作用时，也会发生疾病。因此，体内外各种致病因素同样可使獭兔发病。与其他家畜相比，獭兔在解剖生理、生活习性和行为上有许多自身的特点，饲养管理上也存在很大差别，因而上述各种已知因素在獭兔疾病发生中所起作用的重要程度又有所不同。为便于理解，结合獭兔生产实际，现将导致獭兔生病的主要原因归纳为以下四个方面。

（一）环境条件差

獭兔生活的环境，是指獭兔周围各种外界因素的总和，包括各种自然条件因素和兔生产者所提供的各种条件因素。外界环境因素十分复杂，无论是自然因素，还是人为因素，都能以各种各样的方式，经由各种不同途径，单独或综合地对兔机体发生作用和影响，引起獭兔各种各样的反应。

獭兔正常生长发育和繁殖需要一定的外在条件。外界环境因素，有些对獭兔有利，有些对獭兔不利，甚至有害，如污染的空气、饮水和场地、水源不足、气候骤变、炎热、潮湿、寒冷、噪声、光照不足等。当这些不利或有害的因素超过一定限度时，就会使獭兔生病，甚至死亡。各种外界致病因素都存在于獭兔生活的周围环境之中。獭兔周围环境中各种不利或有害因素越多，致病因素也就越多，獭兔就越容易生病。因此，要养好獭兔，就必须选择环境条件较好的地方，并通过建造适宜獭兔生产的场（舍），同时进行科学的饲养管理，以改善和控制环境条件，满足獭兔生产的需要。

（二）饲养管理不当

獭兔饲养管理的基本原则和要求，是根据獭兔的解剖生理学特征、生物学特性，以及饲料与营养学研究资料，并结合獭兔生产实践提出来的，具有一定的科学依据。随着科学研究的不断深入，认识水平的不断提高，各项饲养管理措施将不断完善。如果不懂科学，不相信科学，进行粗放的或错误的饲养管理，必将给獭兔的正常生长发育和机体健康造成损害。比如饲料品种单一、选择不当或配合不合理，易致兔营养不良或营养缺乏症；突然改变饲料，饲喂不均，饲料发霉、腐败或变质，饲料调制不当等，易引起胃肠道疾病及中毒病；饲养密度过高、拥挤，舍内通风不良等也易导致多种疾病。总之，良好的饲养管理可以消除许多致病的外界因素，同时对疾病的内因产生良性影响，否则就容易使獭兔生病。

（三）卫生防疫工作未落实

卫生防疫工作包括内容较多，涉及面较广，主要包括卫生打扫、场（舍）消毒、杀虫灭鼠、疫病检查、防疫注射、药物预防和病兔处理等；同时，涉及场（舍）选址建造、种兔引进和日常饲养管理等。其有关内容将在后面“兔疾病的综合防治措施”中讲述。

卫生防疫工作对于改善和控制兔舍环境因素，预防传染病和寄生虫的发生与流行具有重要意义，对于控制其他疾病的发生也有一定作用。因为通过各项卫生防疫工作的认真实施，不仅可以使场（舍）清洁，空气清新；更重要的是能消除周围环境中的各种病原微生物、寄生虫卵及传播这些病原体的媒介物，或降低其危害性；同时，可使机体的免疫力提高，增强其抵抗疾病发生的能力。因此，各兔场必须建立、健全各项卫生防疫制度，并认真贯彻落实。尤其是现代规模化、集约化的兔养殖场，必须对此给以足够的重视。

（四）应激因素所致

应激因素广泛存在于机体内外环境之中，体内外各种因素的变化都可能成为应激因素，引起机体一定的反应。在獭兔正常的生产活动中，体内外各种因素都在不停地发生变化，但大多数变化比较轻微，机体已经适应（也就是说已经习惯），有时并不一定能够感受到这些变化，这样就不会产生应激反应。只有那些变化比较大、发生比较突然，而且持续时间比较长的因素，才能引起机体较强的应激反应，如气候突变、突然更换饲料、粗暴地捕捉、长途运送、燃放鞭炮等。处于应激状态的动物，惊慌不安，机体免疫机能受到抑制，抵抗力下降，从而可能导致多种疾病的发生。

二、獭兔疾病的诊断方法

獭兔疾病诊断，必须在了解獭兔的解剖结构、生理与病理的基础上进行，同时它又是临床诊断的基础。只有在正确诊断的基础上，才能妥善治疗，合理用药，及时控制、治愈疾病或挽救病兔生命。对患急性传染病的兔来说，及早确诊尤为重要。

（一）体态检查

体态检查主要通过视诊和触诊，对病兔全身情况进行检查。重点检查营养状况、精神状态和有无异常姿势。营养状况检查，主要是用手触摸獭兔背部，如脊柱椎骨突出，表明兔体很瘦，由营养不良或疾病所致。精神状态一般指兴奋，还是沉郁。而异常姿势多见于骨折、脱肛、子宫脱出、瘫痪、斜颈、皮肤脓肿等。

（二）体表及被毛检查

獭兔皮肤、被毛的异常变化是皮肤、被毛疾病或全身营养代谢疾病的一种症状。应注意皮肤的颜色、温度、弹性、湿润度是否正常，有无病损、肿胀、脱毛（指非季节性、年龄性换毛和孕期拉毛）、无毛等现象。如脚底皮肤受损时，就可见脚底肿胀、化脓、行走不便等。耳、脚部皮肤结痂，常见于疥癣。

（三）可视黏膜检查

獭兔的可视黏膜包括眼结膜、鼻腔黏膜、口腔黏膜和阴道黏膜。重点要检查的是眼结膜。健康獭兔可视黏膜的色彩不尽相同，白色兔一般都近于粉红色。眼结膜苍白主要见于各种贫血（如营养不良性、出血性、溶血性贫血）。

（四）体温检查

对獭兔体温的测定，是检查疾病的重要手段之一。测量体温时，应注意影响体温变化的经常性因素和临时性因素。前者如兔的年龄、性别、营养状况等，如一般幼年兔体温较成年兔略高，营养好的较营养差的稍高等。后者如当气温高时，也可使体温有所上升。体温测定次数要依据病情而定，一般日测 1～2 次。獭兔体温的正常值为 38.5～39.5℃，高温季节最高可达 40.5℃。

（五）采食、饮水等动作的检查

这类检查包括采食、饮水、咀嚼、吞咽4个项目。当獭兔出现采食、咀嚼、吞咽等动作异常时，应对口腔、咽头进行细致检查。口腔检查主要用视、嗅的方法，注意口腔的颜色、湿润度、气味、舌苔，有无外伤、流涎、溃疡，牙齿状态有无异常。咽头检查主要靠视诊和触诊，可用开口器或徒手打开口腔，可较清楚地观察到病变。獭兔患传染性水疱性口炎时，嘴唇、舌、口腔黏膜会出现大量水疱、溃疡并流涎。

（六）胃肠道及粪便检查

可用视、听、触等方法检查獭兔的胃肠道及粪便。如患肠臌气的兔可看到其庞大的腹围，腹部皮肤紧绷似鼓。患有水泻的病兔在被摇晃时，可听到腹内的拍水音及看到被粪便污染的臀部。粪便的形状、硬度、颜色可因饲料的改变而异，但必须在正常的范围内。而各种疾病也常会引起粪便性状的改变。腹泻是肠道机能紊乱或肠道结构发生病理变化的重要表现。獭兔一旦发生腹泻，应首先考虑是否是饲料中粗纤维的含量不足，其次考虑是否患有魏氏梭菌病、大肠杆菌病、副伤寒、球虫病、肠胃炎等，要仔细鉴别。

（七）呼吸系统的检查

呼吸系统的检查主要包括呼吸次数、方式、呼吸是否困难和均匀性等。在适宜的环境温度和安静状态下，兔的呼吸次数为50～60次/分。健康兔的呼吸方式是胸腹式的，即当呼吸时，胸部和腹部都有较明显的起伏动作。当腹部有病，如患腹膜炎时，常会出现以胸部动作为主的胸式呼吸；当胸部有病，如患胸膜炎时，又常会出现以腹部动作为主的腹式呼吸。在正常情况下，健康兔的呼吸是很平和的，如它们的呼吸次数、方式有了不同程度地改变，出现呼吸困难等，因此要仔细检查。当獭兔出现慢性鼻炎时，可引起上呼吸道狭窄而出现吸气困难；当患胸膜肺炎时，吸气和呼气都会出现困难。

另外，还有鼻分泌物的检查。健康兔的鼻端没有分泌物，鼻端出现分泌物是有病的表现。从鼻腔、喉头、气管到肺，不论哪个部位有病，所产生的分泌物都要从鼻腔排出。从鼻分泌物中常可以分离到多杀性巴氏杆菌、波氏杆菌、金黄色葡萄球菌等。

（八）心率检查

在正常和安静的状态下，獭兔的心率数为 150 次/分。在剧烈运动或受惊时，心率数可出现生理性的急剧上升。非这些因素而致使心率数的减慢或加快，就意味着某个部位器官出现了病理变化。

（九）泌尿、生殖器官检查

獭兔的正常尿液为淡黄色、混浊状。一旦发现血尿，即可视为患有泌尿系统的疾病。如发现外生殖器的皮肤和黏膜发生水疱性炎症、结节和粉红色溃疡，则可疑为密螺旋体病；如阴囊水肿，包皮、尿道、阴唇出现丘疹，则可疑为兔痘；患李氏杆菌病时可见母兔流产，并从阴道内流出红褐色的分泌物。

（十）神经系统的检查

神经系统的检查主要看獭兔的精神状态是否正常，有无行动障碍，运动、感觉器官有无异常。患李氏杆菌病或因巴氏杆菌感染引起斜颈的獭兔，均会出现神经症状。獭兔患中毒病时，也大多有神经症状。

（十一）解剖检查

当獭兔出现病因不明的死亡时，应立即进行解剖检查，以帮助诊断。在进行尸检时，先剥去毛皮，然后沿腹中线切开，暴露内部器官。首先检查胸腔内的心、肺。正常的肺呈淡粉红色；若肺呈紫色、有红色斑点状或黄色、白色区，则可能是一种病灶。如肺有较多芝麻大点状出血，则为病毒性出血症的典型症状。其次是检查腹腔。正常的肝呈酱色，质柔软有光泽；若色泽有变化或出现白色区，则是有病的表现。患肝球虫病时，即可见到肝上有黄白色小结节。消化道的检查从胃开始。胃中出现毛球是由于兔吃进自身或其他兔的毛所致，称为毛球症。小肠末端有一膨大厚壁的圆小囊，开口于盲肠，盲肠内有半固态食物。盲肠末端形成一细长壁厚而色淡的蚓突，它是盲肠的阑尾。蚓突一旦变肥厚变粗，浆膜下出现许多黄色或白色小结节，可考虑是否患有伪结核、球虫病或副伤寒等。脾脏位于胃大弯处，有系膜相连，使其紧贴胃壁，呈一扁薄长条状，色泽深褐。当感染兔瘟时呈紫色，肿大数倍。患伪结核的兔常见其脾脏呈紫红色，肿大数倍，有芝麻至绿豆大的灰白色结节。肾脏位于腰椎下方，正常情况下由脂肪包裹，大小如拇指状，位于脊柱两侧，呈深褐色，表面光滑。有病变的肾脏可见其表面粗糙、肿大，颜色有变化或有白点、出血点。在进行尸检时，应注意尸体、解剖场地和器械等的消毒，以防病原扩散。解剖结束后应对尸体进行消毒、深埋或焚毁。

第二节　獭兔疾病的综合防治

一、獭兔疾病的综合防治措施

疾病是严重影响兔业发展的主要因素之一，在獭兔生产中因疾病导致死亡是普遍存在的问题。据报道，全国每年有 20%以上的獭兔因患病而死。特别是传染病，一旦发生，可在短时间内导致獭兔的大批死亡，给养殖者造成重大的经济损失。其他许多疾病虽经治疗可以痊愈，但仍会影响獭兔健康、生长发育及产品质量和数量，同时又增加了獭兔产品的生产成本。因此，预防和控制疾病发生是保障獭兔生产顺利进行和提高生产效益的重要措施之一。根据獭兔个体小，饲养群体大；个体价值低，群体效益高；个体耐受性差、易死亡，而群体防治效果好的特点，结合獭兔疾病发生的主要原因，应认真贯彻“预防为主、防治结合”的原则，积极采取以下综合防治措施，有效地预防和控制疾病的发生。“防重于治”是预防疾病的基本方针，对于獭兔饲养来说尤其重要。有些疾病只能靠预防，发病后要治愈很困难，如兔瘟等；有的疾病治疗的经济价值不大，扑杀往往是防止疾病扩散的最佳方法。

（一）重视场址选择，合理规划建设

创建獭兔养殖场，首先要考虑的问题就是在哪养、怎样养和怎么才能养好，这就涉及场址的选择、场内布局和场（舍）建造等具体问题。兔舍是獭兔生活的场所，在规模化饲养的条件下，构成了獭兔生存特定的小气候环境。兔舍的小环境因素（包括温度、湿度、光照、噪音、尘埃、有害气体、气流变化等）时刻都在影响着兔体，适应者能正常生长发育，否则，正常生理机能受到影响，严重者会患病死亡。所以，兔舍既是獭兔生存的基本环境，也是獭兔生产的必要基础。相对兔舍来说，獭兔场则是兔生活的大环境，大环境气候因素的变化无疑会影响和支配小环境的气候条件。另外，兔生产中所必需的饮水与饲料的品质和来源，与生产密切相关的电力、交通条件等，也都和獭兔场的地理位置及其周围环境紧密相关。因此，从事獭兔生产，就应根据獭兔的生活习性和生理特性，结合所在地区的气候特点与环境条件；同时，考虑拟养獭兔种类和数量、饲养方式、生产强度以及投资力度等，选择、设计和建造有利于兔群健康、方便生产、符合卫生条件、便于饲养管理、有利于控制疾病、科学实用和经济耐用的兔场（舍）。

（二）引进优良品种，科学饲养管理

引种是养兔的开始，引进的品种是否优良和适合自己养殖，直接关系到养兔的成败和效益。獭兔品系和色型很多，有各自的优、缺点和特性。引进獭兔时，要相互比较，权衡利弊，周密考虑。既要注重生产性能的优劣，又要了解獭兔适应能力的强弱和抗病性能的好坏，同时要结合自己现有的饲养条件和管理水平。从技术上要能识别良种獭兔，千万不要贪图一时便宜而购回低劣獭兔，尤其不要把有病的獭兔引入场内作为种用。

饲养管理是否得当，对獭兔生产有很大影响，加强科学管理是做好獭兔保健防病工作的重要措施。不仅要给獭兔提供品质优良、营养齐全、适口性好的饲料，而且要为其营造一个舒适、清洁、安静的兔舍环境。如果饲养管理不当，即使有良好的品种、丰富的优质饲料、适宜的场（舍），也会导致饲料浪费，使獭兔的生长发育不良、抗病力差，甚至引起品种退化。饲养管理失误，会导致兔群生产受阻或疫病暴发，造成重大的经济损失。因此，从一定意义上讲，饲养獭兔是否能够成功，在很大程度上取决于饲养的管理水平。科学的饲养管理是增强兔体抗病力、预防疾病发生、发挥良种兔的生产潜力，提高养兔经济效益的关键技术之一。所以，必须按照獭兔饲养管理的基本原则和方法认真做好各项工作，抓好各个环节，不能有任何疏忽和大意。实践证明，要使所养兔群健康，产品优质、高产，生产效益好，就必须实行科学的饲养管理。

（三）严禁从疫区和发病兔场引种购物，引进种兔时要检疫

为了防止疫病传入，只能从不存在獭兔传染病的饲养场引入或购进种兔、饲料和用具等，不可随意购买。《中华人民共和国动物防疫法》规定：国内异地引进种用动物及其产品，应先到当地动物防疫监督机构办理检疫审批手续并须检疫合格、出具检疫

证明；动物凭检疫证明出售、运输。对从外地采购或调入的种兔，要在离生产区较远的地方隔离饲养1个月以上，经本场兽医全面检查，特别要注意对兔瘟、魏氏梭菌病、密螺旋体病和球虫病的检查，确认健康无病者，经驱虫、消毒，没有预防接种的要补注疫（菌）苗后，方可进入生产区混群饲养。涉及进出境的动物检疫，按《中华人民共和国进出境动植物检疫法》执行，对獭兔重点检疫兔瘟、黏液瘤病、魏氏梭菌病、巴氏杆菌病、密螺旋体病、野兔热、球虫病和疥癣病等。

（四）进入场区要消毒

在獭兔场和生产区门口及不同兔舍间设消毒池或紫外线消毒室，存放消毒液（图9-1）。池内消毒液要经常保持有效浓度，进场人员和车辆等须经消毒后方可入内。兔场工作人员进入生产区，应换工作服、穿工作鞋、戴工作帽，并经彻底消毒后方可进入，出生产区时再脱换。出入时注意用消毒液洗手，在区内不能随便串岗串舍，非饲养人员未经许可不得进入兔舍。

图9-1　獭兔养殖场口的消毒池

（五）场内谢绝参观，禁止其他闲杂人员和有害动物等进入场区

原则上谢绝他人入区进舍参观，必须参观或检查时，应严格遵守各项消毒规章。场外的车辆、用具不准进入生产区，出售獭兔在场区外进行，已调出的獭兔严禁再送回兔舍。种兔场种兔不准对外配种，决不能将来源不清的獭兔任意带进生产区。场区不准饲养其他畜禽，严防其他畜禽和野兔等进入生产区。兔场要做到人员、用具相对固定，不准乱拿乱用。结核病人不能在养兔场工作。

（六）做好兔场环境卫生，定期清洁消毒

病原体广泛存在于兔舍及其周围环境中，随时都有侵害兔体的可能。因此，兔笼、产仔箱、兔舍及其周围应天天打扫干净，经常保持清洁、干燥，使兔舍内温度、湿度、光照适宜，空气清新无臭味。饲槽、饮水器和其他器具也应每天清洗，保持清洁，3～5 天消毒一次。每隔 1 周更换一次笼壁或对笼底进行刷洗、消毒。工作服和其他用具也应定期清洗、消毒。在獭兔每次分娩和转群之前，兔舍、兔笼等均应进行消毒。兔舍每隔 1～2 个月、全场每隔半年至 1 年应进行一次大扫除和消毒。清扫的粪便、杂物和其他污物等，应集中堆放于远离兔舍的地方进行焚烧、喷洒化学药物、掩埋或作生物发酵消毒处理。

（七）杀虫灭鼠，消灭传染媒介

蚊、蝇、虻、蜱、跳蚤、老鼠和蟑螂等是许多病原体的携带者和传播者，要设法消灭。结合场（舍）日常清扫、消毒工作，彻底清除场（舍）内外杂物、垃圾及乱草堆等，填平死水坑，使老鼠无藏身繁殖的场所，防止蚊、蝇等滋生，也可选用敌百虫、敌敌畏、灭蚊净、灭害灵等杀虫剂喷洒杀虫。老鼠等鼠类在兔场极为常见，不仅携带病原、传播疾病，而且偷吃饲料，从设计建场时就应考虑防鼠措施，防止鼠类进入兔舍、仓库等。兔场灭鼠应采取综合性措施，除保持场（舍）整洁、使鼠类无藏身之地外，常用的灭鼠方法有物理方法和化学方法。前者即利用鼠夹、粘鼠板压、鼠笼关、电猫打，或用堵、挖、灌、熏等方法破坏鼠洞对鼠进行扑杀；后者即有计划地投放毒饵，在一个区域内统一时间围杀鼠类。将毒饵沿兔场周围老鼠经常出没的通道投放，长

期坚持，效果很好。但灭鼠药种类很多，要注意选择对人、畜毒性较低的药物，并定期更换，以防药物失效、老鼠拒食或产生耐药性。另外，放置毒饵时也应注意防止兔误食中毒和人员中毒。

（八）按免疫程序进行预防接种，有效控制疫病发生

预防接种即免疫注射，是激发兔体产生特异性免疫力，以抵抗相应传染病的发生，达到有效防病目的的一种手段。预防接种通常使用病毒疫苗、细菌菌苗、类毒素等生物制品作为抗原激发动物产生抗体，使之获得免疫力。根据所用生物制品的种类不同，常采用皮下、肌肉或皮内注射等不同的接种途径。一般接种后经数天至10天左右产生有效抗体，可获得数月至1年的免疫力。为了更好地使用疫（菌）苗和有效地控制兔疫病的发生流行，各兔场应根据当地各种传染病的发生和流行情况，及不同年龄兔对病原微生物的易感性，同时结合各种菌的免疫性能和本场实际等，拟订每年的预防措施、制订合理的免疫程序并在疫病流行之前认真安排实施。

免疫接种可分预防接种和紧急接种两大类。

1. 预防接种 预防接种是在平时有计划地给健康獭兔进行的免疫接种（图 9 - 2）。它是预防和控制獭兔传染病的重要措施之一。常采用皮下或肌内注射等途径接种，接种后经一定时间（数天至数周）可获得数月至1年的免疫力。为了达到良好的免疫效果，必须注意疫苗质量（如疫苗的有效期、保存条件等）、免疫程序和方法等。

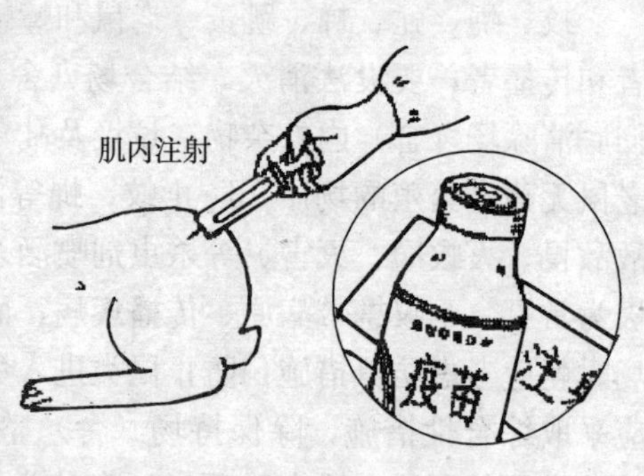

图 9 - 2　獭兔预防接种

2. 紧急接种　在发生传染病时，为了迅速地控制疫病的流行，而对威胁区尚未发病的獭兔应进行应急性的免疫接种。

（九）加强饲料质量检查，注意饲料及饮水卫生

饲料、饮水卫生的好坏与兔的健康密切相关，应严格按照饲养管理的原则要求和标准饲养，随时检查饲料质量和卫生状况，严禁给獭兔饲喂发霉、腐败、变质、冰冻或有毒的饲料，保证饮水清洁而不被污染。

加强饲养管理，做好清洁卫生，是预防疾病的首要工作。常言道“病从口入”，是指獭兔吃了脏料、喝污水后易生病。因此，饮水必须清洁。对于青绿饲料来说，最好把割来的带泥的青绿饲料等进行漂洗、晾干后再喂。

严格按饲养标准供给配合饲料。在饲养中应根据獭兔不同的生理阶段和不同的生产目的，满足獭兔对各种营养物质的需要。为此，必须采用多种饲草饲料，并要合理搭配。除饲料、饮水外，兔笼及兔舍的卫生状况与疾病发生也有着密切的关系。兔舍空气是否流通、环境是否卫生是控制兔病发生的关键。如兔舍笼位多，养兔的密度过大，湿度又高，兔舍内的空气流通差，疾病发生的机会就多。如兔舍空气流通好，湿度低，病原微生物的数量就会减少，空气就新鲜，呼吸道疾病发生的几率就会大大减少。笼舍要每天清扫，对兔舍、巢箱作定期消毒。消毒方法可视各自的条件而异。兔舍可用消毒药水冲洗、喷雾或熏蒸，巢箱可用消毒药水冲洗或浸泡，有条件的用火焰喷灯消毒更为理想。消毒时特别要注意先清除笼舍内的粪便、毛等杂物。

（十）坚持自繁自养培养健康兔群

养兔场（户）应选择抗病力强、生产性能好的父母代兔所生养的优良后代作为种兔进行自繁自养，这样既可以降低养兔成本，又可避免因购兔而带入疫病。但在自繁自养中应注意世代间

隔，防止近亲繁殖和品种退化，为此可推广应用人工授精繁殖技术。

为了做好自繁自养工作，各兔场要积极创造条件，结合选种、选育工作，建立一定数量的健康兔群，作为繁殖用的核心兔群。对核心兔群的公、母兔，从幼兔时期开始就要经常定期检疫和驱虫，及时淘汰病兔和带菌（带毒、带虫）兔，使其保持相对无病和无寄生虫侵害的状态。同时，要加强卫生防疫工作，严格控制各种传染性病原的侵入，保证兔群的健康安全。

（十一）发现疾病及时诊治或扑灭

在养兔生产中，饲养管理人员要和兽医人员密切配合，结合日常饲养管理工作，注意观察獭兔的行为变化并进行必要地检查，发现异常，及早查明原因。疑为患病时，应与兽医配合进行诊治，根据情况采取相应措施，以减少不必要的损失或将损失降低至最低程度。

二、獭兔疾病的药物预防和驱虫

药物预防是针对不同地区、不同兔群在不同时期常发的某些疾病，有目的的选用某些化学药物或中草药，加入到饲料或饮水中，或直接投服对兔群进行预防和早期治疗的一种重要的防疫措施。对于预防多种疾病的发生与流行，可收到良好的效果，尤其是在某些疫病流行季节之前或流行初期，选用适宜的药物进行预防效果，更为明显。

药物预防通常使用一些安全、有效、价廉的药物。如母兔产后 3 天内喂服复方新诺明、长效磺胺或土霉素，可预防乳房炎等疾病。在仔兔开食或断奶期间，用呋喃唑酮（痢特灵）可预防沙门氏杆菌病和大肠杆菌病，减少腹泻的发生。用氯苯胍或球痢灵可预防球虫病。添喂磺胺二甲基嘧啶或强力毒素可减少波氏杆菌病、巴氏杆菌病及球虫病的发生。用喹乙醇可预防巴氏杆菌病及魏氏梭菌病。平时在饲料中混入一些葱、蒜等可预防球虫病、滴虫病及其他细菌感染性疾病。春季喂蒲公英，夏、秋季喂败酱草、马齿苋，冬季喂桑叶可预防感冒。用金银花、甘草、绿豆汤可预防中毒病等。但必须注意：使用药物预防疾病，长期用药容易使病原体产生耐药性，从而影响预防效果，发病后治疗效果也差；另外，还可能诱发维生素缺乏、慢性中毒等其他疾病。因此，应经常进行药敏试验，选择有高度敏感性的药物用于防治疾病，并注意用药量，反对长期不间断地将药物作为饲料添加剂使用。在獭兔出栏屠宰前的一段时期应减少药的用量或不用药物，以免药物残留而影响肉品质量，危害人体健康。

獭兔的寄生虫病不仅影响生长，降低饲料报酬，诱发其他疾病，有的还影响兔肉品质，甚至使兔发病死亡。要消灭或控制寄生虫病，必须根据所在兔场及地区兔的寄生虫种类和不同寄生虫病的流行特点，制订综合防治措施。在生产实践中较为有效、可行的方法就是计划驱虫，它具有药物预防（消灭传染源、防止病原扩散）和治疗病兔的双重意义。因此，每年都要定期、适时驱虫，一般是在春、秋两季进行两次全群普遍驱虫。目前，高效、低毒、广谱的驱虫剂种类较多，可选择使用。但选择药物时应考虑使用方便，以节省人力和物力。

丙硫咪唑是较为理想而常用的驱虫药物，它可以驱除体内线虫、绦虫、绦虫蚴及吸虫等。

仔兔最易暴发球虫病，死亡率高，应重点防治，特别是在炎热多雨季节更要加强预防。

兔螨病是危害獭兔生产的又一严重寄生虫病，预防和根治该病是一大难题。因兔不耐药浴，目前只能通过定期普查，发现病兔及早治疗，用伊维菌素皮下注射疗效较好。

驱虫过程中应注意：①新用药物应先做小群驱虫试验，取得经验并肯定药效和安全性后，再进行全群驱虫；②使用驱虫、杀虫药物，剂量要准确；③用药后要加强护理和注意观察，必要时采取对症治疗，及时解救出现毒副反应的病兔；④驱虫期间要加强粪便、污染物的无害化处理，防止病原扩散。

三、獭兔的喂药方法

内服给药是最常用的一种给药方法。优点是操作比较简便，适用于多种药物的给药；缺点是药物受胃肠道内容物的影响较大，药效出现较慢，吸收不完全、不规则。

（一）经口给药

1. 混于饲料给药 对于适口性好、毒性较小的药物可拌于饲料中，让兔自行采食，可广泛用于兔群的预防或治疗给药；毒性较大的药物，由于个体差异，服药量难以精确计量。因此，在大批给药前应先作小量试验，以保证安全。

2. 口服给药 用开口器将口腔打开，将药物放在舌后，使獭兔顺其咽下（图 9-3）。

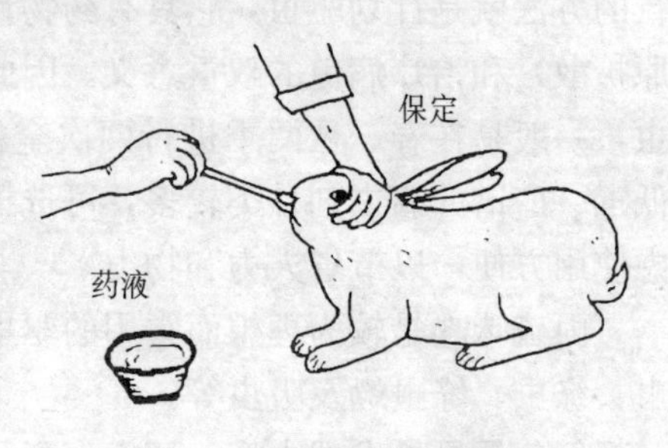

图 9-3 獭兔口服灌药法

3. 饮水给药 将药物溶于水中，任其自由饮用。多用于兔群疫病预防。如药物有腐蚀性，可用陶、搪瓷器皿，不能用金属饮水器。

（二）注射给药

注射给药的优点是药物吸收较快和较完全，显效快，但对注射液要求较严格。常用的注射给药法有以下 3 种。

1. 肌内注射 选择獭兔的颈侧或大腿外侧肌肉丰满、无大血管和神经之处，经局部剪毛消毒后，一只手按紧皮肤，另一只手持注射器，中指压住针头连接部，针头垂直刺入，深度视局部肌肉厚度而定，但不应将针头全部刺入，轻轻抽回注射栓，如无回血现象，则将药物全部注入，针头拔出后进行局部消毒。如一次量超过 10 毫升时，应分点注射。

2. 皮下注射 选择腹中线两侧或腹股沟附近为注射部位，剪毛消毒，然后用一只手的拇指和食指将皮肤提起，另一只手将针头刺进提起的皮下约 1.5 厘米后，放松左手，将药液注入。刺针头时，针头不能垂直刺入，以防止其进入腹腔（图 9-4）。

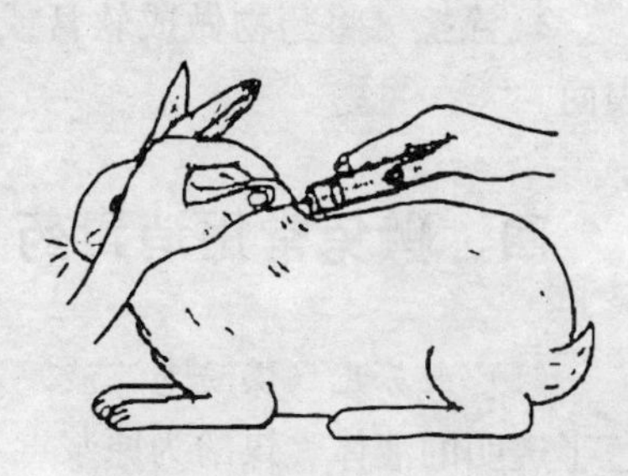

图 9-4 獭兔皮下注射给药

3. 静脉注射 选择獭兔两耳外缘的耳静脉为注射部位，由助手固定獭兔，剪去或拔去局部的耳毛，用酒精消毒过后即可注射。如注射大量药物，在气温低时应将注射液加温到 37℃左右再行注射。具体方法是：用一只手的拇指和中指执住耳的尖部，同时用食指在耳下作支持，另一只手持注射器，将针头平行刺入耳静脉内，轻轻抽回注射栓，如有回血即表明已正确进入静脉内，再慢慢注入。注射时若发现耳壳皮下隆起小泡，或感觉注射有阻力，即表示未注入血管内，应拔出重新注射。注射完拔出针头后，即用酒精棉按住注射部位，防止血液流出（图 9-5）。

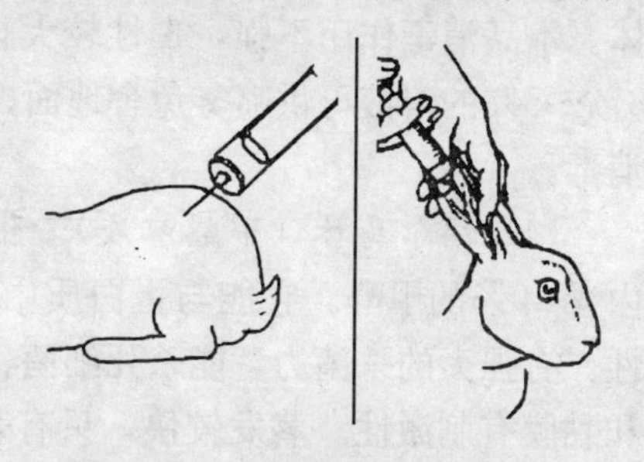

图 9-5 獭兔肌内（左）和静脉注射给药（右）

（三）外用

外用主要用于体表消毒和杀灭体表寄生虫。常用以下两种方式。

1. 洗涤 将配成适宜浓度的药物溶液清洗局部皮肤或鼻、眼、口腔及创伤等部位。

2. 涂擦 将药物做成软膏或适宜剂型涂擦于皮肤或黏膜的表面。

四、獭兔常用消毒药

（1）来苏儿（煤酚皂溶液） 来苏儿含50%的煤酚，为红褐色半透明的液体。煤酚为原浆毒，能沉淀蛋白质，杀菌力强，但对芽孢无效。2%的溶液外用于工作人员手和皮肤的消毒。3%的溶液可用于治疗疥癣、虱等。5%的溶液可用于兔舍的喷雾消毒和洗涤栖架、用具、排泄物、器械等。

（2）克辽林（煤焦油皂溶液、臭药水） 黑褐色液体，是一种含煤酚的粗制剂，含总酚量约10%。一般用3%～5%的溶液为兔舍、器具和排泄物消毒。

（3）石炭酸（苯酚） 白色或微红色结晶。液态酚为无色液体。本品消毒作用不强，毒性较大且有强烈的刺激性和腐蚀性。3%～5%的溶液可供喷雾兔舍地面、栖架、产蛋箱及其他用具的消毒。

（4）福尔马林（甲醛溶液） 带有刺激性和挥发性的液体，内含40%的甲醛。它能与蛋白质中的氨基结合，而使蛋白质变性。有强大的杀菌力，能杀死细菌、芽孢、霉菌和病毒。对皮肤和黏膜有刺激性。蒸发较快，只有表面消毒作用。5%～10%的溶液可用于兔舍和用具的消毒。对关闭严密的兔舍和孵化箱，可按每立方米14毫升的用量，加水14毫升，加热蒸发，或加高锰酸钾7克进行熏蒸消毒4小时。本品做成油膏，可治疗皮肤霉菌感染（黄癣）。配制方法是：将凡士林加热熔化，加5%的福尔马林振摇至半固化为止。杀死芽孢采用10%～20%的溶液。溶液配好后应立即使用，否则会因其蒸发快而降低效力。

（5）火碱（氢氧化钠、苛性钠） 白色固体，在空气中容易潮解。有强烈的腐蚀性，能杀死细菌、病毒和芽孢。2%～5%的溶液可作兔舍和运输车、船以及饲养管理用具的消毒。该品对动物机体有腐蚀性，且能损坏纺织品和金属制品。

（6）漂白粉（含氯石灰） 白色颗粒状粉末，是氯化钙、次氯酸钙和消石灰的混合物，其主要成分是次氯酸钙。次氯酸钙在水中分解，产生的新生氧和氯都具有杀菌作用。5%的漂白粉乳剂能在5分钟内杀死大多数细菌，10%～20%的乳剂可在短时间内杀死细菌的芽孢。漂白粉适用于畜舍、土壤、粪便、脏水等的消毒。消毒前先配成悬浊液，密闭放置一昼夜，再取上清液作喷雾消毒用，沉淀物可用作水沟和地面的消毒。不过，一般对粪水和其他液体物质消毒时多采用粉剂。漂白粉对皮肤、金属物品和衣物有腐蚀性，消毒时要注意。漂白粉和空气接触时容易分解，因此应密封保持于干燥、阴暗、凉爽的地方。

（7）氧化钙（生石灰） 白色或灰色块状物，易吸收空气中的二氧化碳和水，渐渐变成碳酸钙而失效。生石灰加水后会放出大量的热而变成氢氧化钙。配成10%～30%的石灰乳剂，可供兔运动场消毒用。兔舍地面（潮湿或先洒水）可用生石灰粉撒布消毒。生石灰粉消毒作用可保持6小时。石灰乳剂需在临用前现配。直接将生石灰粉撒布在干燥地面上不起消毒作用。

（8）草木灰水 草木灰水是草木灰加水搅拌过滤制成的溶液，能杀死病毒和非芽孢菌。30%的热溶液可用于消毒兔舍和洗涤用具。

（9）硝酸银 无色透明或白色透明片状结晶，遇日光后可变成黑色。易与蛋白质结合成蛋白银，使蛋白质变性或凝固。本品腐蚀性较强。10%～20%的溶液或硝酸银棒可作腐蚀剂。治疗溃疡、瘘管、肉芽组织增生。使用后应立即用生理盐水清洗，以免伤害周围组织。0.5%的溶液用于洗涤鼻、口、眼，具有收敛作用。

（10）硼酸　白色片状结晶或粉末，能溶于水，易溶于甘油及醇。抑菌作用较弱，对组织无刺激性。常用2%～4%的水溶液作为兔的鼻炎和眼结膜炎的冲洗剂。10%的软膏用于烧伤、擦伤的防腐，也可与氧化锌、滑石粉等量混合制成撒布剂外用。

（11）高锰酸钾（灰锰氧）　深紫色结晶，有金属光泽，溶于水。高锰酸钾粉遇甘油即剧烈燃烧，与活性炭研磨可发生爆炸。0.05%～0.2%的溶液可清洗创面或体腔黏膜，0.01%的溶液可作为兔的饮水消毒，以预防兔的某些传染病，用4%～5%的溶液可治疗皮炎和烧伤。本品对成年兔的中毒致死量为2克。溶液需现用现配。

（12）红汞（红药水、220）　鳞片状结晶，暗紫色，有绿色荧光，溶于水和醇，无刺激性，能抑制细菌生长。常用2%～5%的溶液涂于皮肤或黏膜，以防感染。

（13）升汞　白色结晶，溶于水。杀菌力很强，也能杀死芽孢。1∶500的水溶液可治疗体表霉菌病（曲霉菌病和黄癣病）。本品对皮肤、黏膜的刺激性较强，且有腐蚀金属的作用。对成年兔的致死量为0.25克。

（14）双氧水（过氧化氢溶液）　无色透明液体，含3%的过氧化氢。杀菌力较弱，但与破损组织接触时能放出大量气泡，有松软组织的脓块、血块及坏组织的作用，用以洗涤污秽且伴有坏死组织的陈旧伤口。本品遇光、热、振摇或放置过久而分解失效。

（15）酒精（乙醇）　无色透明的挥发性液体，易燃烧，能与水、挥发性油等任意混合。应密封后在阴暗处避光保存。常作为消毒药。它能使蛋白质脱水，故一般微生物接触酒精之后，即脱水，导致菌体蛋白质凝固而死亡。70%的溶液杀菌力最强，浓度过高（95%）消毒作用反而减弱。这是因为菌体周围蛋白质被凝固，阻碍了酒精向深处菌体蛋白质渗透的缘故。常用75%或70%的乙醇消毒皮肤和器械。本品对芽孢无作用。70%的酒精的配制方法：取95%的酒精70毫升，加水到95毫升即可。

（16）碘酊　兽医常用的碘酊有3%和5%两种，为棕赤色酒精溶液，杀菌力强，可用于涂抹皮肤患病部位。

（17）龙胆紫（甲紫）　深绿紫色的粉末和碎片，略溶于水，可溶于乙醇，为碱性染料。对革兰氏阳性菌的杀菌力很强，对皮癣菌、念珠菌有抑制作用，也有收敛作用。1%～3%的水溶液或酒精溶液，可用于治疗创伤、湿疹、溃疡、烧伤等。可预防感染，并能使创面凝固形成保护膜。

（18）碘甘油　用于口腔黏膜炎症或兔白喉的防腐消毒。特点是刺激性较小而作用时间较长。配制方法：取碘化钾100克，加蒸馏水100毫升溶解后，加碘片50克，甘油200毫升，一起搅拌使其溶解，再加适量蒸馏水至1 000毫升即成。

（19）新洁尔灭（溴化苄烷胺）　无色澄清液体，易溶于水。本品有较强的除污和消毒作用，可在几分钟内杀死多数细菌。0.1%的溶液用作洗刷饲养管理和孵化育雏用具以及手臂、器械的消毒，也可进行喷雾消毒。本品为阳离子消毒剂，应用时忌与肥皂、氢氧化钠等配合。如先用过肥皂、氢氧化钠等，则应在清水充分洗净后，再用新洁尔灭消毒。

（20）过氧乙酸　20%的溶液，为强氧化剂，对细菌、芽孢和病毒均有较好的杀灭作用。为高效、广谱消毒剂，可用于消毒畜禽活体或尸体污染的地面、用具。0.3%～0.5%的溶液用于带兔消毒，0.1%的溶液用于饮水消毒，4%～5%的溶液用于熏蒸消毒。避免用金属器皿盛放。

（21）百毒杀　50%的溶液，对多种细菌、真菌、病毒均有较好的杀灭作用。1∶10 000～20 000的溶液用于饮水消毒；1∶

1 000～3 000 的溶液用于带兔喷雾消毒、洗刷用具及消毒种蛋。

（22）农福　为醋酸混合酚与烷基苯磺酸复配的水溶液，对沙门氏杆菌、巴氏杆菌、大肠杆菌、法氏囊病毒均有杀灭作用。1∶100 用于兔舍喷雾消毒，1∶60 用于消毒用具，忌与碱性物质及其他消毒药物混合使用。

（23）复合酚（菌毒敌、毒菌净、农乐、畜禽乐）　对各种致病的细菌、病毒、霉菌、寄生虫卵均有杀灭作用。0.3%～1%的溶液用于兔舍、用具及周围环境的消毒，忌与碱性物质及其他消毒药物混合使用。

（24）抗毒威　对多数细菌和病毒均有杀灭作用，如兔新城疫病毒、传染性法氏囊病毒、巴氏杆菌、沙门氏杆菌、大肠杆菌等，为一种广谱消毒剂。1∶400 用于浸泡、喷雾消毒，1∶5 000用于饮水消毒，1∶1 000 用于拌料消毒。在接种疫苗或菌苗前后 2 天不能使用抗毒威进行消毒。

（25）威力碘（络合碘溶液）　对各种细菌、病毒菌有效，如兔新城疫病毒、传染性法氏囊炎病毒、沙门氏杆菌、巴氏杆菌、大肠杆菌等，是一种广谱消毒剂。1∶40～200 用于带兔喷雾消毒，1∶200～400 用于饮水消毒，1∶200 用于浸泡种蛋消毒，1∶100 用于器具消毒。

（26）杀特灵　对大多数细菌及病毒均有杀灭作用。250～500 倍的稀释液用于浸泡饲槽、饮水器及其他用具，500 倍的稀释液进行地面、墙壁、环境的喷洒消毒。疫情期浓度要加倍，稀释液应当天用完。

五、獭兔常用疫苗

（1）兔瘟灭活疫苗　用量 1 毫升，免疫期 6 个月，保存期 1 年（2～8℃、阴暗处）。用于预防兔瘟和紧急预防接种 45 日龄幼兔。初次免疫 2 毫升，60 日龄加强免疫 1 毫升，紧急预防时用量加倍。

(2) 兔瘟蜂胶灭活疫苗 用量1毫升，免疫期6个月，保存期1年（2～8℃、阴暗处）。用于紧急预防接种以及45日龄幼兔和60日龄幼兔的二次免疫。

(3) 兔多杀性巴氏杆菌病灭活疫苗 用量1毫升、免疫期6个月，保存期1年（2～15℃、阴暗处）。用于预防兔巴氏杆菌病、仔兔断奶及母兔免疫，皮下注射1毫升。

(4) 兔波氏杆菌病灭活疫苗 用量2毫升，免疫期6个月，保存期1年（2～15℃、阴暗处）。用于预防兔支气管败血波氏杆菌病。18日龄首次免疫皮下注射1毫升，1周后加强免疫皮下注射2毫升。

(5) 兔产气荚膜梭菌病（A型）灭活苗 兔产气荚膜梭菌病（A型）灭活苗即兔魏氏梭菌病（A型）灭活疫苗，用量2毫升，免疫期6个月，保存期1年（2～8℃、阴暗处）。用于预防兔魏氏梭菌病（A型）。仔兔断奶后皮下注射2毫升。

(6) 兔大肠杆菌病多价灭活疫苗 用量2毫升，免疫期6个月，保存期1年（2℃～15℃、阴暗处）。用于预防兔6个血清型的大肠杆菌引起的腹泻。20日龄首次免疫皮下注射1毫升，断奶后再免疫1次，注射2毫升。

(7) 兔克雷伯氏菌病灭活疫苗 用量2毫升，免疫期6个月，保存期1年（2～15℃、阴暗处）。用于预防幼兔和青年兔因克雷伯氏菌引腹泻。用法同大肠杆菌苗。

(8) 兔葡萄球菌病灭活疫苗 用量2毫升，免疫期6个月，保存期1年（2～15℃、阴暗处）。用于预防哺乳母兔因葡萄球菌引起的乳房炎。母兔配种时皮下接种2毫升。

(9) 兔瘟巴氏杆菌病二联灭活苗 用量1毫升，免疫期6个月，保存期1年（2～15℃、阴暗处）。用于预防兔瘟和兔巴氏杆菌病。按说明书使用。

(10) 兔巴氏杆菌病魏氏梭菌病三联灭活疫苗 用量2毫升，

免疫期6个月，保存期1年（2～8℃、阴暗处）。用于预防兔瘟、巴氏杆菌病和魏氏梭菌病（A型），按说明书使用。

（11）兔瘟巴氏杆菌病波氏杆菌病三联灭活疫菌　用量2毫升，免疫期6个月，保存期1年（2～8℃、阴暗处）。用于预防兔瘟、巴氏杆菌病和波氏杆菌病。按说明书使用。

六、獭兔的免疫程序

针对预防兔传染病的疫（菌）苗，制订合理的初次免疫日龄、免疫间隔时间，称为免疫程序。常用的疫（菌）苗免疫程序如下。

（1）兔瘟组织灭活疫苗（兔病毒性出血症疫苗）　用于预防兔病毒性出血症（俗称兔瘟）。30～35日龄兔初次免疫，每隔半年免疫一次。

（2）兔巴氏杆菌灭活菌苗　用于预防兔巴氏杆菌病。40～45日龄兔初次免疫，每隔半年免疫一次。

（3）兔魏氏梭菌氢氧化铝菌苗（兔魏氏梭菌性肠炎灭活菌苗）　用于预防兔魏氏梭菌病。35～40日龄兔初次免疫，每隔半年免疫一次。

（4）支气管败血波氏杆菌灭活菌苗　用于预防兔支气管败血波氏杆菌病。妊娠兔产前2～3周免疫1次。25～30日龄仔兔初次免疫，每隔半年免疫一次。

（5）兔巴氏杆菌兔支气管败血波氏杆菌灭活二联菌苗　用于预防兔巴氏杆菌、支气管败血波氏杆菌引起的呼吸道疾病。妊娠兔妊娠1周后免疫一次。25～30日龄仔兔，间隔半年再免疫一次。

（6）兔瘟兔巴氏杆菌二联苗　用于预防兔病毒性出血症（兔瘟）、兔巴氏杆菌病。35～40日龄兔初次免疫，每隔半年免疫一次。或者按照疫苗的使用说明书进行。

（7）兔瘟兔巴氏杆菌兔魏氏梭菌三联苗　用于预防兔病毒性

出血症（兔瘟）、兔巴氏杆菌病、兔魏氏梭菌病。35～40日龄兔初次免疫，每隔半年免疫一次。或者按照疫苗的使用说明书进行。

也可结合本地特点自制或购买其他疫苗，可见说明书或进行小范围试验后再大面积应用。

七、使用兔用疫（菌）苗应注意事项

（1）疫（菌）苗来源可靠 购买的疫（菌）苗必须来自国家定点或指定的生物制品厂或相应的销售机构，清楚地标明疫（菌）苗的名称、生产日期、生产批号、保存及使用方法、生产厂家并且附有合格证。

（2）疫（菌）苗应妥善保存 一般应在18℃以下、4℃以上避光保存。没有冰箱时可贮存于地窖、水井水面的上部。切勿高温和冰冻保存（如疫苗注明可冰冻保存的除外）。保存时间一般在6个月。

（3）疫（菌）苗使用前要认真检查 疫苗凡有下列情况之一者不应使用：无标签或标签不清，又不确知的疫（菌）苗；过期失效的疫（菌）苗；质量有问题的疫（菌）苗（如发霉、色变、沉淀结絮、有异物等）；瓶壁破裂或瓶塞脱落、瓶壁渗漏的疫（菌）苗；未按要求保存的疫（菌）苗等。

（4）严格消毒 所有注射器和针头等应严格消毒，每只兔使用一支针头。

（5）疫（菌）苗使用前必须摇匀，一瓶疫（菌）苗应一次用完。若没有用完而又准备在短期内使用，应抽出瓶内空气，针孔处应该用石蜡密封。

（6）注射部位应先消毒，注射剂量要准确，注射完毕拔出针头时，要用棉球闭塞针孔并轻轻挤压，以防疫苗从针孔处外流。

（7）疫（菌）苗注射后应立即做好记录。

(8) 如果使用的是合格疫苗，在使用了二联或三联苗进行免疫接种后，一般不必再注射单联疫苗，除非确信此次免疫失败。

八、兔疫苗接种失败的原因

由于规模化养兔场（户）发展迅速，兔疫苗的接种技术普及工作滞后，常出现疫苗接种失败的情况。其中最明显的是兔瘟、巴氏、波氏 3 种疫苗接种失败得多，发病率高。现举例分析原因并提出改进措施。

1. 使用联苗不当 当前常见的联苗有瘟、巴、波、魏四联疫苗，瘟、巴、魏三联疫苗和巴、波二联疫苗。多数专家认为，除巴、波二联苗之外，凡多联疫苗和兔瘟疫苗与其他相联的疫苗，成分都较复杂，兔瘟疫苗的含量不够，预防效果差。

改进措施：预防兔瘟病必须使用兔瘟疫苗；预防巴氏、波氏杆菌病，必须使用巴、波二联疫苗。应当注意，兔疫苗不是联得越多越好，也不是打一针就能预防几种病。

2. 预防接种的时间不当 因对 3 种疾病的疫苗预防程序不了解，接种疫苗的时间不当，使其预防失败。如有的场（户）在仔兔开食时就注射兔瘟疫苗或巴、波二联疫苗，也有的场（户）在幼兔 90 日龄时注射兔瘟疫苗，还有的人将巴、波二联疫苗与兔瘟疫苗的免疫期看作一样，甚至将兔瘟疫苗与巴、波二联疫苗混合接种。

改进措施：仔兔断乳后 40～45 日龄注射一次兔瘟疫苗，为初次免疫；55～60 日龄注射巴、波二联疫苗；70 日龄再注射兔瘟疫苗，为加强免疫。此后 6 个月注射一次兔瘟疫苗，4 个月注射一次巴、波二联疫苗。兔瘟单苗不可与巴、波二联疫苗混合注射，必须在注射 1 种疫苗后，经过 7 天取得免疫，到第 8 天时，再注射另一种疫苗。兔瘟疫苗的季节性免疫期限为 6 个月，巴、波二联疫苗的免疫期限为 4 个月，接种不能逾期。

3. 接种疫苗的剂量不足　有的疫苗无瓶签，有的瓶签模糊；有的场（户）使用疫苗不看瓶签规定的剂量，更有的瓶签印错了剂量等，造成剂量不足而使接种失败。如有个兔场注射兔瘟疫苗每只兔0.2毫升，注射巴、波二联疫苗每只兔1毫升。

改进措施：兔瘟疫苗初次免疫每只兔1毫升，加强免疫每只兔1.5毫升，季节性免疫每只兔1.5～2.0毫升；巴、波二联疫苗每只兔2毫升。

4. 接种的途径不当　十多年前，疫苗瓶签上都注明为“肌肉或皮下注射”2种。经过长期的预防接种实践证明，肌内注射对疫苗吸收快，免疫效果不到位，故后来的疫苗瓶签都注明“皮下注射”。但现在仍有人做肌内注射，或因注射技术水平差，把皮下注射打成了肌内注射。

改进措施：所有兔病预防疫苗都做皮下注射，部位应选在脖颈后的皮下，注射时朝尾部方向插针。不会打皮下注射的人，待学会后再注射。

5. 接种时的操作技术不合格　有的疫苗接种人员，对无菌操作意识差。曾出现这样的情况：疫苗瓶里缺少空气，不好抽疫苗时，有的人把疫苗倒在茶杯或饭碗里；兔多疫苗少、数量不够时，有人往疫苗里掺水，或用清水涮瓶子等，这都给接种带来不良后果。

改进措施：在疫苗的瓶盖上插进一个注射器针头，使空气进入瓶里，这样就容易抽吸疫苗了。注射时应严格掌握注射量，疫苗不足时购买后再补打，决不可掺水或减量。

第三节　獭兔常见传染病

一、獭兔瘟

本病又叫兔病毒性出血症或兔出血热。本病发病迅速，传播快，流行广，死亡率高达95%以上，是危害养兔业最严重的疾病之一。死后主要病变为呼吸器官及实质器官出血等。

（一）病原

病原为兔出血热病毒，形态似球形，为二十面体对称结构。能凝集人的O型、A型、B型和AB型红细胞。病毒存在于病兔的全身组织器官中，但以肝脏含毒量最高；其次，是肺、脾、肾、肠道及淋巴结。病毒对磺胺类药物和抗生素不敏感，常用消毒药为1%～3%的氢氧化钠溶液和20%的石灰乳。

（二）流行病学

传染途径是通过呼吸道、消化道、伤口和黏膜。传播方式是易感兔与病兔以及排泄物、分泌物、毛皮、血液、内脏等接触传染，或与病毒污染过的饲料、饮水、用具、兔笼以及带毒兔等接触传染。3月龄以上的青年兔和成年兔易感性最高，哺乳仔兔有一定的抵抗力而易感性不高。该病一年四季均可发生，但多流行于冬、春季节。

（三）临床症状

1. 最急性型　自然感染的潜伏期为36～96小时，人工感染的潜伏期是12～72小时。多见于流行初期，病兔无任何前驱临床症状而突然倒地死亡，死前四肢呈“划水”状，抽搐、惨叫，死后呈现角弓反张姿势，少数病兔从鼻腔中流出泡沫状血液。

2. 急性型　精神沉郁，少食或不食，体温达40.5～41.5℃，全身颤抖，呈喘息状，倒地抽搐而死。病程半天至两天。有的死亡兔从鼻孔中流出泡沫状血液。该病大多数发生于青年兔和成年兔。死前肛门松弛，粪球外包有一层淡黄色胶冻样分泌物。

3. 慢性型　多见于流行后期或断奶不久的幼年兔，体温达

40～41℃，精神不好，少食，迅速消瘦，病程2天以上的多可恢复，但仍会排毒并感染其他兔。

（四）剖检变化

主要表现为血液凝固不良，喉头、气管黏膜严重出血，似红布状；气管及支气管内有泡沫状血液，肺水肿、膨胀、严重出血，或有数量不等的鲜红色及紫红色出血斑。切开时肺部有大量红色泡沫状液体流出。

肝淤血肿大，肝小叶间质增宽，肝表面有淡黄色或灰白色条纹，切开后流出多量凝固不良的紫红色血液。胆囊肿大，充满黏稠胆汁。肾脏淤血肿大，呈暗紫色，表面有针尖大小的出血点，并有白色坏死区，使肾脏表面呈花斑样。心腔及附属大血管淤血，心冠状动脉有血栓，心耳出血，心肌有灰白色坏死区。脾脏淤血肿大，呈蓝紫色。胸腺水肿，并有出血点。胃内充满食糜，胃黏膜脱落，胃壁变薄易破，有少量溃疡。脑和脑膜血管淤血，有的毛细血管内形成血栓，尤其是有神经症状的兔更为明显。子宫淤血，并有数量不等的出血斑。膀胱充满尿液，膀胱黏膜有出血点或出血斑。胸膜水肿，有散在针尖大小的出血点，有的出现出血斑。性腺、输卵管淤血或出血。子宫黏膜增厚、淤血或有出血斑点，睾丸肿胀、淤血。

（五）诊断

根据临床症状和病变可以作出初步诊断。确诊须经试验诊断，多用红细胞凝集试验和红细胞凝集抑制试验，亦可通过中和试验或接种獭兔人工发病作诊断。

（六）防治

1. 做好环境卫生，严格消毒，病死兔作无害化处理　兔舍、兔笼、用具及周围环境应加强消毒，每天消毒2次。对饲养管理用具、污染的环境、粪便等用3%的烧碱水消毒，对被污染的饲料进行高温等无害化处理，兔毛和兔皮用福尔马林熏蒸消毒，及时隔离病兔，封锁疫点，将病死兔焚烧深埋，以切断污染源。

2. 紧急接种 对所有尚未发病兔采用兔瘟组织灭活疫苗进行紧急免疫接种。也可制备自家组织灭活疫苗，进行免疫预防。其过程如下：将剖检症状明显的病兔的肝、肾、脾、肺脏无菌取出，分别剔除结缔组织后，用生理盐水清洗，于每100克含毒组织中加入事先预热的含1.2%甲醛的无菌生理盐水溶液450毫升，置于高速的组织搅碎机（10 000～20 000转/分钟）中搅碎4～5分钟，取出后以3层灭菌纱布过滤于玻璃容器中，于37℃恒温培养箱中灭活48小时，每天上、下午各均匀摆动两次，取出后再加等量的不含甲醛的无菌生理盐水，摇匀后分装于灭菌的玻璃瓶中，再于每500毫升中加入青霉素、链霉素各100万单位，摇匀。45日龄以上的兔每只皮下注射1毫升，45日龄以下的兔每只皮下注射0.5毫升，21天后加强免疫一次。

3. 及时隔离病兔，对病兔立即注射兔瘟高免血清，每只3毫升，10天后再注射兔瘟疫苗。

4. 配合药物疗法 对所有存栏兔全部用板蓝根注射液1～2毫升、盐酸吗啉双胍注射液1～2毫升混合肌内注射。每天1次，连用3天。

5. 做好免疫接种工作 兔瘟发病急，传播迅速，流行面广，病情严重，死亡率高，又无特效治疗方法，因此应重在预防。兔群定期注射兔瘟疫苗或兔瘟与巴氏杆菌病二联苗，或兔瘟、魏氏梭菌病和巴氏杆菌病三联苗（兔三联苗），每只兔均肌内注射1毫升，5～7天后产生坚强的免疫力，免疫期可达6个月。由于本病流行有趋幼龄化倾向，仔兔宜在20～25日龄时初次免疫，60日龄进行二次免疫。对于发病严重的兔场，最好采用兔瘟灭活疫苗单苗在20～25日龄和60日龄进行2次免疫，效果更好。

二、獭兔巴氏杆菌病

兔巴氏杆菌病是由多杀性巴氏杆菌所引起的各种兔病的总称，又称兔出血性败血症。獭兔对巴氏杆菌十分敏感，不分品种和年龄均易感，常引起大批发病和死亡。由于巴氏杆菌的毒力、感染途径以及病程长短不同，其临床症状和病理变化也不尽相同。在临床诊断上主要有几种类型：全身性败血症、传染性鼻炎、地方性肺炎、中耳炎、结膜炎、子宫积脓、睾丸炎和脓肿等。本病的临床症状常常在应激时出现。由于健康兔鼻内菌丛中也有巴氏杆菌存在，因此本病预防更显重要。

（一）病原

病原为兔巴氏杆菌属多杀性巴氏杆菌，革兰氏阳性、两端钝圆、细小、卵圆形的短杆菌。用美蓝染色呈两极染色，无芽孢及鞭毛。对外界环境因素的抵抗力不强，一般常用消毒药都能将其杀死。对抗菌素和磺胺类药物敏感。

（二）流行病学

本病多发于春、秋两季，常呈散发或地方性流行。由于很多獭兔的鼻腔黏膜（一般占35%～75%）带有巴氏杆菌，而不表现临床症状。因此，引进新兔时可能带入多杀性巴氏杆菌并迅速致病，常是引起流行的主要原因。长途运输、过分拥挤、饲养不当，或通风卫生条件不良等应激因素的作用，可使机体抵抗力下降，存在于上呼吸道黏膜和扁桃体内的巴氏杆菌则大量繁殖，引起发病。病菌随着病兔的口水、鼻涕、粪便以及尿等排出，从而导致新的感染以至流行。病菌经呼吸道、消化道或皮肤、黏膜伤口而感染。

（三）临床症状

患急性兔巴氏杆菌病时一般见不到任何症状而突然死亡，病程稍长的一般有几小时至几天或更长。主要症状有以下几种。

1. 鼻炎型 此型是常见的一种病型，其诊断特点是有浆液性黏液或黏液脓性鼻漏。鼻部的刺激常使兔用前爪擦揉外鼻孔，使该处被毛潮湿并缠结。此外病兔还常打喷嚏、咳嗽以及因鼻塞呼吸困难而发出鼾声等。此类型的病兔，病程很长，有的常达数月至1年以上，最后多因营养不良，以致全身感染、衰竭而死亡。

2. 地方流行性肺炎型 最初的症状通常是食欲不振和精神沉郁，病兔肺实质病变很厉害，但可能没有呼吸困难的表现，前一天体质状况良好的兔，次日早晨则可能发病死亡。病兔也有食欲不振、体温升高的，有时还出现腹泻和关节肿胀等症状，最后以败血症而死亡。

3. 败血症型 该型可在其他病型之后，也可在其之前发生，以鼻炎和肺炎联合发生的败血症最为多见。病兔精神差，食欲差，呼吸急促，体温高达41℃左右，鼻腔流出浆液型或脓性分泌物，有时也发生腹泻。临死前体温下降，四肢抽搐，病程短的24小时死亡，稍长的3～5日死亡。最急性的病兔，未见有临床症状就突然死亡。

4. 中耳炎型（又叫斜颈病） 单纯的中耳炎常不表现临床症状，能识别的病例中斜颈是主要的临床症状。斜颈的程度也不一致。严重者，兔向着头倾斜的方向翻滚，一直倾斜到抵住圈栏为止。病兔吃食、饮水困难，最后逐渐消瘦，直至衰竭死亡。

5. 结膜炎型 主要发生于未断奶的仔兔及少数老年兔。临床症状主要是流泪，结膜充血发红，眼睑中度肿胀，分泌物常将上下眼睑粘住。

6. 脓肿、子宫炎及睾丸炎型 脓肿可以发生在身体各处。

皮下脓肿开始时，皮肤出现红肿、硬结，后来变为波动的脓肿。子宫发炎时，母体阴道有脓性分泌物。公兔睾丸炎可表现一侧或两侧睾丸肿大，有时触摸感到发热。

（四）剖检变化

主要表现在全身性出血、充血和坏死。鼻黏膜充血，出血；并附有黏稠的分泌物，肺严重充血、出血、水肿；有的有纤维素性胸膜炎变化；心内膜炎出血斑点；有的有纤维素附着，肝肿大，淤血、变性，并常有许多坏死小点；肠黏膜充血、出血；胸腹腔有较多淡黄色液体。

（五）诊断

根据临床症状、病理变化和细菌学检查不难诊断本病。用心血、脾、肝或体腔渗出液等病料作细菌学检查。患鼻炎病例可从呼吸道分泌物中分离病原菌。对鼻炎病例和健康带菌的兔可采取血清学方法（凝集法）进行诊断。

（六）防治

保持兔舍内空气流通，及时打扫卫生，使舍内臭味减少到最低程度，控制饲养密度，避免应激因素，可大大减少本病的发生。为达到净化目的，可通过定期进行细菌学检查，及时隔离阳性兔，以及对兔舍、用具等进行消毒。此外，兔场应坚持自繁自养，新引进的兔必须隔离 1 个月，健康者方可混群。平时加强管理，兔场严禁其他畜禽出入，以杜绝或减少传染源。对兔群必须经常进行检查，将脓性结膜炎、中耳炎、流鼻涕、打喷嚏、鼻毛潮湿蓬乱的兔及时捡出并隔离饲养和治疗，最好是淘汰。预防注射疫苗可用本场自制的兔巴氏杆菌灭活苗，每只兔肌内或皮下注射 1 毫升，7 天可产生免疫力，免疫期为 4～6 个月。由于本病有近 200 种菌型，因此用外源疫苗预防往往不能做到“对型下苗”，导致效果不理想。

病兔治疗可肌内注射氟苯尼考注射液，用量为 0.2～0.4 毫升/千克，每天 1 次，连续 2 次。或用氟哌酸注射液肌内注射，2 次/天，每次 0.5～1 毫升，连续 5 日为一个疗程。也可用链霉素 5 万～10 万单位，青霉素 2 万～5 万单位混合 1 次肌内注射，每天 2 次，连用 3 天。复方新诺明每千克体重 0.1～0.2 克口服，连用 5 天，也可用四环素、氯霉素、土霉素、磺胺二甲基嘧啶、长效磺胺等。必要时可将分离到的巴氏杆菌做药敏试验，选择最有效的药物治疗。

75 日龄以内的幼兔患有巴氏杆菌病时往往容易并发球虫病和大肠杆菌病，青壮年兔患有巴氏杆菌病时有可能并发兔瘟病，老年兔患有慢性巴氏杆菌病后容易并发伪结核病和囊尾蚴病。

除了治疗巴氏杆菌病以外，还要对并发症进行治疗。如并发兔瘟尚无特效药物治疗，只有进行紧急免疫和严密消毒，有条件的兔场可采用高免血清进行治疗；如老年兔得了兔巴氏杆菌并发症最好作淘汰处理。

兔群注射巴氏杆菌疫苗后，在相对稳定的环境中，对急性和亚急性巴氏杆菌病有一定的免疫效果，但遇到外界环境突然变化（如气候突变、饲料突变、长途运输等）和来自疫区的强毒攻击时，导致免疫力下降仍然可以发生此病。巴氏杆菌疫苗对慢性巴氏杆菌病，如鼻炎、结膜炎、中耳炎等无免疫效果。

三、獭兔魏氏梭菌性肠炎

兔魏氏梭菌性肠炎又称兔魏氏梭菌病。本病多发生于断乳后至成年的獭兔。是由 A 型或 E 型魏氏梭菌引起的一种暴发性、发病率和致死率较高的肠毒血症。病程短，排黑色水样或带血胶冻样粪便，以盲肠浆膜出血斑和胃黏膜出血、溃疡为主要特征。

（一）病原

病原为魏氏梭菌，又称产气荚膜杆菌，为两端稍钝圆的革兰氏阳性大杆菌。厌氧，能产生荚膜和芽孢，无鞭毛。本菌能产生多种强烈的毒素。一般魏氏梭菌可分为6个型，即A型、B型、C型、D型、E型、F型，引起獭兔的魏氏梭菌病多为A型，少数为E型。本菌广泛存在于土壤、污水、动物和人类的肠道中。芽孢的抵抗力较强，在外界环境中可长期存活，一般消毒药不易将其杀死，升汞和福尔马林消毒效果较好。

（二）流行病学

本病一年四季均可发生，而冬、春季节发病较多。各种年龄和不同性别都有易感性，但主要发生于断乳后的仔兔、青年兔和成年兔。传染途径主要是经消化道或伤口，粪便污染在病原传播方面起主要作用。病兔和带菌兔及其排泄物，以及含有本菌的土壤和水源是本病的主要传染来源。

（三）临床症状

病兔精神沉郁，被毛粗乱，食欲废绝，体温在39.2℃左右。病兔腹部膨大，从耳部提起时，可见有少量粪水从肛门流出。出现水样腹泻，其颜色呈褐色，粪便带血色，有特殊的腥臭味。病兔肛门周围、后肢和尾部被毛潮湿，被稀粪污染。病兔因剧烈腹泻而发生严重脱水，表现极度消瘦。除少数病兔突然死亡外，临床症状多数表现为腹泻。多于一至数日内死亡。此外，也有兔群暴发水样腹泻而突然死亡的，死亡率在20%～90%不等。

（四）剖检变化

剖开腹腔时，即可闻到特殊的腥臭味。胃内充满草料和气体，胃底黏膜有多处溃疡斑和出血斑。肠黏膜有弥漫性出血，盲肠肿大，肠壁松弛，浆膜有多处鲜红出血斑，内充满气体和墨绿色内容物。小肠肿大，肠腔尤其是空肠、回肠内充满胶样液体和气体。肠系膜淋巴结水肿，肝脏质地稍脆，胆囊胀大、充盈胆汁，膀胱积有茶色尿液。

（五）诊断

根据临床症状和病变可作出初步诊断。确诊必须经试验诊断，但比较复杂，并需要有一定的条件和设备。一般取肠内容物作涂片镜检、细菌分离与鉴定、魏氏梭菌毒素检查和抗毒素中和试验等。

（六）防治

防止饲喂过多谷物饲料和含蛋白质过多的饲料，用低能量的饲料饲养可大大降低由腹泻引起的死亡率。平时要做好防疫工作和清洁卫生工作。一旦发病，应立即做好隔离和消毒工作。对不安全兔场，可定期接种魏氏梭菌性肠炎灭活苗。由于本病发病急，病程短，发病后进行药物治疗效果不佳，严重的最好尽快淘汰。轻症者可用抗血清治疗，每千克体重2～3毫升皮下、肌肉或耳静脉注射，同时配合磺胺类、黄连素、痢特灵、喹乙醇等药物及收敛、补液等疗法，有一定效果。患病的兔群，可应用磺胺类药或红霉素、氯霉素等，作为紧急药物预防，并随即进行疫苗注射。

四、獭兔副伤寒

本病又叫兔沙门氏杆菌病。特点是腹泻，母兔从阴道和子宫中流出黏液、脓性分泌物，母兔不孕和孕兔发生流产。

（一）病原

病原主要是沙门氏杆菌属中的鼠伤寒沙门氏杆菌和肠炎沙门

氏杆菌。本菌为革兰氏阴性，具有鞭毛，不形成芽孢，卵呈圆形的小杆菌。在干燥环境中能存活1个月以上，常用消毒药都能将其杀死。此类细菌对多种动物都能致病，可引起人类的食物中毒。

（二）流行病学

本菌在自然界广泛存在，常寄生于多种动物的消化道中，特别是鼠等啮齿类的粪便中。传染途径主要是经消化道。饲养管理不好，卫生条件差，有鼠类存在的兔场易发生本病。幼兔和孕兔的发病率和死亡率都较高。有带菌兔存在时，獭兔群可因抵抗力减弱或饲养管理不良而诱发本病。

（三）症状和病变

本病潜伏期3～5天，除极少数突然死亡外，其余临床症状一般都表现为腹泻和流产。病兔体温升高，厌食，精神沉郁。腹泻如发生于幼年兔，多为急性过程，症状严重，很快死亡；而成年兔，则可能长期腹泻，最后因极度消瘦、贫血而死亡；母兔阴道黏膜红肿，并不断流出脓样分泌物；孕兔常发生流产、死胎或干胎，有较高的死亡率，康复者也不易受胎。病变主要发生在肠道和子宫。在盲肠和结肠、尤其是蚓突部有许多粟粒样结节和溃疡。肝脏有坏死点。孕兔子宫壁增厚，黏膜上有糠麸样黄白色纤维素附着物，子宫内有死胎或干胎。

（四）诊断

根据临床症状和病变可作出初步诊断，确诊必须作细菌学和血清学鉴定。

（五）防治

控制本病，主要应防止易感兔与传染源接触。平时要做好兔场的卫生消毒工作，彻底消灭老鼠。一旦发生本病，应立即将病兔隔离治疗或淘汰，兔舍、兔笼、用具等应彻底消毒。病兔尸体须深埋或烧毁，不得食用。接触过病兔的人也要做好自身的消毒工作。治疗本病，注射药物可用硫酸庆大霉素，每千克体重10毫克，每日2次，连用数日；硫酸卡那霉素，每千克体重20毫克，每日1次；或用氯霉素，每千克体重60～100毫克，肌内或静脉注射，每日2次。口服药物可用琥磺噻唑（SST）和肽磺噻唑（PST），每日每千克体重0.1～0.3克，分2～3次内服。

五、獭兔大肠杆菌病

本病是由致病性大肠杆菌及其毒素引起的一种暴发性、死亡率很高的仔兔肠道传染病。主要特征为水样或胶样腹泻和严重脱水而引起死亡。

（一）病原

病原为大肠埃希氏菌，为革兰氏阴性菌，卵圆形或杆状，无芽孢，有鞭毛。本菌在自然界分布很广，是人类和动物肠道中的常在菌。但有些血清型，如O128、O85、O86、O119、O18、O26等常引起仔兔发病，故称为致病性大肠杆菌，它们可产生毒素引起发病。本菌抵抗力不强，一般消毒药均可将其杀灭。

（二）流行病学

本病一年四季均可发生，以春、冬季节多发。传染途径是经消化道。本病多发于初生仔兔和未断奶仔兔，也常发生于4月龄以下的幼年兔。本病的发生多与饲养管理不良、饲料和气候突变有关。肠道球虫和其他微生物常为诱因，并加重病情。兔群中一旦发生本病，常因场地和兔笼的污染引起大流行，致使仔兔大批死亡。

（三）临床症状

最急性病例可突然死亡而不显任何症状。而初生仔兔常呈急性过程，腹泻不明显或排黄白色水样粪便，腹部膨胀，1～2 日死亡。未断乳的兔和幼年兔可发生剧烈腹泻，排出淡黄色水样粪便，内含黏液和两端尖的粪球。病兔迅速消瘦，精神沉郁，拒食，有时腹部膨胀，体温一般正常或稍低，多于 1 周内死亡。

（四）剖检变化

剖检病死兔时，大多数可见结肠和盲肠扩张严重，有透明胶样黏液，黏膜充血，浆膜上有时有出血斑点，有的盲肠壁呈半透明，内有多量气体；少数可见盲肠、结肠内容物较硬，有胶冻样黏液，肠壁上有出血斑点；有的可见胃膨大，内充满多量液体和气体，胃黏膜上有针尖状出血点；空肠、回肠肠壁薄而透明，内有半透明胶冻样气液混合物；肝脏肿大而易碎，心脏局部有小点状坏死病灶；肺充血。

（五）诊断

根据临床症状和病变可作出初步诊断，确诊须作细菌学检查。

（六）防治

防止饲料突变、受凉等各种应激因素的刺激。獭兔发病后应隔离和消毒。病兔可用磺胺类和抗生素药物治疗，并配合补液、收敛等对症疗法。

六、獭兔葡萄球菌病

本病是由金黄色葡萄球菌引起的，特点是在兔体表部位形成脓肿，严重时可转移到内脏器官引起脓毒败血症而死亡。临床上常见的类型有脓肿、脚皮炎、乳房炎、仔兔黄尿病等。

（一）病原

病原为金黄色葡萄球菌，呈圆形或卵圆形，在固体培养基中细菌形态呈葡萄状，为革兰氏阳性菌，抵抗力较强，在干燥脓汁中可存活2～3个月。对獭兔的致病力特别强大，能产生多种毒素引起獭兔发病和死亡。本菌在自然界分布很广，空气、饲料、饮水、兔毛皮、兔舍等均有存在。

（二）流行病学

本病除兔易感外，还可引起多种畜禽和人发病。其传染途径主要是经皮肤和黏膜传染，尤其是在外伤时最易发生。哺乳母兔因乳房、乳头皮肤的损伤或从乳头口进入乳房而致病。哺乳仔兔因吃了患有乳房炎母兔的乳汁而经消化道传染发病。本病无明显季节性。外界环境不卫生，尤其是兔舍、兔笼、用具等长期不消毒，垫草不清洁；笼结构不良，如内壁不光滑、有尖锐物、兔笼底板不平整或缝隙过大等，都容易造成外伤，引起发病。

（三）症状和病变

1. 脓肿 在体表和内脏器官可形成一至数个大小不一的脓肿，体表脓肿多发生于头、颈、背、腿等处。脓肿被结缔组织形成的外膜所包围，触摸时柔软而有弹性。体表发生脓肿的一般无全身症状。

2. 脚皮炎 如果本菌侵入脚掌的底面，则引起脚底皮下炎症。最初是脱毛，继而脚掌皮肤发红、发热，出现脓肿，破溃后形成溃疡而经久不愈。

3. 乳房炎 多由乳房或乳头外伤而感染本菌。乳房炎初期乳房皮肤局部红肿，皮肤敏感，皮温升高。继而患病部位皮肤呈蓝紫色，并迅速蔓延至所有乳区和腹部皮肤。此时病兔体温升高至40℃以上，精神委顿，食欲下降或停食，饮水量增加，急性时一般于发病后2～3天死于败血症。

4. 仔兔黄尿病 仔兔吃了患葡萄球菌病母兔的乳汁可引起葡萄球菌性肠炎，仔兔昏睡而体弱，肛门四周被毛潮湿、腥臭，病程2～3天，死亡率高。患该病时主要表现肠道卡他性出血性炎症。

（四）诊断

根据临床症状和死后变化，主要是体表和内脏器官形成脓肿，可作出初步诊断。必要时，可进行细菌学检查。

（五）防治

为预防本病，平时应注意兔笼和器具的清洁卫生，要经常打扫和消毒。应尽量避免兔受到外伤，如出现外伤应立即涂擦紫药水碘酊。如兔场多发此病，可用葡萄球菌制成的菌苗对兔群进行预防注射，并根据不同的症状选用下列方法治疗：①可按兔每千克体重肌内注射青霉素4万单位，每日2～3次，连用3天。②可按每只兔肌内注射庆大霉素4万单位（仔兔酌减），每日2次，连用3天。③每只兔内服磺胺二甲基嘧啶片0.5克，每日2次，连用3天。④对脓肿炎症可先用3%的过氧化氢清洗，然后涂擦消炎药水或紫药水。

七、獭兔支气管败血波氏杆菌病

本病是由波氏杆菌引起的一种最常见的和广泛传播的传染病，以慢性鼻炎、咽炎和支气管肺炎为特征。本病常与巴氏杆菌、葡萄球菌混合感染。成年兔多为散发性支气管肺炎型，仔兔与青年兔多为急性支气管败血型。

（一）病原

病原为支气管败血波氏杆菌，为革兰氏阴性，形态多种。美蓝染色常呈二极浓染，有鞭毛，不形成芽孢，严格嗜氧。本菌的抵抗力不强，一般消毒药物均可将其杀灭。

（二）流行病学

本菌常寄生在獭兔的呼吸道、病兔的鼻腔和分泌物中，以及病变器官中。除兔易感外，本菌还可引起豚鼠、犬、猫、猪等发病。传染途径主要是通过呼吸道。本病常发生于气候易变的春、秋季节。因本菌常寄生在獭兔的呼吸道中，故在感冒、运输、尤其是通风不良时，獭兔的抵抗力降低，可诱发本病。

（三）症状和病变

1. 鼻炎型 鼻炎型为最常见型，多呈地方流行性。患病獭兔从鼻孔流出浆液性或黏液性鼻漏，鼻腔黏膜充血，并附有浆液和黏液，病程较短，易康复。

2. 支气管肺炎型 呈慢性散发。病兔鼻孔流出黏液和脓性分泌物，长期不愈时，鼻孔如形成堵塞性痂皮，则可引起呼吸困难。病兔食欲不好，逐渐消瘦，经1～2个月死亡。病变是气管和支气管黏膜充血，含泡沫状黏液或少量稀脓液，肺部有大小不一、数量不等的脓肿，脓肿内为黏稠脓汁，外有厚而有弹性的包膜。有时亦可形成肝癌。此外，还可发生心包炎、胸膜炎等。

（四）诊断

根据临床症状和死后变化，特别是肺脏的脓肿可作出初步诊断。细菌学检查：取肺脓肿的脓液直接涂片，美蓝染色可见多形态、二极浓染小杆菌。必要时进行细菌培养、生化反应、动物接种。

(五) 防治

平时保持兔舍适宜的温度、湿度和通风等。最好能自繁自养。如引进种兔时，需隔离观察1个月。发现流鼻涕等可疑兔应立即检出，给予治疗或淘汰。对于鼻炎型病兔，可用磺胺类药物和抗生素治疗。对于患支气管肺炎型（特别是肺部已形成脓肿时）的病兔，因治疗效果不明显，故应及时淘汰，并做好消毒等工作。

八、獭兔肺炎球菌病和溶血性链球菌病

由肺炎双球菌和溶血性链球菌所引起的两种呼吸道传染病，在临床症状和病变以及防治等方面，十分相似，较难区别。因此，将这两种病放在一起介绍。

(一) 病原

病原为肺炎双球菌（或称肺炎链球菌）和溶血性链球菌，二者均属于链球菌属，为革兰氏阳性，呈双球状或链状，无鞭毛，不形成芽孢。肺炎双球菌在兔体内的荚膜明显，抵抗力不强，一般消毒药均可将其杀死。

(二) 流行病学

本病除兔易感外，还可使人和多种动物发病，传染途径是通过消化道。病菌在自然界广泛存在，并常寄生在兔和其他动物的呼吸道内。当兔受到，如拥挤、受凉、长途运输或通风不良时，可引起机体抵抗力下降，从而诱发本病。

（三）症状和病变

病兔体温升高，精神沉郁，厌食，呼吸困难，咳嗽，流涕，结膜发绀，有时发生腹泻，多于1～4日死亡。发生病变时，肺部有水肿、出血、炎症；胸膜和心包有纤维素性渗出物，并常与肺发生粘连；肝、肾肿大，有脂肪变性；脾肿大；有时有出血性肠炎；死于急性败血症者还可见到皮下组织有浆膜性、出血性浸润等。

（四）诊断

根据临床症状和病变作出初步诊断，再经细菌学检查进行确诊。

（五）防治

平时注意防止病原菌的传入和受凉感冒等发病诱因的发生。发现病兔要迅速隔离、消毒。治疗可用磺胺类药物和抗生素。

九、獭兔泰泽氏病

本病是一种以严重腹泻、脱水和迅速死亡为特征的急性传染病，发病率和死亡率都较高。

（一）病原

病原为毛样芽孢杆菌，细长，多形态，为革兰氏阴性，有运动性，能形成芽孢，不能在普通培养基上生长，仅能在活细胞和鸡胚卵黄囊内生长繁殖。

（二）流行病学

本病除兔易感外，大、小鼠，仓鼠，犬，猫等多种动物均可感染。传染途径主要是通过消化道。1～3 月龄的兔最易发病，但断奶前的仔兔和成年兔也可发病。过热、拥挤、营养不良等是降低兔抵抗力的一些诱因，可引起本病的发生和流行。

（三）症状和病变

病兔突然发生剧烈水样腹泻，后肢粘有粪便，精神沉郁，不食，迅速脱水，于1～2 天死亡。少数耐过急性期的病兔，表现为食欲不振，生长停滞。病变为尸体脱水，盲肠和结肠的浆膜面有出血，肠壁水肿增厚，肠内容物呈褐色、水样、有恶臭，盲肠黏膜充血、坏死或有由坏死组织形成的颗粒状斑块，外面覆以由饲料、坏死碎屑和纤维、蛋白组成的假膜；在一些慢性病例，有些肠管可因纤维化而发生狭窄，肝脏有灰白色坏死灶，心肌有条纹状或点状坏死灶。

（四）诊断

根据本病特征可作出初步诊断。取病料进行细菌学检验可确诊。

（五）防治

目前对本病尚无有效的治疗方法，只能采取一般性的防疫措施。注意做好饲养管理、清洁卫生，并消除一些应激因素，在发生应激后及时使用抗生素和防止病菌扩散。

十、獭兔梅毒病

本病是由密螺旋体引起成年兔的一种慢性传染病。可通过交配经生殖道而传播，一般不引起死亡，但可使母兔的受胎率、产仔数和仔兔的成活率下降。特点是病兔外生殖器官的皮肤和黏膜发生炎症、结节和溃疡，严重时可传至头部、爪部等处。

（一）病原

病原为兔密螺旋体，呈纤细的螺旋状构造，通常用姬姆萨或石炭酸复红染色。主要存在于病兔的外生殖器官及其他病灶中，目前尚不能用人工培养基培养。暗视野检查可见到旋转运动。螺旋体的致病力不强，一般只引起獭兔的局部病变。常用的消毒药是3%的来苏儿溶液、1%～2%的氢氧化钠溶液。

（二）流行病学

传染途径主要是通过交配经生殖道，少数病兔还可通过受损的皮肤感染。发病兔绝大多数是成年兔。本病虽不引起死亡，但发病后如不采取措施，则会很快蔓延，造成兔群受胎率下降。病兔病愈后免疫力弱，仍可再次感染。散养兔的发病率较笼养兔的高。

（三）症状和病变

本病潜伏期为2～10周。开始可见公兔的龟头、包皮和阴囊皮肤上，母兔阴户边缘和肛门周围的黏膜发红、肿胀，形成粟粒大小的结节，以后在肿胀和结节的表面有渗出物而变为湿润，形成红紫色、棕色屑状结痂。当痂皮剥落时，露出溃疡面，创面湿润，边缘不整齐，易出血，溃疡周围常有或轻或重的水肿浸润。此外，公兔阴囊水肿，皮肤呈糠麸样，龟头肿大。因局部痛痒，故病兔多以爪擦搔或用嘴咬患病部位，使感染扩散到颜面、下额、鼻部等处。本病进程缓慢，病灶能较长时间存在。因獭兔患病时一般无全身症状，故该病常被忽略而使疫情扩大。

（四）诊断

根据临床症状可作出初步诊断。采取病兔病变部位渗出液作涂片镜检是确诊本病的主要方法。

（五）防治

严防引进病兔。引进种兔前，应作生殖器官的检查。配种前要检查公、母兔的生殖器官。发病兔场应停止配种，检出病兔或可疑兔，隔离饲养和治疗，淘汰无饲养价值的病兔，做好兔场的消毒工作。早期治疗可用新砷凡纳明（914），每千克体重 40～60 毫克，以灭菌蒸馏水配成 5%的溶液，耳静脉注射，必要时 1～2 周后重复用药 1 次。或用青霉素，每次 5 万～10 万单位，肌内注射，1 日 2～3 次，连用数日。914 和青霉素合用效果更好。也可用 10%的柳酸铋油剂，每千克体重 0.8 毫升，肌内注射，一般 1～2 次可治愈。局部病灶可用碘甘油或青霉素软膏涂擦。

十一、獭兔传染性水疱性口炎

本病为一种病毒性、急性传染病。其特征为口腔黏膜发生水疱和伴有大量流涎，故又称“流涎病”。其发病率和死亡率都较高。

（一）病原

病原为传染性水疱性口炎病毒，主要存在于病兔口腔黏膜坏死组织和唾液中。病毒对低温抵抗力强，在 4℃可存活 30 天；但对热敏感，在 60℃温度下以及直接阳光照射下会很快死亡。

（二）流行病学

兔采食被本病毒污染的饲草料和饮水时，病毒可通过口腔黏膜、舌和唇而将其感染。吸血昆虫的叮咬也可传播本病。本病主要危害 1～3 月龄的幼年兔，最常见的是断奶后 1～2 周龄的仔兔，多发生于春、秋两季。当饲养管理不当，给予粗硬、芒刺过多、霉烂不洁的饲料而引起机体抵抗力下降和口腔黏膜损伤时，更易感染本病。

（三）症状和病变

发病初期，口腔黏膜呈现潮红、充血，随后在嘴唇、舌和口腔等其他部位的黏膜上出现粟粒至扁豆大的水疱，水疱内充满液体，水疱破溃后常继发细菌感染，形成烂斑和小溃疡。病兔因口腔病变物的刺激，不断有大量唾液从口角流出，引起嘴、脸、颈、胸等处被毛和前爪被唾液沾湿。由于大量唾液的流失使病兔严重失水，口腔病变引起采食困难，出现消化不良，腹泻。病兔日渐瘦弱，经5～10天死亡，死亡率可达50%以上。病兔尸体常十分消瘦，口腔、舌、唇等处黏膜有水疱、糜烂和溃疡，咽和喉头有泡沫样口水聚集，唾液腺红肿，胃内常有黏液，肠黏膜有卡他性炎症，尤以小肠黏膜为甚。

（四）诊断

根据临床症状和病变一般可作出诊断。用水疱液和水疱皮接种易感仔兔，可出现口腔病变，接种鸡胚或组织细胞可引起鸡胚死亡或细胞病变。

（五）防治

平时要防止口腔发生外伤，给獭兔饲喂柔软易消化的饲料。发现病兔要立即隔离饲养，并进行环境、用具消毒。口腔等处的病变，可用一般防腐消毒药治疗，如用2%的硼酸溶液、0.1%的高锰酸钾盐水等冲洗口腔，然后涂以碘甘油或磺胺软膏等。为防止口腔黏膜继发细菌感染，特别是体温升高的病兔可用磺胺类和抗生素治疗。

十二、獭兔传染性鼻炎

（一）病原与症状

兔传染性鼻炎是巴氏杆菌和波氏杆菌等多种病原混合感染而引起的一种接触性传染病。该病为一种发病率高和复发率高的慢性疾病，以流浆液性、黏液性或黏脓性鼻液为特征。

（二）预防

1. 加强饲养管理 保证兔舍光线充足、空气新鲜。兔舍四周应建通风良好的网栏，舍间间隔应保持在 4～6 米。冬季寒冷时要设置通风换气设施；炎热季节要及时清除粪便，减少有害气体的产生。同时，要定期消毒，降低病原菌和尘埃数量。

2. 注意观察 饲养时，要注意观察兔群的变化，如有异常，要早发现、早隔离、早治疗。病情严重者或久治不愈者应坚决淘汰。

3. 不滥用药物 兔的饲料中不宜长期使用抗生素或磺胺类药物。治疗兔病的药物应严格按照说明书使用，不能随意加大剂量，以免兔体产生耐药性。

（三）治疗

用剪刀将病兔鼻腔周围的被毛及两前肢内侧的不洁被毛剪去，以医用酒精消毒后，用棉签蘸抗生素药水（青霉素和链霉素各 80 万单位，用纯化水 10 毫升稀释）或鼻炎净将病兔鼻腔分泌物洗净，最后用该药水滴鼻。每侧鼻孔滴 3～4 滴，每天 3 次，连用 3～5 天。

严重者先用卡那霉素肌内注射，每天 2 次，每千克体重 10 毫克；3 天后，换成氯霉素肌内注射，每天 2 次，每 1 千克体重 10 毫克，连用 3 天。在症状减轻后用兔巴、波二联灭活疫苗或波氏杆菌灭活疫苗免疫注射，每只兔皮下注射 2 毫升。

十三、獭兔轮状病毒病

（一）病原

病原为兔轮状病毒，在体外具有较强的抵抗力，是幼兔腹泻的主要病原之一。

（二）流行病学

主要发生于2～6周龄的仔兔，尤其是刚断奶的仔兔，症状较严重，发病率和死亡率最高。成年兔一般呈隐性感染而带毒。自然感染途径主要为消化道。病兔或带毒兔的排泄物含有大量病毒，当健康兔因食入被污染的饲料、饮水或哺乳而受到感染时，该病毒可在兔群中突然暴发，并迅速传播。

（三）症状和病变

突然发病，水样腹泻，粪便呈淡黄色并含黏液。病兔昏睡，食欲大减，或拒食，母兔的会阴和后肢的被毛都粘有粪便。发病后72小时内死亡，死亡率可达60％～80％。小肠有充血，有的肠黏膜有大小不等的出血斑；盲肠扩张，内含大量液体内容物。

（四）诊断

采取病兔小肠后段的肠内容物研磨作1∶4稀释，经离心后取上清液，经过滤并作为分离病毒的材料。将被检材料悬液超速离心，其沉淀物经负染色后进行电镜观察。用病料感染兔肾原代上皮细胞，也可应用接种无本病流行的初生仔兔，或进行酶联免疫吸附试验等。

（五）防治

本病目前尚无疫苗进行预防。健康兔群防止本病，主要应该严禁从有本病流行的兔场引种。一旦发生本病，应立即隔离消毒，病死兔和排泄物及污物经消毒后作深埋处理。

第四节　獭兔常见寄生虫病

一、獭兔球虫病

兔球虫病是常见而危害严重的一种疾病。病兔极易继发其他传染病。幼龄病兔生长发育受阻，严重时死亡率高达80%左右。依据球虫种类和寄生部位的不同，兔球虫病可分为肝球虫病和肠球虫病两种，但以混合感染最为常见。

（一）流行病学

各品种、各年龄兔都有易感性。成年兔对球虫的感染强度较低，往往不表现症状，但可成为传染源；幼年兔、尤其是断乳至2月龄的幼年兔最易受到感染，死亡率也高。成年兔、尤其是母兔对幼年兔球虫病的传播关系很大。鼠类和蝇类也可因携带球虫卵囊而散播病原。被兔粪污染的饲料、饮水、兔笼等，都可成为传染源。兔由于经口吞食成熟卵囊而引起感染。当受到应激时，如断奶、变换饲料、营养不良、环境卫生差等，常引起本病的发生和传播。温暖、潮湿、多雨的季节（尤其是梅雨季节）易流行。兔球虫卵囊在温度为20～30℃、相对湿度为55%～90%（在此合适的温、湿度内，温、湿度越高，卵囊成熟得越快）、有充分氧的外界环境中，经1～3天可发育成熟而具有感染性。球虫卵囊对化学药品和低温的抵抗力较强。大多数卵囊可在室外越冬，但在干燥和高温条件下易死亡，如在80℃热水中经10秒钟或在沸水中均可被杀死。紫外线对各个发育阶段的球虫都有很强的杀灭作用。

（二）症状和病变

按病程长短和强度可分为：①最急性型病程 3～6 天，獭兔常死亡。②急性型病程 1～3 周。③慢性型病程 1～3 个月。

按球虫的种类和寄生部位不同，獭兔球虫病可分为肠型、肝型及混合型三类，临床上所见的多为混合型。疾病初期常出现食欲减退，以后废绝，精神沉郁，伏卧不动，生长停滞，眼、鼻分泌物增多，体温略上升，贫血，腹泻，排尿频繁或常作排尿姿势，尿液呈黄色、混浊，腹围增大。肠型球虫病大多数呈急性，发病时突然侧身倒下，颈背及两后肢强直痉挛，头向后仰，发出惨叫声，并迅速死亡。耐过不死的病兔转为隐性时，表现为食欲不振，腹部胀满，臌气，腹泻，肛门周围粘有稀粪。患肝型球虫病时，可能出现肝脏肿大，肝区触诊疼痛，有腹水，黏膜黄染，病后期的幼年兔往往出现神经症状，四肢痉挛、麻痹，多数由于极度衰竭而死亡，死亡率很高。病程可由数日至数周不等。病愈后长期消瘦，生长发育不良。

本病的病变分两种。患肝型球虫病时，肝脏肿大，表面和实质内有白色或淡黄色的结节性病灶，日久会变成粉粒样钙化物。患肠型球虫病时，肠壁充血，黏膜发生炎症，小肠内充满大量气体和黏液。慢性型的病变是肠黏膜呈灰色，尤其是盲肠蚓突部有许多小而硬的白色结节，内含卵囊，有时可见到化脓性坏死病灶。混合型球虫病，可见上述两种病变，且较为严重。

（三）诊断

根据流行病学、临床症状、病变和粪便检查结果可进行确诊。检查粪便中的球虫卵囊，用饱和盐水漂浮法或以肠黏膜刮取物、肝脏病灶部刮取物以及胆汁等制作涂片，镜检可发现大量的卵囊、裂殖体和裂殖子等。

（四）防治

预防可采取下列措施：

1. 兔场及兔舍要保持清洁、干燥。

2. 建立卫生消毒制度，定期对笼具消毒，病死兔应被深埋或烧毁，饲料和饮水应未被污染。

3. 新引进的种兔要隔离饲养，检查确无球虫病后方可混群；留作种用的兔也应经检查是否患有虫病。

4. 因为幼年兔很容易受到感染，所以幼年兔和成年兔应分笼饲养，断乳后的仔兔要与母兔隔离。

5. 注意饲料的全价性，增强抵抗力。

6. 药物预防 每千克饲料中加氯苯胍 150 毫克喂服，连续喂 45 天可以预防本病的发生，平时还可喂些韭菜、大蒜、球葱等，亦可起到一定的预防作用。由于球虫对药物易产生抗药性，治疗球虫病需将下列几种药物交替或联合使用，效果较好。

（1）氯苯胍 每千克饲料中加入 300 毫克口服，连喂 7 天。

（2）呋喃唑酮 每千克体重 7 毫克，连用 3 天。

（3）敌菌净 每千克体重 30 毫克，连用 3～7 天。

（4）兔球灵 每千克饲料中加 360 毫克，让兔自由采食，连喂 2～3 周。

二、獭兔螨病

本病是由螨寄生在皮肤而引起的一种接触性传染的慢性皮肤病。特征是剧痒、脱毛、结痂。本病传播迅速，如不及时隔离治疗，会蔓延至整个兔群，病兔会慢慢消瘦、虚弱而死。即使不死，对毛皮质量也有很大影响。

（一）病原

螨为该病的病原。常见的螨有 4 种：疥螨科中的兔疥螨和兔背肛螨，痒螨科中的兔痒螨和兔足螨。

（二）生活史

兔疥螨和兔背肛螨咬破表皮，钻至皮下挖掘隧道，吞食细胞和体液。雌、雄螨交配后产卵，一只雌螨可产卵 20～40 个，从卵至成虫的全部发育时间为 14～21 天。雌虫产卵后生存 21～35 天，雄虫生存 35～42 天，交配后死亡。兔痒螨寄生于皮肤表面，雌、雄螨交配后产卵，一只雌螨产卵约 60 个，从卵至成虫的全部发育时间为 17～20 天。兔足螨多寄生于兔皮肤上，采食脱落的上皮细胞，全部发育时间为 90～100 天。

（三）流行病学

本病以直接或间接接触方式感染，具有高度的传染性，对兔危害严重。在秋、冬的多雨季节，笼舍阴暗、潮湿，兔体绒毛增生，气温下降，湿度增高时，有利于螨的繁殖、蔓延，使本病发生加重。

（四）症状和病变

兔疥螨和兔背肛螨寄生于头部和掌部无毛或毛较短的部位，如嘴、上唇、鼻孔及眼睛周围。在这些部位的真皮层挖掘隧道，吸食体液，其代谢产生的许多有毒物质，可刺激神经末梢从而引起痒感。病兔擦痒使皮肤发炎，以致皮肤表面发生疱疹、结痂、脱毛，皮肤增厚、龟裂等一系列病变。此外，螨的毒素可引起代谢紊乱，使病兔消瘦、贫血，甚至死亡。兔痒螨主要侵害耳。起先耳根部发红肿胀，后蔓延到外耳道，引起外耳道炎。耳内渗出物干燥成黄色痂皮，如纸卷塞满耳道，兔耳变重下垂，发痒或化脉。兔足螨常在头部皮肤、外耳道及脚掌下面寄生，传播较慢，易于治疗。

（五）诊断

根据临床症状即可作出初步诊断。确诊需进一步找到病原，刮取病料，用放大镜或显微镜观察有无虫体。

（六）防治

预防本病，首先要保持笼舍的清洁卫生，定期消毒。其次要控制传染源，引进兔时要严格检查，在兔群中发现病兔要立即隔离治疗或淘汰。治疗本病，先去掉痂皮，然后用1%～2%的敌百虫溶液擦洗或浸泡患病部位，每天1次，连用2天，隔7～10天再用一次，同时用2%的敌百虫溶液消毒兔笼。药物可用灭虫丁（伊维菌素），每千克体重0.1～0.2毫升，一次皮下注射，隔1周后重复一次，效果较好。治疗兔螨病的方法很多，但无论用什么方法，必须持之以恒，同时采取综合措施才能收效。

三、獭兔虱病

（一）病原

兔虱病是由兔虱寄生于兔体表而引起的一种慢性外寄生虫病。兔虱靠吸血生活，故对年幼兔危害最严重。兔虱终生不离开宿主，其幼虫或成虫都以吸食血液为生。离开宿主后，通常1～10天死亡；在35～38℃时经一昼夜死亡；在0～6℃时可存活10天。可见虱对低温抵抗力强，对高温和湿热的抵抗力弱。

（二）流行病学

兔虱的传播方式，主要是直接接触感染，如健康兔与病兔互相接触而感染；其次可通过用具、褥草等传播。饲养管理与卫生条件不良的兔群，虱病往往比较严重。秋季换毛后，獭兔的被毛增长，绒毛厚密，皮肤表面的湿度增加，最适于兔虱的生长和繁殖，因而虱病常较严重。但夏季兔体表的虱子显著减少。

（三）症状和病变

兔虱在吸血时，能分泌有毒的唾液，刺激神经末梢，使兔发生痒感，不安，影响采食和休息。有时在皮肤内出现小结节、小溢血点，甚至坏死灶。病兔啃咬或到处擦痒，造成皮肤损伤，继发细菌感染。兔患虱病时，很容易在病变部位发现兔虱和虱卵，故易于确诊。

（四）防治

预防本病，主要是经常保持兔体清洁，兔舍也要清洁、干燥、通风、阳光充足，并定期消毒。防止引进患虱病的兔。兔群中发现有虱病兔时，应及时隔离治疗。杀灭兔虱的方法有：①用1%～2%的敌百虫水溶液，擦洗或喷洒。②用12.5%的双甲脒乳油4毫升加水至1 000毫升，进行涂擦。③用20%的戊酸氰醚酯乳油1毫升加温水4 000～8 000毫升，涂擦被毛。

四、獭兔皮肤霉菌病

本病是由致病性皮肤霉菌引起的一种皮肤传染病。特点是在病兔体表、头部、颈部和腿部的皮肤发生炎症和脱毛。

（一）病原

病原主要是须发癣菌和许兰氏发癣菌，由菌丝和孢子两部分组成。最适培养温度为25～28℃，通常在沙堡弱培养基加入抗生素培养。本菌抵抗力较强，干燥环境中可存活3～4年，煮沸1小时方可将其杀死。常用消毒药品为5%的碱水及3%的福尔马林溶液。

（二）流行病学

主要通过与病兔直接接触，以及通过被病兔污染的笼具、饮水和饲料等而感染本病。以散发为主，偶尔有群发。幼年兔较成年兔易发，且症状重。该病多发生在饲养管理差和卫生条件不好的兔场。本病易感动物除兔外，还可感染牛、猪、马等家畜和人。

（三）症状和病变

由须发癣菌致病的潜伏期为8～14天。常引起嘴、眼周围及颈部、脚部皮肤病变，也可发生于其他部位。患病部位首先脱毛和被毛的折断脱落而出现秃斑，以后在秃斑处出现小泡，破溃后形成灰白色痂皮。病兔通常不出现全身症状，但严重时逐渐消瘦，病程很长。由许兰氏发癣菌致病的潜伏期为3～12天。多发生在如耳壳、鼻子、眼周围、爪等皮肤毛少处。起初生成灰色小泡，后呈灰白色。随着病灶的扩大，逐渐形成直径约1厘米、边缘突起的圆盘状硬痂，绒毛脱落。去掉痂皮后，可见充血而湿润的乳头层。病程缓慢，数日或更长，病兔常可自愈。

（四）诊断

根据临床症状可作出初步诊断。确诊需找到病菌。用钝刀刮取皮肤患处，刮到真皮时，取其碎屑，置载玻片上，滴加1～2滴10%的氢氧化钾溶液，置酒精灯上稍微加热后加盖玻片，于显微镜下观察，可看到霉菌孢子和菌丝体。

（五）防治

发现病兔要立即隔离或淘汰，谨防扩散病原和传染给人。兔舍、兔笼及用具要彻底消毒。治疗时，先以消毒药水清洗患病部位，去掉痂皮后，给予10%的碘酊或来苏儿涂擦，也可涂以灰黄霉素软膏。口服灰黄霉素剂量，每千克体重25毫克，分3～4次服用，连用1～2周。

第五节　獭兔普通病

一、獭兔中暑

本病是獭兔、尤其是长毛兔的常见病之一。在炎热的夏季，防暑降温工作不到位时，常会引起中暑。

（一）病因

兔舍潮湿，不通风，天气闷热，笼小过于拥挤，产热多，散热不易，最易引起发病。暑天运兔，路长，阳光直射，笼小拥挤也会引起中暑。

（二）症状

主要是兔体内热量散发不出来，身体过热引起脑部充血，使呼吸系统机能发生障碍。妊娠后期的母兔对此病特别敏感。发病后，口腔、鼻腔和眼结膜充血、潮红，体温升高，心跳加快，呼吸急促，停止采食；严重时，呼吸困难，黏膜发绀，从口、鼻中流出血色液体。病兔常伸腿伏卧，尽量散热，四肢呈间歇性震颤或抽搐直到死亡。有的发病比较急，突然虚脱、昏倒，发生全身性痉挛，随后尖叫几声，迅速死亡。

（三）防治

做好夏季防暑降温工作，用冷水喷洒兔舍，加强通风，降低密度，供给充足清洁的饮水等。避免在夏季白天长途运输。对已发生中暑的獭兔，要及早抢救，即迅速降温，使兔体散热，兴奋呼吸中枢和运动中枢。方法是：①立即将病兔置于阴凉通风处，头部敷冷水浸湿的纱布或冰袋，同时灌服冷的生理盐水。②从耳静脉适量放血，减轻脑部和肺部充血，同时从耳静脉补进适量的葡萄糖生理盐水。③内服十滴水 2～3 滴，加适量温水灌服，或口服人丹 2～3 粒。④静脉注射樟脑磺酸钠注射液或樟脑水注射液。

二、獭兔毛球病

（一）病因

①饲养管理不当，如兔笼狭小、拥挤，食毛癖，误食混入饲料中脱落的兔毛。②饲料中缺乏钙、磷等矿物质元素以及维生素等，引起兔互相咬毛皮和吃毛。③当患有皮炎和疥癣时，獭兔因发痒而啃咬本身的毛。

（二）症状

消化不良，食欲不振，喜伏卧，饮水多，便秘。当毛球过大阻塞肠管时，可引起獭兔剧烈疼痛。由于饲料发酵，引起胃臌胀，从胃部可能摸到毛球。如不能及时排出毛球，会引起病兔死亡。

（三）防治

平时加强饲养管理，及时清除脱落的兔毛。满足兔对矿物质和维生素的需要量。群养时应避免拥挤。如兔胃内已形成毛球，可一次口服植物油 20～30 毫升，或以温肥皂水灌肠。当毛球排出后，应喂给易消化的饲料和健胃药物。如毛球过大、过硬时，须用手术从胃内取出毛球。

三、獭兔有机磷农药中毒

有机磷农药是我国目前使用最广泛的一种杀虫剂，包括敌敌畏、敌百虫、乐果等。獭兔误食喷过有机磷农药的蔬菜、禾苗、青草等，都可引起中毒。

（一）症状和病变

中毒兔精神沉郁，不食，流泪，流涎，口吐白沫，瞳孔缩小，心搏增快，呼吸急促，尿频，腹泻，排出黄色黏液性粪便，体温不高，肌肉抽搐，间或兴奋不安，发生痉挛，最后多因精神麻痹、窒息而死。剖检气管和支气管内积有黏液，肺充血、水肿，心肌淤血，肝脏、脾脏肿大，黏膜充血、出血，胃内容物有大蒜味。

（二）防治

应对青饲料的来源严格控制，刚打过农药的饲料切勿用来喂兔。用敌百虫治疗内外寄生虫应准确计算剂量。对已发生中毒的兔应立即抢救，其方法是：

（1）使用解磷定等恢复胆碱酯酶活性　成年兔用解磷定 0.5 克、维生素 C 2 毫升，加 5%的葡萄糖生理盐水 40 毫升，静脉注射。

（2）使用阿托品解除乙酰胆碱积聚引起的临床症状　阿托品 0.5～1.0 毫升，一次肌肉或皮下注射，隔 1～2 小时再重复一次。症状缓解后，剂量减半，再用 1～2 次。

四、獭兔感冒

（一）病因和症状

兔体内有积热，外感风寒极易引起本病。天气突变，冷热不均，受贼风和穿堂风侵袭时发病增多。病兔咳嗽，打喷嚏。流鼻涕，初期为浆液性，后期变成黏液脓性。精神不振，食欲减少，眼无神，呈水汪汪状。重者体温升高达 40℃以上，呼吸困难，极易继发气管炎或肺炎。

（二）防治

注意冬、春季节兔舍的通风保暖。治疗用复方氨基比林注射液 2～4 毫升、青霉素 10 万～20 万单位混合，肌内注射，效果良好。也可用柴胡注射液肌内注射，每次 2 毫升，每日 1～2 次；病轻者内服克感敏片或复方阿司匹林片，每日 3 次，成年兔每次 0.5～1 片，幼年兔酌减。也可酌情选用中成药银翘解毒片或桑菊感冒片。感冒若带有流行性者，应迅速隔离病兔，以防该病蔓延。

（三）感冒和鼻炎病的区分

感冒是由病毒引起的上呼吸道传染病，病兔出现频频打喷嚏，鼻孔内流出清水样分泌物，体温升至 40℃左右。用氨基比林和青霉素肌内注射效果显著，对抵抗力强的獭兔，即使不治疗，7 天后也能自愈。鼻炎病是由巴氏杆菌引起的慢性呼吸道传染病，体温正常，其病程较长，治愈后容易复发，鼻孔内分泌物呈黏稠状或脓性。如不治疗，病情日渐严重，最后会因呼吸困难，衰竭死亡。

五、獭兔腹泻病

兔腹泻病是指以腹泻为主要症状的一类疾病的统称。是目前危害獭兔的重要疾病之一，发病率和死亡率较高，尤其是对幼兔危害最大。引起腹泻病的因素很多，与饲料、应激、气候、原虫、细菌、病毒等有关。要想明确单一的某种原因颇为困难，该病往往是多种因素综合作用的结果。兔腹泻病多数是由于病原性微生物导致的病原性腹泻和由于饲养管理不当引起的非病原性腹泻。对于病因明确的病原性腹泻，如球虫病、泰泽氏病、魏氏梭菌病、轮状病毒病等，已在前面介绍，此处不再重复。这里重点要介绍的是由于饲料和饲养管理不当而引起的非病原性腹泻病。

（一）病因

根据临床病例及研究结果表明，引起腹泻病的各种诱发因素主要与饲料有关。饲料似乎是原发性关系，细菌的作用似乎是继发感染的结果。饲料、特别是高能量、低粗纤维饲料能直接或间接引发本病。

（1）由高能量、低粗纤维饲料引起。日粮中适宜的粗纤维含量能刺激胃肠道黏膜，增强其活力，防止细菌黏附，呈现保护作用，并能维持胃肠肌肉系统的紧张性，对消化物的运动、稀释及粪便的形成具有重要作用。日粮中粗纤维含量低于5%时，则兔的死亡率大大增加；高能量（高淀粉）饲料含大量可溶性碳水化合物，极易引起盲肠、结肠碳水化合物过度负荷。

（2）断奶不久的仔兔常因贪食过多饲料而发生肠臌气，并引起腹泻。

（3）兔吃食不洁的饲料、腐败的饲料、有毒植物、污染有农药的饲料等，往往引起腹泻。

（4）饲草水分过多，特别是青嫩饲料，采食后也易引起腹泻。

（二）病理过程

1. 盲肠、结肠碳水化合物过度负荷 盲肠、结肠碳水化合物过度负荷是指饲料中如果含大量淀粉，小肠难以完全消化，那么未经消化的淀粉即到达盲肠、结肠，使可溶性碳水化合物积聚过多，并在此分解发酵，最终出现下列病理特征。

（1）产生大量挥发性脂肪酸，如醋酸、丙酸、丁酸等。这些脂肪酸增加了后肠内液体的渗透压，将水分由血液吸至肠内。

（2）细菌大量增殖，产生毒素，损伤盲肠、结肠黏膜，改变其通透性，使电解质和水分渗到肠内。

（3）毒素被吸收，损害神经系统，引起急性肠原性毒血症。已知的毒素有产气夹膜梭菌的Iota毒素和顽固梭菌、螺形梭菌、魏氏梭菌及大肠杆菌的毒素等。以上病理过程，最终引起病兔腹泻脱水、中毒而死。

2. 肠道菌群失调 肠道菌群依赖于宿主条件、饲料、药物及菌群与宿主之间的相互关系。正常菌群如果受到各种因素的干扰，与宿主之间的平衡关系遭到破坏而发生质和量的变化，就会产生菌群失调，主要表现在以下几个方面。

（1）比例失调 正常情况下，肠道厌氧菌与需氧菌的比例为1 000∶1，革兰氏阴性菌与阳性菌（G^-与G^+）的比例为1∶3。失调时其比例发生重大改变，经常是常住菌的某一成员极度过盛繁殖或有时是外来菌大量增殖。正常情况下，盲肠中大肠杆菌含量为每克粪便10^6个，腹泻时G^-性菌大量增加，G^+性菌极少甚至绝迹。不仅是比例的失调，而且肠道致病菌的数量也大为增加。

（2）自身感染 如受到大肠杆菌的自身感染可致肠道菌群失调。

（3）定位转移 微生物在肠道内有一定的区系分布，这是由于环境的理化特性，如含氧情况、pH、氧化还原电势、营养源及其性质、黏膜面的分泌和组织学特性等的不同，在长期进化过程中形成的。失调时这些菌群的定位发生很大变化，如小肠前段很少有大肠杆菌，肠炎时则可大量出现，甚至可转移到呼吸道或泌尿道中。

（4）代谢产物的作用 微生物所形成的内、外毒素，能引发肠源性毒血症。

（5）定植耐性的降低 正常情况下，肠道的厌氧菌对潜在的病原菌、需氧菌的定植有生物拮抗作用或屏障作用，能使机体抵抗力提高，这种作用称定植耐性。此定植耐性决定于耐性因子厌氧菌。所以，保护厌氧菌的绝对优势是提高拮抗作用的必要条件。当其失调时，这种拮抗作用降低，致病菌大量增殖。

（三）症状

疾病初期，胃肠黏膜浅层出现轻度炎症，仅表现食欲减退，消化不良和粪便带有黏液。随着炎症的加剧，胃肠道内容物的停滞，病兔拒食，精神迟钝。有时先短时间便秘，随后拉稀。有时肠管臌气，肠音响亮，拉稀糊状的恶臭粪便，并混有黏液，肛门周围玷污稀粪。有时出现严重的腹泻，病兔脱水，眼球下陷，面部呆板，迅速消瘦，体温升高而在短期内降至正常以下，很快死亡。

（四）防治

1. 日粮中保持适宜的粗纤维水平，避免给獭兔饲喂高能量、低纤维的日粮。一般日粮中粗纤维的适宜含量为：哺乳仔兔8%～10%，幼兔11%～12%，青、成年兔14%～16%。日粮中蛋白质的适宜含量为：哺乳仔兔18%～20%，幼兔16%～18%，青、成年兔14%～16%。日粮中消化能的适宜含量为10.0～13.0兆焦/千克。加强饲养管理，严禁饲喂腐败变质的饲料。根据气候情况，合理饲喂多汁青绿饲料，保持兔舍清洁干燥。对断奶不久的幼兔，要控制青饲料的喂量和定量给予优质的精饲料。

2. 本病病重时，用药物治疗效果不佳。在疾病较轻的初期用抗生素和补液治疗有一定效果。在兔群发生腹泻时，应停喂青绿多汁饲料和精饲料，改喂干草，可有效地控制发病。待獭兔康复后，再喂正常饲料。

六、獭兔难产

（一）病因

（1）夏季繁殖不注意防暑　为了加快母兔的繁殖，许多养殖户在夏季安排母兔的繁殖。因不注意防暑，使种母兔分娩能力减弱，导致母兔难产。

(2) 妊娠母兔不限喂精饲料　由于仔兔价格高，母兔的经济效益显著，不少养兔户任其自由采食。由于母兔摄取过多能量而造成肥胖症，其腹部、臀部、胸部，特别是盆腔脂肪积存过多，致使产道狭窄，出现难产。

(3) 妊娠后期继续加喂精饲料　妊娠半个月后，胎儿逐渐发育成型，对营养吸收随之加强，特别是临产3～4天的胎儿对营养的吸取特别旺盛。若母兔摄取过多高能量饲料，营养供应充足，胎儿体重迅速增加，易因胎儿过大，出现难产。

(4) 产仔数低，胎儿体重过大　母兔因配种不当，产仔仅1～2只；孕期31天以上，胎儿初生体重可达80克，个别达150克，可造成母兔难产。

(5) 杂交组合不当　选用大品种公兔与小品种母兔杂交时，由于杂种优势的存在，胎儿发育过大，超出母兔产道的承受能力，出现难产。

(6) 幼龄母兔早配　目前不少养兔户为了追求经济效益，4月龄母兔初次发情时就开始配种繁殖，而此时母兔尚未达到体成熟，因而出现初生性难产。

(二) 症状

病兔不吃、不喝，伏于产箱内，有的轻声呻吟，常作分娩动作，举尾不见仔兔产出。一般持续1～2天，长的甚至达几天，有的胎儿死于母兔体内。

(三) 难产的处理

①难产初期，皮下注射脑垂体后叶素1毫升。②用胶管将肥皂水导入子宫内，压迫腹部帮助分娩。③有条件的可实施剖宫产。手术时，母兔倒卧，用绳缚住，肋骨的后边肷部为手术部

位。手术部位的毛要剪掉或剃掉，用酒精和碘酒消毒，再沿预定切口部位注射0.5%的盐酸普鲁卡因溶液10～20毫升，局部麻醉。切开皮肤、腹肌、腹膜，打开腹腔。找到子宫角，把子宫引出创口，切开子宫壁，取出胎儿，止血。用灭菌的缝线缝合子宫，最后缝合腹膜、腹肌和皮肤。术后注射青霉素等抗生素，防止感染。手术越早，效果越好。

七、獭兔乳房炎

兔乳房炎是产仔母兔常见的一种疾病，常发生于产后1周左右的哺乳期，轻者影响仔兔吃乳，重者造成母兔乳房坏死或发生败血症而死亡。

（一）病因

（1）生物因素　由于外伤引起链球菌、葡萄球菌、化脓棒状杆菌、大肠杆菌、绿脓杆菌等病原微生物侵入乳房而感染。

（2）外伤性因素　笼舍内的锐利物损伤乳房，或因泌乳不足、仔兔饥饿吮乳时咬破乳头而致伤。

（3）饲养管理性因素　母兔分娩前后饲喂的精饲料过多，使母兔乳汁过浓稠从而堵塞乳腺管，致乳汁不易被吮出而发炎；或有些母兔母性差，拒绝给仔兔哺乳，造成乳汁在乳房内长时间过量蓄积而引起乳房炎。

（二）症状

发病初期在母兔乳房局部出现不同程度的红色肿胀、增大、变硬、皮肤紧张，继之肿块呈红色或蓝紫色，界限分明。1～2天后硬肿块逐渐增大，发红发热，疼痛明显，触之敏感，病兔躲避。随病程的延长，病情加重，脓汁形成，肿块变软，有波动感，疼痛减轻。当乳房肿块出现白色凹陷时，乳房变成蓝紫色，母兔体温升高到40～41℃，精神沉郁，呼吸加快，食欲减少或废绝，拒绝哺乳，喜饮冷水。病情加重时，乳腺管破裂可引起全身感染，最后导致败血症而死亡。

（三）诊断

本病诊断简单。患病时母兔乳腺肿胀、发热、疼痛、敏感，继之患病部位皮肤发红，或变成蓝紫色（俗称蓝乳房病）。病兔行走困难，拒绝仔兔吮乳，局部可化脓或形成脓肿，或感染扩散引起败血症。体温可达到40℃以上，精神不振，食欲减退等。

（四）预防

加强待产母兔的饲养管理。母兔临产前3～5天停喂高蛋白质饲料，产后2～4天多喂优质青绿饲料，少喂精饲料。在产前、产后及时、适当调整母兔精饲料与青饲料的比例，以防乳汁过多、过浓或不足。

兔舍定期消毒，保持兔笼、兔舍的清洁卫生，清除玻璃碴、木屑、铁丝挂刺等尖锐利物，尤其是兔笼、兔箱出入口处要平滑，以防乳房外伤引起感染。

经常发生乳房炎的母兔，应于分娩前后给予适当的药物预防，可降低本病的发生率。

每天及时观察产后母兔乳房的变化，做到早发现、早治疗。

（五）治疗

（1）*隔离仔兔*　仔兔由其他母兔代哺或人工喂养。患病较轻时可采用按摩法，用手在病兔乳房周围按摩，每次15～20分钟，轻轻挤出乳汁，局部涂以消炎软膏，如氧化锌、10%樟脑、碘软膏等。配合服用四环素片，每次0.5克，每天2次。

（2）*封闭疗法*　用2%的普鲁卡因2毫升、注射用生理盐水10毫升、青霉素20万单位，局部封闭注射。操作时针头平贴腹壁刺入，注射于乳房基部。隔日一次，连用 2～3 次可治愈。

（3）*热敷法* 在乳房肿胀的中后期，用 50～60℃的热毛巾敷于患处，并不断移动（翻动）毛巾，防止烫伤，然后涂鱼石脂软膏。隔日一次，2～3 次即可痊愈。

（4）*手术* 发生化脓时应行脓肿切开术。母兔乳房局部剪毛消毒后选择脓肿波动最明显处，纵行切开，排净脓汁，然后用 3％的双氧水、生理盐水等清洗干净，术部再涂擦消炎药等。

（5）*中药疗法* 仙人掌去刺去皮后捣烂、用酒调制后外敷患病部位，同时肌内注射大黄藤素或钱腥草注射液 2～4 毫升，每 2 天一次，连用 2～3 次可治愈。

八、獭兔脚皮炎

（一）病因

脚皮炎是规模化养兔场的常见病、多发病之一，主要是獭兔的足部踩在笼底铁丝网上，经过长时间的摩擦而引起皮肤损伤，伤口感染金黄色葡萄球菌所致。以致死性败血症或化脓性炎症为其特征。

（二）症状

脚皮炎发生在兔四脚底部，尤其是后脚多发。开始时出现充血，轻微肿胀，脱毛，在皮肤上可见覆盖有干燥硬痂的局部溃疡，大小不等。后来局部出血，疼痛，病兔站立时四脚交替频繁，不想吃食，日渐消瘦，最终死亡。解剖发现，症状较轻者，跖骨下面的肉内可见葡萄球菌脓团块，呈沙粒状，白色，轻者仅见于底部。症状较重时，其外观表现肿胀严重，脚跖骨上面肉内有白色沙粒状物密布，此时较难治愈。最后严重肿胀，化脓，经久不愈，不治而亡。

（三）防治

（1）保证笼底平整，无尖锐物体，尽量减少用铁丝网做兔笼底板，消除脚病发生隐患。最好采用竹条笼底。

（2）做好兔舍清洁卫生，喂草要设草架，及时清除笼底板上堆积草料粪尿，防止笼底板上的污物尿液浸渍兔脚而致病。

（3）要做到及时发现，及早治疗。此病早治，几天即愈；晚治费时费药，较难治愈。脚皮炎较轻时，涂抹5%的龙胆紫溶液，一连数日即可痊愈，也可用红霉素软膏或3%的土霉素软膏涂擦。溃烂时，用常规方法清理创口后，先用云南白药涂于创面，外敷红霉素软膏密封，再用纱布包扎。伤口化脓而未溃烂时，先清理外部，洗净消毒，剖开伤口排脓，用过氧化氢清洗创口，然后敷药包扎，笼底铺垫软干草。对伤势特别严重者，结合用青霉素按每千克体重10万单位肌内注射，每日一次，效果甚好。

参考文献

范光勤．2001．工厂化养兔新技术．北京：中国农业出版社．

谷子林．2002．现代獭兔生产．石家庄：河北科技出版社．

谷子林．2006．肉兔无公害标准化养殖技术．石家庄：河北科学技术出版社．

胡薛英．蔡双双．2006．实用兔病诊疗新技术．北京：中国农业出版社．

庞本．2001．实用养兔技术图说．郑州：河南科学技术出版社．

任克良．2002．现代獭兔养殖大全．太原：山西科学技术出版社．

单永利．张宝庆．王双同．2004．现代养兔新技术．北京：中国农业出版社．

苏振渝．2000．獭兔养殖图册．北京：台海出版社．

孙慈云，杨秀女．2010．科学养兔指南（第二版）．北京：中国农业大学出版社．

王桂芝．娄德龙．2006．獭兔高效养殖新技术．济南：山东科学技术出版社．

王建民．1999．獭兔饲养一月通．北京：中国农业大学出版社．

向前．2005．优质獭兔饲养技术．郑州：河南科学技术出版社．

熊家军，梅俊，张庆德．2006．养兔必读．武汉：湖北科学技术出版社．

徐立德，蔡流灵．2001．养兔法（第三版）．北京：中国农业出版社．

杨正．1999．现代养兔．北京：中国农业出版社．

张宝庆．2004．养兔与兔病防治（第二版）．北京：中国农业大学出版社．

张恒业．2010．兔健康高产养殖手册．郑州：河南科学技术出版社．

张花菊，白明祥，谭旭信．2008．养獭兔．郑州：中原农民出版社．

张振华，王启明．1999．养兔生产关键技术．南京：江苏科学技术出版社．

周元军．2006．獭兔饲养简明图说．北京：中国农业出版社．